中华孝文化研究集成（六）

历代孝论辑释
——三国至隋唐五代卷

丛书主编：骆承烈
副 主 编：周海生　骆　明
本册主编：骆　明
文献点校：高情情

光明日报出版社

图书在版编目（CIP）数据

历代孝论辑释．三国至隋唐五代卷 ／ 骆明 本册主编．
—— 北京 ：光明日报出版社，2015.7
（中华孝文化研究集成：6）
ISBN 978-7-5112-8192-0

Ⅰ．①历… Ⅱ．①骆… Ⅲ．①孝－文化研究－中国－
三国时代～五代十国时期 Ⅳ．①B823.1

中国版本图书馆CIP数据核字(2015)第068845号

历代孝论辑释——三国至隋唐五代卷

丛书主编：骆承烈		副 主 编：周海生 骆 明
本册主编：骆 明		
责任编辑：毛文丽		责任校对：张 青
装帧设计：苗 苗 王晓凌		责任印制：曹 诤

出版发行：光明日报出版社

地　　址：北京市东城区珠市口东大街5号，100062

电　　话：010-67078247（咨询），67078870（发行），67019571（邮购）

传　　真：010-67078227，67078255

网　　址：http://book.gmw.cn

E－mail：gmcbs@gmw.cn　maowenli@gmw.cn

法律顾问：德恒律师事务所龚柳方律师（De Heng Law Offices）

印　　刷：北京世汉凌云印刷有限公司

装　　订：北京世汉凌云印刷有限公司

本书如有破损、缺页、装订错误，请与本社联系调换

开　　本：710×1000　1/16

字　　数：368千字　　　　　　　　　印　　张：22.5

版　　次：2015年7月第1版　　　　　印　　次：2015年7月第1次印刷

书　　号：ISBN 978-7-5112-8192-0

定　　价：79.00元

总　序

　　我国是世界上老年人口最多的国家，占亚洲的一半，占世界的五分之一。2013年，我国老年人口突破2亿大关。到本世纪中叶，老年人口将达到4亿，每三个人当中就有一个老年人。家家有老人，人人都要老，养老问题成为政府与人民共同关注的重大社会问题。

　　党的十八大报告指出："全面提高公民道德素质。""加强社会公德、职业道德、家庭美德和个人品德教育，弘扬中华传统美德，弘扬时代新风。"伦理道德与"孝"密切相关。孔子说："夫孝，德之本也，教之所由生也。"孟子说："老吾老以及人之老。"意思是说，孝是一切伦理道德的基础，教育应当从孝开始；一个人只有孝敬自己的父母才能更好地爱国家、爱人民。因此，弘扬中华传统美德，提高公民道德素质，应当从孝开始。我国的养老格局是："居家养老为基础，社区养老为依托，机构养老为支撑。"目前，我国城镇98%以上的老年人在家中养老，农村则几乎百分之百。试想，如果子女不孝，老年人如何能安享晚年？值得注意的是，由于"文化大革命"大批孔孟之道、市场经济下一些人重利轻义和"四二一"家庭对子女的娇惯等原因，我国孝道的传承出了问题。一些人不懂得孝道和感恩，家庭中不敬老、不养老甚至虐待老人的现象屡有发生。孝道，成为解决我国养老问题除发展经济、完善制度之外，必不可少的道德保障。

　　近年来，按照党的十七大、十八大精神，在多位中央领导同志的亲切关怀和大力支持下，全国敬老爱老助老主题教育活动组委会和中国老龄事业发展基金会，在全国范围内大力弘扬中华传统美德孝道，编辑孝道书籍，创作孝道戏剧歌曲，举办世界华人孝道论坛，评选"中华孝亲敬老楷模"和"孝亲敬老之星"，受到广大人民群众的热情欢迎，产生了巨大的示范效应。很多中小学校把孝文化引入课堂，很多企业把孝道作为企业文化，很多学术研究单位把传统孝道和时代特点的结合作为重要研究课题。弘扬传统美德孝道，在中华大地上渐成风气。

　　正是在这样的背景下，山东省曲阜师范大学著名儒学专家骆承烈教授，带领一批年轻人，不辞辛苦，经过七年认真细致的工作，从古代经、史、子、集中，收集了近千万字的资料，本着"去粗存精"的原则，编成了这部《中华孝文化研究集成》的大书。这批从古籍中广泛撷取的孝文化资料，按照《历代〈孝经〉序跋题识》《历代孝亲敬老诏令律例辑释》《历代孝论辑释》《历代孝行辑释》《历代养老文献辑释》《历代童蒙、家训、学规中的孝亲敬老资料》的序列进行编排，并以《天经地义论孝道》的今人文章为开篇，共十二册，约三百六十万字，洋洋洒洒、蔚为大观。

此书的编成，是弘扬传统文化的一件盛事，为学习、研究、传承中华孝道，提供了重要的文献资料。在这些资料中，难免有一些过时的、今天不再适用的内容，但那正是当年历史的真实写照。人们通过这些历史资料，可以看到几千年来，中华民族孝亲敬老的优秀传统是怎样传承的，许多具体事例对今人也会有启发和借鉴。总之，通过批判地继承，沙里淘金，从传统文化中找出孝文化的合理内容，我想，对当今的社会主义精神文明与和谐社会的建设，定会起到积极作用。

李宝库

2013年4月10日

前 言

孝，这一伦理道德的重要范畴，不仅汉朝将其定为国策，此后依然被历代王朝所遵行。三国魏晋的政治风云，是东汉以来世家豪族在政治上充分表现的时期。孝的观念，小处说可使家庭稳定，大处说可使国家安定。介于其间的宗族利益，必然在将这一道德理念列于保护之列。这个历史时期，自然有一些以孝维护宗族利益的论述。

三国初期，极力崇尚孔子的魏文帝曹丕说："在亲曰孝，施物曰仁。"以孝为基础向外推衍至仁。其臣子王昶在《家诫》中说："孝敬则族人安之，仁义则乡党重之。"《三国志·魏书》中强调"孝行著于家门，岂不忠恪于在官乎？仁恕称于九族，岂不达于为政乎？"此时儒家接续前朝对孝的功能、重要性的肯定，并再一次阐发。道家对孝的范围也做了阐发，如王弼在《老子道德经》中说："六亲，父子、兄弟、夫妇也，若六亲自和则国家自治，则孝慈忠臣不知其所在矣！"道家的代表人物也说，如果六亲和睦了，则天下到处是对父母孝敬、对君主尽忠的人。三国时期佛教刚传入中国不久，也加入了肯定孝道的行列。《佛说盂兰盆经》中，把能孝敬父母的人称作"善男子"。他们在盂兰盆日所做的佛事，正是对自己死去的先人尽孝。

复圣颜回的后裔颜之推的《颜氏家训》，是历史上著名的一部家训，其中有大量倡导孝的内容。书中有《序致》篇中首提"夫圣贤之书，教人诚孝，慎言检迹，立身扬名，亦已备矣"，《教子》篇中也说"父子之严，不可以狎；骨肉之爱，不可以简。简则慈孝不接，狎则怠慢生焉"，书中的《治家》《勉学》《归心》等也都论及孝。此书的出现堪为当时北方民间倡孝的代表。

中世纪的南北朝时期，在我国历史上是一段战乱频仍，百姓流离失所，痛苦不堪的时期，也是各民族（主要是北方游牧民族）进入中原，实现民族大融合的时期。西晋建国后不久，王室衰微，导致北方匈奴、鲜卑、羯、氐、羌等族南下。当时他们均有一定的军事实力，曾分别打败过汉族的一些政权，迫使晋室南迁。于是北方数国迭起，南方继晋之后，宋、齐、梁、陈相继称帝。这些政权虽然战争不断，但仍然奉儒家思想为正统，继续提倡孝道。如南朝宋文帝元嘉二年四月，皇太子讲解《孝经》，在国子学释典孔子，如晋朝旧制。《宋书》之《孝义传》中从各个角度阐明孝的重要性。《南齐书》之《礼上》记"是以忠孝笃焉，信义成焉，礼让行焉，尊教宗学，其致一也"。其《孝义》篇中说："父子之道，天性也，君臣之义也"，然后说："人之含孝禀义，天生所同。"并认为孝能"通乎神明"。《梁书》之《孝行》篇，亦引孔子语"夫圣人之德，何以加于孝乎？"然后发挥"孝者百行之本，人伦之极至也"，此篇最后又引史臣言："人伦之德，莫大于孝，是以报本反始，尽性穷神……"

　　在当时北方相继建成的十几个政权中，也个个与孝结下了不解之缘。这些少数民族入主中原建立国家时，都有强大的军事力量，他们分别用武力统治着北方。但社会发展规律是人类在不断地前进，先进的思想总要战胜落后的思想，当时一些到北方称霸的少数民族，多处于封建社会早期或奴隶社会阶段，而当时我国北方早进入发达的封建社会，在政治、经济、文化方面被征服者比征服者要先进，自然有一些征服者向被征服者学习。在他们学习北方汉族文化的时候，自然要学习当时已经发展、成熟的孝道。其中最典型的是鲜卑族建立的北魏。

　　北魏的孝文帝，为了推行汉化，不但将国都由平城迁到了洛阳，在朝内学习汉族的朝仪，提倡穿汉服、说汉语、与汉人通婚，还将108个鲜卑姓改为汉姓（包括将自己的"拓跋"姓改为"元"姓）。他对汉族的思想、文化，更是倾慕、学习，在他执政的前后，不但对其祖母冯太后恪尽孝道，而且其父早年背上生疮时，时为太子的拓跋宏居然能为父吮脓。他不但自己行孝，更广泛推行孝道。《魏书》中有大量提倡孝的内容。如《魏书》之《高允传》中记"遵孝道以致养，显父母以扬名"。《房景先传》中详细解释《仪礼》中的丧礼。《孝感传》中对古人孝亲的故事大力表彰。《魏书·礼志》中记魏世宗时大臣奏对时，不但说到"严祖敬宗，追养继孝"，还希望学习汉族的一些礼仪，使人们更好地尽忠尽孝。

　　魏晋南北朝时，社会动乱，战祸连年，从官吏到百姓整日处于危机之中，因而佛教能较快地在中国推行。由外邦传来的佛教，要在中国这块大地上站稳脚跟，就要与汉族多年来的意识形态相结合。广泛地推行孝道，正是行之有效的办法之一。此时的释家空前活跃。姚秦时期三藏法师鸠摩罗什的《佛说父母恩重难报经》最为典型。此经托以释迦牟尼在金卫国大树下孤独园里说法为由，说此时跟从的比丘之众有两千五百人之多，听法之人有三万八千人之众。经中讲到一个人从在母胎中孕育起，到生下来母亲对儿女的哺育，父母对子女的十项恩德，生动形象、淋漓尽致地进行了描绘、说服，举出大量实例，教育佛门弟子一定要感谢父母的大恩大德，还要在此基础上孝敬天下父母。弟子们听后，一一行礼而去。此经广泛传诵，日后产生了很大影响。梁时僧佑所著的《弘明集》中，也通过问答的形式阐明孝道等。

公元581年（隋文帝开皇元年）隋朝建立，结束了东汉末年四百多年的分裂局面，隋文帝杨坚一族为北方的汉人，其父、祖长期在鲜卑贵族的朝廷中为官，当他从其外孙北周静帝手中夺取皇权后，理所当然地沿用了汉族文化，提倡孝道。如《隋书·音乐志》中大讲古时各代的乐后，结论是"则《孝经》所谓'移风易俗，莫善于乐'者也"。《经籍志》中认为孔子用六经"题目不同，指意差别，恐斯道离散，故作《孝经》，以总会之"。许多"列传"中有一些行孝的例子，《隋书》中也同样有提倡和论述孝道的《孝义传》。

公元618年建立的唐帝国，是我国封建社会的鼎盛时期，对于维护社会稳定的人际基本伦常的孝道，当然极力提倡。由所选的资料看，唐代著名的儒家学者、文学家、史学家、哲学家以及释、道等家，对中国传统的孝道都有一些论述。如唐初文学家王勃慨叹国家中的君主、臣子们懂得孝的人太少，陈子昂把"养三老五更以教孝悌"作为"天下六政"之一。一部记载君臣之间关系的《贞观政要》，大量记载了忠孝的内容。如"心则未识于忠孝，言则莫辨其是非。近之有损于英声，昵之无益于盛德"。当书中说到唐太宗多年来举义兵、打天下、坐天下的时候又说"行之数年天下大理而风移俗变，子孝臣忠此又文过于古也"。政界人物张九龄、张说、颜真卿、权德舆等人也分别在其著作中论述到孝。张九龄说："夫天下达道者五，所以行之者三"，第一便是"忠孝"。张说把孝道估价得最高，他说"夫孝者法象乎天地，感通乎鬼神"，唐代名臣、著名书法家颜真卿论及忠与孝的关系时说："故求忠于孝，岂先亲而后君；移孝于忠，则出身而事主。"两者相较，忠比孝更重要，但孝是忠的基础。

韩愈、柳宗元是唐代的两大文学泰斗，他们对孝道同样推崇备至，韩愈认为："孝为百行之本，无以上之者。"柳宗元认为："夫人与仁孝偕生，以礼顺偕长，始于家，纯如也；终于夫族，穆如也。其为子道也，孝以和，恭以惠，取与承顺，必称所欲。"当时鄂县有一人自割股肉为母煎药，朝廷对其旌表，韩愈坚决反对这种做法，认为这种做法应以"毁伤为罪，灭绝为忧"。这种人只是为了邀名和免赋，决不应旌表其门。有人以曾参不列孔门十哲对曾参的孝行进行贬低，李观、白居易对此说加以批驳。他们认为孔门"十哲"，只是当年孔子对自己周围的弟子而言，曾子当时年纪小，不在孔子跟前，他不入"十哲"，决不应贬低他在孝道上的师承与传授。

唐代侯莫陈邈妻郑氏进《女孝经》，特别对女子身上体现的孝道进行了发挥，此文借东汉初年班昭（曹大家）向宫中嫔妃讲解女子规范事，形式上依《孝经》写成，内容上却对女子执行孝道说了很多，一切按照封建的礼法去要求女子，用种种限制培养封建社会需要的淑女。因为"人有天地，负阴抑阳"，女子孝悌就与男子不一样。男子移孝为忠，大孝忠于君主，忠于国家，"女子之事父母也孝，故忠可移于舅姑；事姊妹也义，故顺可称于娣姒；居家理，故理可闻于六亲。是以行成于内，而名立于后世矣！"

《全唐文》作为清代整理的唐时散文全集，也可以从书中的文章里看出当时的风俗，当时的孝道可以说是相承于唐之前的。论丧服仪时，对天子之丧、百姓之丧，规定得更加明确。许多人对此议论，且如实记述了当时人们的议论，即不应推行释家的形式，仍用古时孝的礼法。同时此书中也出现了诸如程邈的《请禁割股疏》等反愚孝的文章。

一部《通典》，记载下古时的一些规章制度，对唐代记录得更为详尽。如书之《选举》中记唐玄宗开元十七年"举人条例"中明确规定："立身入仕，莫先于礼。《尚书》明王道，《论语》诠百行，《孝经》德之本，学者所宜先习。其明经通此，谓之两经举，《论语》《孝经》为之翼助。"科举制是国之大事，更是士人之大事，将《孝经》提到如此高度，可见对孝道的重视。《通典》中之《吉礼》记"先王制礼，依四时而祭者，时移节变。孝子感而思亲，故奉荐味，以申孝敬之心，慎终追远之意"。其《嘉礼》中表彰了四个孤子服母丧的事迹，《凶礼》中更记载了大量丧制，十分具体、琐细。还有一处提到依照周制继母如母，子女照样服丧，不得特殊之说。

在唐代，史家方面论及孝的更多。且不说《晋书》《宋书》《南齐书》《梁书》《陈书》《南史》《北史》《隋书》为唐时所修，论孝各有特点，记载唐史的新旧《唐书》，也记录下唐一代史事。《旧唐书·礼仪志》中记魏征说："夫孝因心生，礼缘情立。"唐太宗贞观十六年，皇帝亲自到国子学释奠，祭酒孔颖达讲《孝经》时，太宗问夫子门人中曾、闵为孝子，为什么单树曾子？孔颖达回答："曾孝而全，独为曾能达也。"皇帝对曾子耘瓜，其父痛责，曾子不逃一事反问孔颖达，孔未能答出。皇帝对此举予以否定，主张真正的孝亲，不应是那样的愚孝。但总的说来唐朝皇帝对主张大孝的曾子特别尊重，如开元八年，玄宗同意表彰孔门十哲及日后对孔学做贡献的何休、范宁等二十二贤时，又敕："改颜子等十哲为坐像，悉预从祀。曾参大孝，德冠同列，特为塑像，坐十哲之次。"《旧唐书》之高士廉、虞世南、苏世长、濮王泰、傅奕、姚崇、宋璟等十几人的列传中，均有一些提倡孝的言行，其《孝友传》中更列出许多孝子，予以表彰。《新唐书》中对孝道、孝论也有不少记载，其《礼乐志》中记到礼时说："凡民之事，莫不一出于礼。由之以教其民为孝慈、友悌、忠信、仁义者，常不出于居处、动作、衣服、饮食之间。"上述道德存在于人生一举一动之中，而把"孝慈"排在首位。另一处记太宗贞观二年，玄宗开元七年，在国子学中，皇帝均安排大儒孔颖达等讲《孝经》。书中同样反对割股疗亲之举，认为这种做法不但不能治病，如果这样去做了，儿女不幸死去，对父母而言，更有灭绝之罪。

一部《唐大诏令》，有多处提倡孝的记载。如"孝莫大于扬名""孝乃天经""立人之道惟孝与忠""自古圣人皆以孝理，五帝之本百行莫先""为子之道莫大于孝""大孝塞乎天地"等等。用各种形式把孝抬到一个又一个的高度。

另一部记载孝的书是《唐会要》。书中不但记下唐时祭天祭祖的各种仪式，还记下天子如何提倡孝道。玄宗开元十年将自己注的"《孝经》颁于天下及国子学"，天宝二年"上重注，亦颁于天下"。唐朝的皇帝把古时各种经书分作"大经""中经""小经"几类。各种经书各归于一类，唯独所择的博士，在兼通《孝经》《论语》这两部书为必读之书，可见《孝经》在唐代的地位之高。为了更好地学习《孝经》，《唐会要》之《论经义》中特别用很大的篇幅（十二条）论证《孝经》非郑玄所注，结论是所谓"郑注"言语浅薄，不可使用。《古文孝经孔传》也因时代久远不复流行。最后的结论是国子祭酒司纪贞所说，即《今文孝经》是最好的本子，只有将本子选好，才能更好地领悟当年孔子、曾子论孝的精神。为了更好地发扬孝道，该书又对孝的十几种表现做了发挥。如："秉德不回曰孝，慈惠爱亲曰孝，叶时肇享曰孝，五宗安之曰孝，从命不忿曰孝，几谏不倦曰孝，善事父母曰孝，亲睦其党曰孝，慈爱忘劳曰孝，博于备物曰孝，尊仁安义曰孝。"扩大了孝的范围，自然强调了孝的作用。

此时道家在宣传孝道上也不甘后人。在这段时期，道家的许多著作中，多有对孝道的论述与肯定。如《太上洞玄灵宝智慧本源大戒上品经》中说起道教奉行的三宝，即"学道、修道、行道"时，要求人们做到"君亲忠孝"。在一部《正一法文天师教戒科经》中论及各方"和合"时，认为"室家和合"表现为"父慈子孝"，能够做到才能"天垂福庆"。隋唐时道家的《太清五十八愿文》中的"十善劝"中次提到"贤者之才，荣贵巍巍"，学道之人应该"先孝于亲"。另一部《大道通玄要》中说到《十恶戒品》时把不孝列为"十恶"。《太上真一报父母恩重经》中说："大慈元上尊，众生真父母。"作于唐代的另一部《太上老君说报父母恩重经》中，以十分形象、具体的语言描述了父母对子女的恩情。太上老君讲完，众道众听后，"涕泪光流"，对老君的教诲"刻骨不忘"，然后相互行礼，嘱咐对方依照经文行世。

唐之后的五十三年，南北方出现了五代十国。一些王朝寿命很短，在文化上不可能有更多的建树，但在推行孝道上却继续延续、传承。如《新五代史》记周世宗说："孝者，所以教人为美，其意一也。""孰为重，刑一人，未必能使天下无杀人，而杀其父，灭天性而绝人道。"是说用刑罚治理百姓，不如从思想上进行教育，即用孝道教育百姓。南唐的太常博士陈致雍向元宗顾璟上奏时说：中书舍人张纬主张朝廷取消表彰孝悌的法令是"大放厥词"，认为"人伦之本，莫大于孝"，"教人行孝"中顺其美，表彰明孝道这样的事，是"至德感于上元，广爱刑于四海"的大好事。

这时的释家继续发展孝道，释道宣的《广弘明集》较《弘明集》在说理上又进了一步。他说：出家不出家，一样表现仁心。"弃仁绝义，民复孝慈"这种说法不对，因为有了仁义，才能有孝慈，如果"弃仁绝义"，只能"不孝不慈"。书中记北周武帝要一些僧人还俗，以回家孝敬父母。释慧远说："您周围的一些大臣也远离父母吗？出家不是不要父母，有时也回家看望父母，目连僧不也乞食奉养父母吗？一句话，出家与孝敬父母不矛盾。"他们也主张"孝者至天之道，顺者极地之养，所以通神明光四海，百行之本，孰先此孝"。号称出家出世的释家也说"夫礼义成德之妙训，忠孝立身之行本，未见臣民失礼其国可存，子孙不孝而家可立"。释道宣撰《法苑珠林》曾被后人称作佛教的百科全书。全书一百六十八部，许多地方讲到孝，如其《弥陀部·业因》中说："极乐园当修三业"中，第一就是"孝养父母"。《俗男部·劝导》中引

"外书"云"力慕善道可安身,力慕孝悌可荣身"。《全唐文》有一处对唐代僧人宗密孝敬父母一事的记录,其人早年丧亲,经常怀着霜雪一样伤悲,悔恨自己未能很好地孝敬父母,于是终身为父母守墓,每年春秋按时祭祀,用各种方式体现自己的孝心。不但自己做,还不停地向僧众讲述孝亲的道理,广泛地宣传孝道。

中世纪的中国,儒、释、道三家一致在皇帝面前争宠,他们都在设法维护皇权。自古忠孝结合,提倡孝便是提倡忠,外邦传来的释家在孝上学儒家,土生土长的道教在孝上同样学儒家。如唐时何粲在《亢仓子》中说"孝者善事父母,尽敬尽顺,通于神明,故曰'至德'"。《无能子》中说:"所谓美名者,岂不居家孝,事上忠……"当然也有人坚持道家的基本理论,如王真《道德经论兵述要》中说:"大道既隐,下德有知,仁义之行,遂从此始。巧智小慧,大伪生焉,孝慈生于不和,忠臣生于昏乱,兹亦美恶,相形之谓也。"这一时期道家的经文也出现了许多,晚唐时期出现的《太上真一报父母恩重经》《太上老君说报父母恩重经》《玄天上帝说报父母恩重经》,都是道教重孝的产物。

在我国中世纪,由儒家倡导,各家均赞同的孝道,继续传播和发展,许多史书的"艺文"部分,分别记下一些学习、研究、阐发、提倡孝道的书,这些著作虽为后人所辑录,但却依然显示出了我国在这一时代倡孝的内容。清人侯康辑有《补三国艺文》,辑《孝经》类籍十四五家;清丁国钧有《补晋书艺文志》和《补晋书艺文志附录》二书,共辑录《孝经》类书十五家、二十一部;陈述的《补南齐书艺文志》辑《孝经》类书八家九卷;徐崇的《补南北史艺文志》辑录的《孝经》类书中,"南史"十三家三十卷、"北史"及隋十四家二十二卷。除正史中艺文志的补定之外,清人姚振宗又有《隋书经籍志考证》一书,书中辑录、考证《孝经》类书十八部六十三卷,亡书五十九部一百一十四卷。之后又有清人顾槐三做《补五代史艺文志》辑在日、韩二地保存的《孝经》类书四种,这些古籍有的存世,有的已佚,人们今日仍知有这些古籍,自然能丰富这段历史中倡孝的内容。

自东汉末年至五代时期的七百多年间,中国社会发生了很大的变化,这段时期的主要特点是我国各民族的又一次大融合,在世家豪族衰落的前提下,中国历史到了唐朝这个封建社会鼎盛时期,作为中华传统文化主干和基础的儒家思想，成为各族信奉的思想，儒家"德之本"的孝道为各族各代所接受，并在不断发展中，对我国的封建社会起着维护作用。这七百多年孝的继承与传播，自然成为中华传统文化的一个组成部分。

骆承烈

壬辰夏于孔子故里

凡 例

1. 本《集成》共十二册，除第一册为今人论文外，其他十一册均依古代孝亲、敬老等内容分类选录，所录文章均剔除愚孝内容。每册所列古籍一般依出现时间的先后排列。每一类中选录的文献亦按照类别和时间顺序排列。第二册《历代〈孝经〉序跋题识》同一书下的序跋归于一书，并依书中前后顺序排列。

2. 为使内容简明，所录文章多有删节，前、后文及其间未选录的内容以"……"表示。

3. 为方便阅读，编者将正文略加分节。

4. 除第一、二册外，其余各册所引古文，每段原文后均附白话译文，译时基本为直译，不好译出的内容适当意译。

5. 选录文章所涉书目及原书作者，在书中第一次出现时，对其进行必要的介绍。

6. 原文中所遇难解字句、专有名词，多在其后加简明注释。

7. 原文缺字或存疑者以"□"表示。

8. 原书中的异体字、避讳字、讹字均改为规范汉字，不出校，仅有极个别必要的异体字予以保留。

9. 全书均用简化汉字。

目 录

第三卷　三国魏晋卷

一、儒家

《中论》五则

东汉末徐干撰，分上、下卷，共二十篇，《群书治要》中又曾辑录逸文"复三年丧""制役"二篇。是一部政论性的著作。徐干（171—217），字伟长，东汉末年北海（今山东寿光）人，东汉末建安七子之一。《中论》为其主要著作，魏文帝曹丕称此书"成一家之言，辞义典雅，足传于后"。

先王立教官，掌教国子①。教以六德②，曰：智、仁、圣、义、中、和；教以六行②，曰：孝、友、睦、姻、任、恤；教以六艺②，曰：礼、乐、射、御、书、数。三教备而人道毕矣。

《中论·卷之上·治学第一》

【简注】①国子：公卿大夫的子弟，另一种解释为国子学，此处可理解为国家的子弟。 ②六德、六行、六艺：语出《周礼·地官·大司徒》。

【译文】先王在学校中设立学官这样的职位，是为了职掌教化，以教育国家的子弟。学校教学的内容包括道德修养方面的有六德，即智、仁、圣、义、中、和；言行举止方面的六行，即孝、友、睦、姻、任、恤；技艺、才能方面有六艺，即礼、乐、射、御、书、数，三类教化都具备了，国家的子弟都能掌握和运用了，那么世间的人道也就完备了。

若夫父慈子孝，姑爱妇顺，兄友弟恭，夫敬妻听，朋友必信，师长必教，有司日月虑知乎州闾矣！

《中论·卷之上·贵言第六》

【译文】要想让国家的百姓都能养成父亲慈爱、子女孝敬，婆婆慈爱、媳妇恭顺，丈夫敬让、妻子听从，与朋友相处讲求诚信，为人师长真心地教育弟子这样的品行，那么国家的相关司衙就要经常考虑，如何才能在各地的州郡之中有效地推行教化了。

或曰："俱谓贤者耳，何乃以圣人论之？"

对曰："贤者亦然。人之行莫大于孝，莫显于清。曾参之孝，有虞①不能易；原宪之清，伯夷②不能间。然不得与游、夏列在四行之科③，以其才不如也。"

《中论·卷之上·智行第九》

【简注】①有虞：中国古时五帝之一的舜帝所在部落的简称。这里代指舜帝。　②伯夷：商代末年孤竹君的长子，姓墨胎氏，以清正闻名。孤竹君打算让次子叔齐成为国家的继承人，孤竹君薨后，叔齐让位于伯夷。伯夷以为这种做法是悖逆父命的行为，于是避位而逃。　③四行之科：指孔门四科所指的孔门弟子。德行：颜渊、闵子骞、冉伯牛、仲弓；言语：宰我、子贡；政事：冉有、季路；文学：子游、子夏。

【译文】有人问："世间称赞孔门弟子都用'贤'这个字来表述，为什么曾参却要用'圣'字去称颂呢？"

回答说："孔门弟子都具有贤良的品行。对于一个生活于世间的人来说，他的品行没有比具有孝这种品行更好的，人的行为举止没有比能清心正源更好的。曾参的孝行，就算是大舜这样的圣人也不能超越；原宪此人品行清正，就算是伯夷在世也不能类比。然而此二人之所以没有与子游、子夏一样，被列入孔门四科之中，是因为他们的才干不如曾参啊！"

君子不为时俗之所称，曰"孝悌忠信"之称也则有之矣！

《中论·卷之下·审大臣第十六》

【译文】品行高洁、道德高尚的君子，他们的德行有时也不会为世人所称颂，（但无论世事如何变化，）"孝、悌、忠、信"这类的德行，都是被人所称颂的德行呀！

滕文公①小国之君耳，加之生周之末世，礼教不行，犹能改前之失，咨问于孟轲，而服丧三年。岂况大汉配天之主，而废三年之丧，岂不惜哉！且作法于仁，其弊犹薄，道隆于己，历世则废（此处约脱十七字）。况以不仁之作，宣之于海内，而望家有慈孝，民德归厚，不亦难乎！

《中论·卷之上·复三年丧第二十一》

【简注】①滕文公：战国中期滕国的君主，原本谥为"滕元公"，在位二十六年，与孟子多次交往。

【译文】滕文公是战国时期小国的君主，此人活动于周代的末期，这个时期礼教不兴，可是滕文公在执政时犹能思考如何去更改前代的过失，于是向孟轲问政，之后要求国中之民在为父母服丧时要依照礼法行三年丧礼。更何况大汉天子是上天所定的天下之主，（君父崩逝后，）却废止三年的丧服，这岂不是令人叹惜的事情！而且国家设立的法规，其中是包含着仁这种特质的，不重丧服是法规中的弊漏，这种做法对亲情来说也会显得凉薄。国家的大道日益隆兴，可是守丧的制度却被历代所废止（脱字不译）。何况不守丧这种处世之法不是仁德的做法，将这种不仁德的做法宣扬于四海，执政之人却想让世间家家养成慈孝这样的风气，想让百姓之中兴起敦朴的民风，这是相当困难的事情呀！

《典论》一则

三国魏文帝曹丕撰，共二十二篇，大多散佚，仅存《自叙》《论文》《论方术》三篇。清人严可均的《全上古秦汉三国六朝文》中有辑录。曹丕（187—226），字子桓，东汉末沛国谯（今安徽亳州）人。三国时曹魏开国之君，即魏文帝，220—226年在位。

应玚①云："人生固有仁心？"
答曰："在亲曰孝，施物曰仁。仁者有事之实名，非无事之虚称。"

《典论》

【简注】①应玚（177—217），字德琏，东汉末年南顿县（今河南项城）人。东汉末文学家，建安七子之一。原有文集，已散佚，明代人曾辑录有《应德琏集》。

【译文】应玚问道："人生下来就具备仁德之心吗？"
回答说："（是的，）这种仁德之心施于父母身上，所表现出来的就是孝这种德行，施于世间万物之中，所表现出来的就是仁之类的德行。具有仁德之心的人是有实际的德行在身的，并不是无事时对人的虚称。"

《仁孝论》一则

三国时曹植作。曹植（192—232），字子建，东汉时沛国谯（今安徽亳州）人。三国时著名文学家，建安文学代表人物之一。曹操之子，生前曾被封为陈王，谥号为"思"，因此又称其为"陈思王"。因其在文学上的造诣，将他与曹操、曹丕合称为"三曹"。

禽兽悉知爱其母，知其孝也。唯白虎、麒麟称仁兽者，以其明盛衰，知治乱也。孝者施近，仁者及远。

《仁孝论》

【译文】飞禽走兽都知道爱自己的母亲，这是世间万物知道孝的表现。飞禽走兽中唯有白虎、麒麟被人称为仁兽，这是因为这两种禽兽的出没，所显明的是世间大道的兴衰，两种祥兽的出现，代表着国家将要出现稳定、大治的局面，乱世将会止息。孝这种德行所面对的是自己周围的人，仁这样的德行是可以惠及远方的。

《祭议》一则

三国王肃撰。王肃（195—256），字子雍，东汉末东海郡郯（今山东郯城）人。三国时魏国的儒家学者，著名经学家，曾遍注群经。其所注的经文在魏晋时被称为"王学"。仕至中领军加散骑常侍，卒赠景侯。

夫孝子尽心于事亲，致敬于四时，比时具物不可以不备，无缘俭于其亲累年，而后一丰其馈也。

《祭议又奏》

【译文】孝子在父母健在时，侍奉父母要极尽心力；父母去世后，每年都要按时令去祭祀他们。祭祀父母的时候，祭祀用的物品不可以不齐备，不能因为自己生活俭朴而使父母受累，借口说是生活富足后再用丰盛的物品供养、祭祀父母亲人。

《郑志》二则

三国时郑小同修。郑小同（约193—258），字子真，东汉末北海国高密人，主要活动于三国时期。是东汉经学家郑玄之孙，曾仕为郎中、侍中，封爵为关内侯。撰有《郑志》十一卷，已散佚，现《四库全书》中有辑本。

赵商问："周礼设六祈①之科，祷禳②而祭，无不祈，敢问《礼记》祭祀不祈何义也？"

答云："祭祀常礼，以序孝敬之心。当专一其志而已，祷祈有为。言之王于求福，岂礼之常也？"

《郑志·卷中》

【简注】①六祈：古时向鬼神祈祷以免除灾害的祭祀。　②禳：祭祀名。是祈祷消除灾殃、去邪除恶之类的祭祀。

【译文】赵商问："周礼中设定了向鬼神祈祷以免除灾害的六种方式，周的时候用这六种祭祀方式去消除灾祸，去除邪恶，因此从这方面说，世间没有什么是不可以被祈祭的。请问《礼记》中所述说的祭祀之义中，所提到的'不祈'是什么意思？"

回答说："祭祀是人日常生活中经常用到的常礼，这是为了后辈对祖先，世人对上天的孝敬之心所经常用到的一种礼法。因此，在祭祀的时候要专心一致，要向先辈和上天告知自己所取得的成绩，以祈求在以后的日子处世时能更为顺畅。如果在向先辈和上天祈求时，心中只是想着让自己得到福禄，而不是向先辈和上天汇报自己的功绩，这在祈禳之时岂能说是符合礼法的要求？"

不孝莫大于无后，终身不除。此为绝先人之统，无乃重乎？

《郑志·卷中》

【译文】不孝这样的行为，没有比不延续祖先血脉更大的事情，这种不孝的行为是终身不可以被消除的。这是因为，这种不孝所断绝的是祖先的血脉，还有比这种情况更严重的事情吗？

《论语集解义疏》六则

三国时曹魏何晏集解，南北朝时萧梁皇侃注疏。何晏（？—249），字平叔，东汉时南阳宛（今河南南阳）人，三国时魏国玄学家。与夏侯玄、王弼等倡导玄学，为魏晋玄学的创始者之一。有《论语集解》十卷、《道德论》二卷等书传世。皇侃（488—545），又作皇偘，南朝梁国吴郡（今江苏苏州）人，南北朝时萧梁大儒、经学家。撰有《论语义疏》十卷及《礼记义疏》《礼记讲疏》《孝经义疏》等。

夫孝者不好，心自是恭顺。而又有不孝者，亦有不好，是愿君亲之败。故孝与不孝同有不好，而不孝者不好必欲作乱，此孝者不好必无乱理，故云："未之有也"云。

《论语集解义疏·卷一》

【译文】对于具有孝敬品行的子女来说，他们对父亲没有什么不好的心思，对父母亲人必定是恭敬的、顺从的。而对于那些不孝的人来说，他们的言行举止之中，往往不会有什么好的想法的做法，他们心中所想的是君主、父母身边出现败乱之类的事情，（自己可借此从中得到一些好处。）因此，具有孝这种品行的人和不具备孝这种品行的人，都有不喜欢的事情，但是不孝的人所具备的那种"不好"，必定会在他们内心中隐着犯上作乱的想法。而具有孝这种品行的人，因为不喜爱去做那些不合道德规范的事情，所以必定不会有犯上作乱的心思，才会有当年有若所说的"未之有也"这个断语。

云"弟子入则孝，出则悌"者：弟子犹子弟也，言为人子弟者尽其孝悌之道也，父母在闺门之内，故云"入"也。兄长比之疏外，故云"出"也。前句已决子善父母为孝，善兄为悌。

《论语集解义疏·卷一》

【译文】所谓的"弟子入则孝，出则悌"这句话是说：弟子犹如自己的子弟一样，是说为人子弟的人要对父母、兄长极尽孝悌之道。父母是家中的尊长，子女在家中要奉养他们，因此说是"入"。兄弟之间的关系较之父母略为疏远，因此说"出"。前面一句已点明是对子女而言，善于侍奉父母可以称之为孝，善于友悌兄弟可以称之为悌。

云"父在观其志，父没观其行"者：此明人子之行也，其于人子也，志谓在心未行也，故《诗》序云在心为志是也。言人子父在则已不得专行，应有善恶，但志之在心，在心而外必有趣向意气，故可"观志"也。父若已没，则子得专行无惮，故父没则观此子所行之行也。

云"三年无改于父之道，可谓孝矣"者：谓所观之事也，子若在父丧三年之内不改父风政，此即是孝也。所以是孝者其义有二也：一则哀毁之深岂复识政之是非，故君薨世子听冢宰三年也。二则三年之内哀慕心事，亡如存则所不忍改也。

或问曰："若父政善则不改，为可若父政恶，恶教伤民，宁可不改乎？"

答曰："本不论父政之善恶，自论孝子之心耳。若人君风政之恶则冢宰自行政，若卿大夫之心恶，则其家相、邑宰自行事，无关于孝子也。"

《论语集解义疏·卷一》

【译文】所说的"父在观其志，父没观其行"：这句话点明了为人子女所要持守的品行，对子女而言，其志应存留于心中，其末节表现在行的上面。因此，《诗》的序言中说要以心为志。这是说为人子女，父母健在的时候不要独断专行，心中要有善恶的标准，但是志要存留于心中，心志表现在外面必定要有良好的趣向、意气，这个样子才可以被人所"观志"。父母去世后，子女专行没有什么忌惮，也没有什么人去提醒、指正，因此，这时世人就可以观察子女的行为举止，来评判其品行。

所说的"三年无改于父之道，可谓孝矣"：是说子女见到父母所行的一些事情，子女在父亲丧逝三年之内不去更改父亲的为人处世之道，这是孝的表现。因此，从这方面说孝有两层含义：一是父亲丧逝子女哀伤达到极致，岂能处理世间的事情、议论世间的是非，因此，君主薨，作为世子要为君主守丧三年，政事由国内的冢宰负责。二是子女在三年之内心中要怀有哀伤，要思慕父母，要守丧以侍奉他们，这种时候，作为子女不忍心去更改父母在世时所行之道。

有人问："如果父亲所行的政令善，作为子女自然不用去更改，如果父母所行的政令恶，子女怎么能不去更改呢？"

回答说："这里不是议论父亲行事的善与恶，这里所说的是孝子的心。如果前代君主的政令恶，那么在他薨后冢宰自然会纠正这些政令，如果卿大夫的用心险恶，在他们殁后，其家中的家相、邑宰也会自行其是，更改不好的指令，这不关乎孝子的事情。"

夫孝为体，以敬为先，以养为后。而当时皆多不孝，纵或一人有唯知进于饮食不知行敬，故云"今之孝者是谓能养"也。

云"至于犬马皆能有养"者：此举能养无敬非孝之例也。犬能为人守御，马能为人负重载，人皆是能养而不能行敬者，故云"至于犬马皆能有养"也。

云"不敬何以别乎"者：言犬马者亦能养，人但不知为敬耳。人若但知养而不敬，则与犬马何以为殊别乎？

《论语集解义疏·卷一》

【译文】对于世间的人来说，孝这种德行是立身处世的主体，孝敬父母要以有敬奉之心为先导，奉养他们的行为为后继。现在却有许多不孝敬父母的人，纵然有的人知道要去奉养父母，却只是知道供给他们饮食，不知道去用诚笃的心敬奉他们。因此孔子慨叹说："今之孝者是谓能养！"

所谓的"至于犬马皆能有养"：这是举例说明，有的人孝敬父母只是能供养他们，却没有从心里去敬奉他们，这样的人是不孝的人。犬能守护、守御主家，马能为主家负重、运载，这些动物人都能畜养，却不会敬它们，因此孔子说"至于犬马皆能有养"。

所谓的"不敬何以别乎"：这是对世间只知养却不知敬的人来说的。犬、马这样的动物谁都能畜养，但是人们心中不会去敬奉它们。对于世间的人来说，只知道去供养父母，却不能用诚笃的心去敬奉他们，则与畜养犬马这样的动物有什么区别呢？

孝友有政，家家皆正，则邦国自然得正，亦又何用为官位乃是为政乎？故范宁①云："夫所谓政者以孝友为政耳。行孝友则是为政，复何者为政乎？"……友于兄弟是善于兄弟则孝，于"惟孝"是善于父母也。父母既云孝于惟孝，则兄弟亦宜云友于惟友也，所以互见之也。

云"施行"云者：行孝友有政道，即与为政同，更何所别复为政乎？

《论语集解义疏·卷一》

【简注】①范宁（339—401），字武子，东晋南阳顺阳（今河南淅川）人。东晋时的经学家，《后汉书》的作者范晔的祖父。以著《穀梁传集解》而名于世。

【译文】对于国家来说，如果每个家中的人都具有慈爱、孝友这样的品行，家家都能如此，那么国家的风气自然就会端正了。都做到了又何必任用官员去处理世间的政事呢？因此范宁说："对世间的执政者来说，他们要以培养世间的百姓具备孝友这样的品行作为自己所施行政令的主要方向。能让世间的百姓都具备孝友这样的品行，这就是好的施政方法，其他的政令又如何比得上呢？"……兄弟之间友悌是一种善的表现，也是一种表现在兄弟们身上的对父母的孝，至于"惟孝"一词是说兄弟们要善于孝敬父母。对父母而言，子女要尽心地去孝敬他们；对于兄弟而言，相互之间要友悌、友爱。这种情况，是可以相互促进的。

所说的"施行"之类的事是说：具有孝友这样的品行是合乎施政之道的，是与世间施政的方针相同的，做到了这些，其他的政令也就容易推行了。

云"孝子之事亲也，养则致其乐，病则致其忧"，忧乐之情深，则喜惧之心笃……是以唯孝子为能达就养之方，尽将从之节。年盛则常怡，年衰则消息，喜于康豫，惧于失和，孝子之道备也。

《论语集解义疏·卷二》

【译文】所谓的"孝子之事亲也，养则致其乐，病则致其忧"：是说子女要对父母的忧乐之情有深切的关心，做到了这些才会笃实地因为父母的欢喜而欢喜、因为父母的身体衰老而心怀忧惧……因此，对于孝子来说，要想通达、明白奉养父母的方法，必定要尽心竭力地去敬奉他们，不要因为处于丰年奉养他们时就大肆铺张，年景不好就不去好好地奉养；只为父母身体康健而高兴，不对父母身体失和、衰老这些情况做准备，不去忧惧父母的身体状况，做到了这些，就可以说是孝子之道齐备了。

《博弈论》一则

三国时吴国韦昭撰。韦昭（204—273），字弘嗣，史家为避晋司马昭讳，改称其名为"韦曜"，三国时吴国吴郡云阳（今江苏丹阳）人。史学家，吴国大臣，仕至侍中，常领左国史，爵封高陵侯。著有《吴书》五十五卷，已散佚，另有《国语注》传世。

君子之居室也，勤身以致养；其在朝也，竭命以纳忠；临事且犹旰食①，而何暇博弈②之足耽？夫然，故孝友之行立，贞纯之名章也。

《博弈论》

【简注】①旰食：原指晚上的饮食，一般代指因忙于事务而不能按时吃饭。　②博弈：秦汉时期一般指六博、打马格、围棋之类的游戏，也指赌博。

【译文】君子在家中的时候，要勤谨地修养自身的德行，要敬奉、孝养父母，位列朝堂之中时，要竭尽全力地忠诚于国家；面对事情的时候要全副身心地去投入、去处理，如果能如此行事，怎么会有闲暇的时间去做博弈之类的游戏呢？因此，只有树立孝友这样的品行，才能具备忠贞、纯仁之类的德行。

《对尚书祠部问同母异父昆弟服》一则

三国时曹魏高堂隆撰。高堂隆（？—237），字升平，东汉末泰山平阳（今山东新泰）人。三国时曹魏的大臣、天文学家，仕至侍中、太史令。有文集十卷。

景初中，尚书祠郎问曰："同母异父昆弟服，应几月？"
……
高堂隆云："圣人制礼，外亲正服，不过缌麻①，异外内之明理也。外祖父母以尊加，从母以名加，皆小功②，舅缌服而已。外兄弟异族无属，疏于外家远矣，故于礼序不得有服，若以同居从同爨③服，无缘即云'大功'④，乃重于外祖父母，皆实先贤之过也。"

《对尚书祠部问同母异父昆弟服》

【简注】①缌麻：丧葬服制的一种，其服制次于小功，是古时丧葬礼法中最轻的一种服制，一般服期为三个月。是为本宗之族曾祖父母、族祖父母、族父母、族兄弟，以及为外孙、外甥、婿、妻之父母、表兄、姨兄弟等所服的丧服。　　②小功：丧葬服制的一种，重于"缌麻"，丧期为五个月。是为曾祖父母、伯叔祖父母、堂伯叔祖父母，未嫁祖姑、堂姑，已嫁堂姊妹，兄弟之妻，从堂兄弟及未嫁从堂姊妹；外亲为外祖父母、母舅、母姨等服的丧服。③爨：烧火做饭，此处意为共同生活。　　④大功：丧葬服制的一种，重于"小功"，丧期为九个月。是为堂兄弟、未婚的堂姊妹、已婚的姑、姊妹、侄女及众孙、众子妇、侄妇，已婚女为伯父、叔父、兄弟、侄、未婚姑、姊妹、侄女等所服的丧服。

【译文】魏明帝景初年间尚书祠郎问："同母异父的兄弟去世，其丧服应当服丧几个月？"
……
高堂隆说："圣人制定礼法，外亲去世所服的丧服，不过服缌麻之类的丧服，这是为了区别内外、以明定理法所规定的制度。外祖父母去世的时候可以对他们加以尊奉，姨母去世的时候可以对其加以尊名，就算是这样所需要的不过是服小功之类的丧服，因此舅舅去世，外甥不过服缌麻之类的丧服。外兄弟与别的家族中的人没有什么区别，其关系疏远比之外家更甚呀！因此，按照礼法的规定是不用服什么丧服，如果因为在一起居住、生活，也可以为其服丧服，但不能用大功以上的服制为其服丧，至于说对这种关系的丧制重于对外祖父母的丧制，实际上是先贤在制定礼法时考虑不周呀！"

《家诫》一则

王昶（？—259），字文舒，三国时魏国太原郡晋阳（今山西太原）人。少年时曾为魏文帝曹丕的文学侍从，曹丕继位之后，王昶由散骑侍郎转任洛阳典农、兖州刺史。仕至骠骑将军，爵封京陵侯。死谥"穆侯"。有《治论》《兵书》等数十部论著传世。

　　夫人为子之道，莫大于宝身①全行，以显父母。此三者，人知其善，而或危身破家，陷于灭亡之祸者，何也？由所祖习非其道也。

　　夫孝敬仁义，百行之首，行之而立，身之本也。孝敬则宗族安之，仁义则乡党重之，此行成于内，名著于外者矣。人若不笃于至行，而背本逐末，以陷浮华焉，以成朋党②焉；浮华则有虚伪之累，朋党则有彼此之患。此二者之戒，昭然著明，而循覆车滋众，逐末弥甚，皆由惑当时之誉，昧目前之利故也。夫当贵声名，人情所乐，而君子或得而不处，何也？恶不由其道耳。患人知进而不知退，知欲而不知足，故有困辱之累，悔吝之咎。语曰："如不知足，则失所欲。"故知足之足常足矣！览往事之成败，察将来之吉凶，未有干名③要利，欲而不厌，而能保世持家，永全福禄者也。欲使汝曹立身行己，遵儒者之教，履道家之言，故以玄默冲虚④为名，欲使汝曹顾名思义，不敢违越也。

《家诫》

【简注】①宝身：指珍惜自己的身体。　②朋党：古时指相互勾结、朋比为党。泛指士大夫之间结党，或者结为利益集团。　③干名：指求取名位。　④玄默冲虚：玄默原指沉默不语，也指清静无为；冲虚，有恬淡清虚的意思。

【译文】为人子女的行为准则，没有什么比珍惜自己的身体、完善自己的德行，从而显扬父母的名声更为重要的了。这三个方面世间的人都知道是好的事情，可是却有人去做危害自身、破坏家庭的事情，使自己的家庭沉陷于灭亡的祸患之中，这是为什么呢？这是因为他们所尊奉的、所效法的不是天地间的正道。

孝敬仁义这样的品行，是世间各种品行中最主要的德行，以这样的品行去立身处世，是一个人立身于世的根本。人们具有了孝敬这样的德行可以使宗族得到安宁，具有了仁义这样的德行可以受到乡邻的敬重，这些品行在人们未步入社会时修养好了，那么名声就可以显扬于外了。世人如果不注重培养崇高的品行，而是背弃做人的根本去追逐末节，就会陷于浮华之中，就会在自己周围环绕一帮行为不端的伙伴，品性浮华就被虚伪所牵累，拉帮结伙就会有互相之间猜疑、争斗之类的祸患发生。这两种情形都要引以为戒，都要清楚地明白上述事情是不可做的，可是现在世间重蹈这种覆辙的人却越来越多，追逐末节的行为越来越严重，这都是受一时被人称誉的迷惑，或者被眼前利益弄得昏乱不明的缘故。世间的富贵和名声，从人的感情上说是人所欢喜的，君子有时得到了却并不享用，这是为什么呢？这是因为对于君子而言，他们所厌恶的是这些富贵和名声往往不是从正当的途径得来的。所忧虑的是人们只知索取却不知退让，只知贪求却不知满足，如此发展下去就会有困窘受辱的牵累，就会有感到悔恨的灾祸发生。俗语说："对世间的事物如果不知道满足，就会失去希望得到的东西。"因此，建立在知足之中的满足才是长久的满足。观察往事的成败，考察将来的吉凶，没有做过追名逐利的事情，没有产生过多的欲望，没有不知满足，才能保持家族世系代代相传，才能永远保全幸福和爵禄。你们在立身处世时想要有所作为、有所控制，就要遵循儒家的教导，履行道家的学说，用恬淡的心态面对世事，以清静的行为处理世事，我的想法是要让你们能顾名思义，不敢去做违背德行的事情。

《丧服释疑论》一则

三国时曹魏刘智撰。刘智，生卒年不详，三国时魏国人，仕魏曾任中书黄门吏部郎、颍川太守、南阳王师。晋代魏之后，加散骑常侍，迁侍中、尚书、太常。晋武帝太康末卒，谥号为"成"。著有《丧服释疑论》二十卷。

古之死者必告于庙。今亡其亲，必告其先庙，使咸知之。求之三年，若不得也，则又告之。告之者，欲令其生也，则随而祐之，其后疑，祭必告……凭灵之心，加崇于尊，此孝子之情也。

《丧服释疑论》

【译文】古时候家中有人去世必定要祭告于家庙。现在亲人亡故，必定要在祖先的庙堂之中祭告，让祖先们知道这件事。服丧的时间为三年，如果子女依然感到不能尽哀思，则继续对亲人进行祭奠。所谓的祭告，是希望已经去世的人如同健在一样。在他们的面前要规规矩矩地站到那里，去祭奠他们，请他们护佑在世的人……凭借能通达于神灵的诚笃之心，对父母亲人加以尊崇，这是孝子对已逝亲人的感情的表现。

《春秋释例》三则

十五卷，晋杜预撰。杜预（222—285），字元凯，三国时魏国京兆杜陵（今陕西西安东南）人，西晋著名的政治家、军事家和学者，西晋统一战争的统帅之一。三国时在魏国曾任尚书郎、入晋后曾任河南尹、度支尚书、镇南大将军，爵封当阳县侯，仕至司隶校尉。有《春秋左氏经传集解》及《春秋释例》等传世。

孝也，孝礼之始也。

《春秋释例·卷二》

【译文】孝这种德行，是世间孝行礼法的始发之处。

子之孝当尽心、尝祷而已，药物之剂非所习也。

《春秋释例·卷三》

【译文】子女对于父母要尽心地去孝敬他们，要为他们祷告，向上天祈求他们能健康、快乐地生活，至于用药剂之类给父母治病的学问，不一定非要去学习。

孝子之思弥笃，彷徨求索不知所至，故造木主[①]、立几筵，特用丧礼祭祀于寝。

《春秋释例·卷四》

【简注】①木主：魏晋前用木简单雕成的人形木偶，此木偶无字无图案，象征死者，可以用来长久地祭拜，后木主即指供奉死者的牌位。

【译文】孝子思念父母的心是笃诚的，在父母去世后他们心中彷徨，不知道如何才能表达对父母的思念，因此造木主、设几筵，特意用丧礼到他们的陵寝去祭祀。

《傅子》五则

二卷，晋傅玄撰。傅玄（217—278），字休奕，三国时魏国北地郡泥阳（今陕西耀县）人，西晋初期的文学家、思想家。仕至司隶校尉，爵赐为"封鹑觚子"，有《傅子》《傅玄集》传世。

昔者圣人之崇仁也，将以兴天下之利也。利或不兴，须仁以济天下。有不得其所，若己推而委之于沟壑。然夫仁者，盖推己以及人也。故己不欲，无施于人。推己所欲，以及天下。推己心孝于父母，以及天下，则天下之为人子者，不失其事亲之道矣！推己心有乐于妻子，以及天下，则天下之为人父者，不失其室家之欢矣！推己之不忍于饥寒，以及天下之心，含生无冻馁之忧矣！此三者，非难见之理，非难行之事，唯不内推其心，以恕乎人，未之思耳，夫何远之有哉！

《傅子·仁论》

【译文】以往的圣人之所以崇尚仁德，是为了为天下兴利。天下之利如果不兴，须用仁德这样的德行去兼济天下，如果不能够达到自己所希望的那样，就如同被人推入到沟壑之中那样痛苦。对于仁这样的德行来说，可以简单评述说是推己及人。因此，自己不愿意去做的事情，不要让别人去做，要向天下推行自己的正确主张，以达到能通达于天下的目标。要用自己的诚心去孝敬父母，并以此出发通达至天下，这样天下所有为人子女的人，就都不会失去奉养父母之道了！要用信义、快乐的心态去对待自己的妻子，并通达于天下，那么天下为人父母的人，也就不会失去家室之欢了！以自己对饥寒的感受去推及世间所有面对饥寒的人，那么世间也就不会有饥寒这样的事情发生了！这三者，并不是难以明白的道理，也不是难以施行的事情，只是许多人不去考虑自己内心的感受，以仁恕天下之人，以至于不去思考这些事情，如果世间的人都能思考这些事情，仁德之道还会远吗？

夫信由上而结者也。故君以信训其臣，则臣以信忠其君。父以信诲其子，则子以信孝其父。夫以信先其妇，则妇以贞信其夫。

《傅子·义信》

【译文】人世间的信义是由上而下推行开来的。因此，君主以信义教训臣子，臣子便会以信义、忠诚对待君主。父母以信义去教诲子女，子女便会以信实、孝敬去对待父母。丈夫以信义去情结妻子，妻子便会以信义、贞洁去对待丈夫。

大孝养志，其次养形。养志者尽其和，养形者不失其敬。

《傅子·补遗》

【译文】大孝的表现是修养自己的志节以承继父母之志，其次是奉养父母以安养父母身体。能修养自己志节的人，在处理家事、国事时，就能和谐、和合地处理相关事务；能奉养父母的人，在为人处世时也不会失去恭敬的态度。

孝子百世之宗，仁人天下之命，有能行孝之道，君子之仪表也。

《傅子·补遗》

【译文】孝子的行为是一种可以成为天下百世人们所宗法的行为，仁德的人是可以执掌天下的，能行仁德孝义之道，就可以说具有君子的仪态、表现了。

《上书陈要务》一则

晋傅玄撰。

夫家足食，为子则孝，为父则慈，为兄则友，为弟则悌。天下足食，则仁义之教可不令而行也。

《上书陈要务》

【译文】对国家来说，如果国家出现家家户户丰衣足食的现象，那么世间做子女的就都会孝敬自己的父母，为人父母的就都会慈爱自己的子女，为人兄长的就都会友爱自己的兄弟，为人兄弟的就都会恭顺自己的兄长。因此可以这样说，天下出现丰衣足食的情况之后，仁义道德这样的教化不用国家颁布法令，人们都会自觉自愿地奉行、修养了。

《嵇中散集》四则

三国时嵇康撰。嵇康（224—263，一说223—262），字叔夜，三国魏国谯郡（今安徽省宿县）人。是我国杰出的文学家、思想家、音乐家，为"竹林七贤"之一。正始末年与阮籍等竹林名士共倡玄学新风，主张"越名教而任自然""审贵贱而通物情"，为"竹林七贤"的精神领袖。好老庄，崇尚道家虚静淡泊的美学思想。仕曹魏为中散大夫，世称"嵇中散"。在政见上不满当时执政的司马氏集团而被司马昭杀害。

世或有谓神仙可以学得，不死可以力致者。或云上寿百二十，古今所同，过此以往，莫非妖妄者。此皆两失其情，请试粗论之：夫神仙虽不目见，然记籍所载，前史所传，较而论之，其有必矣。似特受异气，禀之自然，非积学所能致也。至于导养得理，以尽性命，上获千余岁，下可数百年，可有之耳！而世皆不精，故莫能得之。

何以言之？夫服药求汗，或有弗获，而愧情一集，涣然流离；终朝未餐，则嚣然思食，而曾子衔哀，七日不饥。夜分而坐，则低迷思寝，内怀殷忧，则达旦不瞑。劲刷理鬓，醇醴①发颜，仅乃得之。壮士之怒，赫然殊观，植发冲冠。由此言之，精神之于形骸，犹国之有君也。神躁于中，而形丧于外，犹君昏于上，国乱于下也。

夫为稼于汤之世，偏有一溉之功者，虽终归焦烂，必一溉者后枯，然则一溉之益，固不可诬也。而世常谓一怒不足以侵性，一哀不足以伤身，轻而肆之，是犹不识一溉之益，而望嘉谷于旱苗者也。是以君子知形恃神以立，神须形以存。悟生理之易失，知一过之害生。故修性以保神，安心以全身。爱憎不栖于情，忧喜不留于意。泊然无感，而体气和平。又呼吸吐纳，服食养身，使形神相亲，表里俱济也。

夫田种者，一亩十斛，谓之良田，此天下之通称也。不知区种可百余斛，田种一也。至于树养不同，则功收相悬，谓商无十倍之价，农无百斛之望，此守常而不变者也。且豆令人重，榆令人瞑，合欢蠲忿，萱草忘忧，愚智所共知也；薰辛害目，豚鱼不养，常世所识也；虱处头而黑，麝食柏而香，颈处险而瘿，齿居晋而黄。推此而言，凡所食之气，蒸性染身，莫不相应。岂惟蒸之使重而无使轻，害之使暗而无使明，薰之使黄而无使坚，芬之使香而无使延哉？故《神农》曰"上药养命，中药养性"者，诚知性命之理，因辅养以通也。而世人不察，惟五谷是见，声色是耽，目惑玄黄，耳务淫哇。滋味煎其府藏，醴醪鬻其肠胃，香芳腐其骨髓，喜怒悖其正气，思虑销其精神，哀乐殃其平粹。夫以蕞尔之躯，攻之者非一涂，易竭之身，而外内受敌，身非木石，其能久乎？

其自用甚者，饮食不节以生百病，好色不倦以致乏绝。风寒所灾，百毒所伤，中道夭于众难。世皆知笑悼，谓之不善持生也。至于措身失理，亡之于微，积微成损，积损成衰，从衰得白，从白得老，从老得终，闷若无端。中智以下，谓之自然，纵少觉悟，咸叹！恨于所遇之初，而不知慎众险于未兆，是由桓侯抱将死之疾，而怒扁鹊之先见，以觉痛之日为受病之始也！害成于微，而救之于著，故有无功之治。驰骋常人之域，故有一切之寿。仰观俯察，莫不皆然。以多自证，以同自慰，谓天地之理，尽此而已矣！

纵闻养生之事，则断以所见，谓之不然；其次孤疑，虽少庶几，莫知所由；其次自力服药，半年一年，劳而未验，志以厌衰，中路复废。或益之以畎浍，而泄之以尾闾。欲坐望显报者；或抑情忍欲，割弃荣愿，而嗜好常在耳目之前，所希在数十年之后，又恐两失，内怀犹豫，心战于内，物诱于外，交赊相倾，如此复败者。夫至物微妙，可以理知，难以目识。譬犹豫章生七年然后可觉耳，今以躁竞之心，涉希静之涂，意速而事迟，望近而应远，故莫能相终。夫悠悠者既以未效不求，而求者以不专丧业，偏恃者以不兼无功，追术者以小道自溺。凡若此类，故欲之者，万无一能成也！

善养生者则不然矣！清虚静泰，少私寡欲；知名位之伤德，故忽而不营，非欲而强禁也；识厚味之害性，故弃而弗顾，非贪而后抑也；外物以累心不存，神气以醇白独著。旷然无忧患，寂然无思虑，又守之以一，养之以和，和理日济，同乎大顺。然后蒸以灵芝，润以醴泉，晞以朝阳，绥以五弦，无为自得，体妙心玄，忘欢而后乐足，遗生而后身存，若此以往，庶可与羡门比寿、王乔争年，何为其无有哉！

《嵇中散集·卷三·养生论》

【简注】①醇醴：指酒味醇厚的美酒。

【译文】有人说世间或许有神仙存在，神仙之道或许是可以学的，只要不死，就可以尽力修习神仙之道。有人说，世人的寿元可以到一百二十岁，古时候的人与现代的人是相同的，人们有如此的想法，或许不认为这些说法是妖邪之言，于是便在这种妄想之下去追求。这两种言论，是可以进行粗浅的议论的：对世人而言，谁都没有看到过神仙，但世上的确有对神仙的记载，而在以往的史书中，对这些事情又有着较为详细的介绍，这类人或许是真的存在过，他们好像感受到了天地之间特殊的气运，这些人的禀赋是源于自然的，并非只要通过学习就能达到，而是依从天地的规律引导气机修养己身，从中悟得天地间养生的法则，进而去完善性命，这种情况下，上等的寿元或许能达一千多岁，下等的寿元也可以有几百年的。这些养生的理论人世间绝大多数人都不精通、不明白，于是人们的寿元便达不到养生的极处。

为什么这样说？世间的人，因生病、为养生去喝药有的是为了发汗，可是喝了药却不一定就能如愿发出汗；往往人们在还有愧于情的时候心神受到刺激，也会大汗淋漓。人从早到晚不去进餐，腹中饥饿就想进食，可是曾子因为父亲去世，七天没吃东西，却没有饥饿感。人们夜里坐着，往往会在迷蒙之中产生困意而想睡觉，可是如果心里总想着忧愁的事情，往往就会从晚上到天亮，合不上眼、睡不着。打扮漱洗一新去喝酒，脸喝得通红，也就得到了酒性。壮士发怒的时候，他们的形态和平常是不一样的，往往怒发冲冠，超越常态地发泄。从这些方面说起来，一个人的精神对于一个人的形体，就犹如一个国家有了君主。神志在躯体内如果狂躁，就会表现于外在，这好比一位君王头脑不清，国家便会出现动乱，其乱象就会在国家的政令及社会现象上体现出来。

（古书上记载），在商汤那个时候，人们在耕作时，有一次雨水特别充足，却是在干旱后雨水充足，使农作物干焦后又复被水泡，于是导致了谷物霉烂。这种情况却未必只是表面上的谷物雨后而枯，土地也存留着因这次下透雨而得到的好处，这也是不能否认的。世上有人常说：一次发怒破坏不了自己的性情、身体，有了一次悲哀，并不能完全伤害身体，于是许多人就会轻易地任意而为。这种情况正等同于不认识一次性的暴雨带来的好处，而只是寄希望于久旱的禾苗，会在暴雨的滋润下得到好的收成。因此有见识的人，知道形骸是在心神的支持下而存在的，而心神又和形体相互依存，体悟到生机是容易损失的，从而知道损伤生命是有害心神的。因此能够调理自我的性情保护神志，安定自身的情志去养护全身，世间的爱与憎恨之类的情感不要长留于情感之中，让形体与神志能够协调，这样人们从内至外就都可以获益了。

对于耕种田地这类事情，用了一种耕作的方法，一亩地的收成有百斗的，这样的田地就可以称之为良田，这种说法是为世人所认同的。还有一种耕种的方法，用分区而种的方式科学地种田，那么亩产就能有超出百斗以上的收成的可能。耕种用的种子，都是一样的，由于耕作管理不同，所获得的结果往往相差悬殊。（在人们的认知中，）经商的利润是没有十倍的差价的，这也就等同于农夫在耕种时没有千斗收获的希望那样，这些认知都是在墨守成规的状态之下的一成不变的认知。常食黑豆可以增加体重，煎服白榆可以治疗失眠，用合欢药可以解除郁闷之怒，佩戴萱草会使人忘记忧愁，这些药材的药性对人来说是不分笨或是聪明的，是大家所了解的用药常识。气味冲鼻的大蒜会对眼睛有所伤害，河豚有毒没人去养，也属于世间的常识。虱子寄生在头部就会使人的身体发黑，麝獐因吃柏叶子是就有了香脐；脖子只有在缺碘地区，才会有瘿这种病状，牙齿在太行以西，就容易积垢。根据这些情况推断，人们的饮食习惯，也会如同蒸汽一样入性为身，不存在是不是相应不相应的问题。沐浴时用蒸汽去熏蒸会使身体加重而不是减轻，蒸汽对人的身体也有害处，那种热气往往会使人丧失视力，熏蒸中使牙齿变黄而不是变得更坚固，芳香也就没法继续进入了。因此《神农本草》中说："上等药物是用来养护生命的，中等药物是用作养性的。"知道了药理，就必须要了解性命间的道理，两者相辅相成，而且是相通的。可是世上的人往往不去察知这些道理，只是认为五种谷物可以见到并食用，沉溺在歌舞色情之中，眼睛迷惑于杂色之中，耳中听的又是淫邪之类的声音。饮用的是一些经过煎熬窖藏的高度酒，用此去破坏自己的肠胃，让芳香去伤蚀骨髓，用喜怒去违背正气，又以过多的思虑耗散精神，这种喜怒无常的情况，是会殃及人正常的精神的。世人如果这样去放纵自己的身体，那么被攻击的就不会仅仅是一条容易丧尽的通道，而是内外受损，人的身体又不是木头或是石头，如此不爱惜自己的身体，如何又能够长久哪？

只凭自己的偏激行为，饮食不注意，身体会发生多种疾病，嗜于色情而不知疲倦，也能导致身体的崩溃。世间风寒所带来的灾难，以及各种毒物对人体的伤害，往往让人半路夭折，或者带来多种灾难。世上许多人往往将这些说法当成笑料，说不如此去做是不会养生。至于说如何才会失去健康的道理，消亡所针对的是微小，积累微小才会成为大的损害，而积累损害，就会造成身体的衰弱。从衰弱而导致头发花白，从白发可以知道是身体衰老，由衰老最终至终结，这就如同被堵住、闷住一样，无休无止。中等智慧以下的人，都把这类情况说成是常态，说成是常事，说成这是自然现象，那实在是缺少觉悟的表现。真的是令人感叹呀！所恨的是遇到这些事情的时候，没有了解到这是许多凶险的前兆。这就如同蔡桓公患有危及生命的病患，却恼怒扁鹊的预见，而当病痛出现时，就是患病的开始呀！伤病来自微小的事情，而救助又必须显著，因此有无功的治疗。奔走在世间，人们有不同的寿命，不管是抬头去看还是低头去看，都是一致的。通过这么多自我验证，而让自己感到有所安慰，所说天地间的道理，就是都如此了！

（许多人）即使听到过有关养生的事情，也往往会以自己的所见去评断，不是反对，也会有怀疑。虽然对"养生"一事有些羡慕，但又不知这里的始末根由。其次还有通过自己给自己用药，经过半年或一年的，感到没有什么效验，便从思想上产生厌倦，半途就废弃了。或者是得到了些好处，如同田间的小水沟一样，自己的习性却又把这些好处耗散到了天地之中。有欲望为获得显著的回报，或控制情感上的发泄，从而舍弃掉对荣华富贵的追逐愿望，嗜好在眼下能够获利，又害怕在几十年之后，会两样都失去，于是内里怀揣着犹豫，心神不安，外有物欲的诱惑，两下互相倾覆，从而有重复、失败。世人对事物的微妙感知，可以从道理上得到，却很难用肉眼去识别。比如樟木，生长七年才能显见出自身的特性，现今用急躁的竞争之心态，却要涉猎到清心寡欲的养生中去，思想上想求快，事实上却慢，想得近往往应验得远，所以许多人不能坚持由始至终。大多数人，心中有所求，却不专心致志地追求；有偏执之见的，又不会让养生与服食双管齐下；而追求术数的，又会以小的收获自我满足，将自己溺于其中。凡有以上的情况，若想达到养生的目的，就算是想去做、真正地去做，也找不出有一个能成功的。

善于养生的人，他们的行为就不一样了！他们用清淡的心态在天地冲和之气中静处，少有私心、贪念这类欲望；知道世间的名位所伤的是人的品德，因此会忽视对名位的钻营，不是把自己捆绑在固定的范围之内；认识、了解追逐丰厚的味道是会给身体带来损害的，于是就会放弃它，对丰厚的味道不屑一顾，绝不是贪食之后再加以抑制；认识到外界的事物劳累心神，不将它放在心里，而是让淡泊的神气占主导地位。他们豁达、开朗而不忧愁于任何病患，心神安宁不存在更多的思虑，自始至终守住的是"抱元守一"，所养护的是自己内腹脏器的相和，并以"和合"的方式去调理每天的补给，使一切都处于顺利之中。然后再以灵芝相配，把灵芝浸泡在甘泉水中，借以吸纳朝阳中的清新，在和谐的五音之中自娱自乐，体会其中微妙的心绪，就会忘记一切，就会形神合一、和乐且满足，有了生命的延续之后，才能在身体中永存。长期这样坚持下去，就可以同"羡门子"去比寿，与王乔竞争长寿，又如何不会长寿呀！

贵智而尚动者，以其能益生而厚身也。然欲动则悔吝生，智行则前识立，前识立则志开而物遂，悔吝生则患积而身危，二者不藏之于内而接于外，只足以灾身，非所以厚生也！夫嗜欲虽出于人而非道之正，犹木之有蝎，虽木之所生而非木之宜也，故蝎盛则木朽，欲胜则身枯。然则欲与生不并立，名与身不俱存，略可知矣！而世未之悟以顺欲为得生，虽有后生之情而不识生生之理，故动之死地也。是以古之人知酒肉为甘鸩，弃之如遗，识名位为香饵，逝而不顾，使动足资生，不滥于物，知正其身，不营于外，背其所害，向其所利，此所以用智遂生之道也。故智之为美，美其益生，而不羡生之为贵。贵其乐和而不交，岂可疾智而轻身，勤欲而贱生哉！

《嵇中散集·卷四·答难养生论》

【译文】聪明且善于动脑的人，能够对生命有所助益、能养其身。对于一个人的欲望来说，有欲望却会后悔生命的流逝，能动脑子去思考则会在事物发生时对事物有所认识，事物发生前对事物有所认识，就会明白自己的志向在什么地方，处理事物就会顺遂，后悔生命的流逝所表现的是身处积患、险境当中，这两个方面不是藏于人的内心之中的，而是表现在外的。这就犹如谷物刚刚成熟却面临天灾，这不是厚生的标志呀！嗜欲虽然说是出于人的本性，却非正常的天道。这就犹如树木之中的蝎子这类虫子，虽然说它生长于树木之中，但并不宜于树木的生长，因此，蝎子这类的虫子在树木中多了，树木就会朽烂，同样人们欲望过多了身体就会衰枯。于是欲望和生命是不并立的，声名和身体是不并存的，就大略可以知道了！然而世间的许多人没有体悟到顺承正常的欲望是可以养生的，只知沿袭后天的欲望所生出的情却不知道生生不息的道理，因此往往会以行动将自己置于死地。因此，古时候的人知道酒肉这些东西犹如甘香的毒药，将这些弃于一旁，认识到世间的名位如同香饵一样将会使人的生命流逝，于是将名声弃而不顾，行动、行为只要足够生活就可以，不滥取世间之物，知道能端正其身就可以了，不外露于世，背离有害的事物趋往有利的事物，这就是智慧的养生之道。因此，智是一种美德，它的美在于可以助益生命，而不是羡慕生活于尊贵之处。生命贵在心中欢乐、和合，而不是去滋生太多的欲望，处世时岂能不动脑子，只是想着轻贱身体、满足欲望，从而轻贱生命呀！

世之难得者非财也、非荣也，患意之不足耳！意足者早耦耕甽亩、被褐啜菽，岂不自得？不足者虽养以天下、委以万物犹未惬然，则足者不须外，不足者无外之不须也。无不须故无往而不乏，无所须故无适而不足。不以荣华肆志，不以隐约趋俗，混乎万物并行不可宠辱，此真有富贵也。故遗贵、欲贵者贱及之，故忘富、欲富者贫得之，理之然也！今居荣华而忧，虽与荣华偕老，亦所以终身长愁耳！故老子曰："乐莫大于无忧，富莫大于知足。"此之谓也！

《嵇中散集·卷四·答难养生论》

【译文】世人养生最难的不是财物多少、不是荣华高低，最难的是心中有忧患、不知足呀！心意足的人就算是早晚躬耕于田亩之中，身穿平民的衣服、吃着粗淡的食物，也能自得其乐。心意不足的人就算是被天下人所养，可以掌有世间万物，心中也得不到满足，这就可以知道心意足的人不须外在的事物充斥就可以得到满足，心意不足的人没有外物的填充是不会得到满足的。没有外物填充得不到满足的人，做任何事情没有不困乏的，心意满足的人不需要外物的填充也不会觉得不足。世间的人如果不以肆意地追逐荣华为志，不以追风逐俗为念，混同、和合于世间万物与之并行，不计个人宠辱，这样的人才是真正富贵的人。想着被父母遗存下的财物、名声所荫及的人，想方设法得到荣华的人是可以被人所轻贱的，因此，忘却富贵只想着逐利、想方设法欲求富贵的人往往会贫困，就是这个道理呀！现在许多人身居富贵之地却心中忧患，这些人虽然能与荣华偕老，也是身处于忧愁之中呀！因此，老子说："世间最大的快乐在于没有忧愁，世间最大的富贵在知足。"就是这个道理呀！

常人之情，远虽大，莫不忽之，近虽小，莫不存之，夫何故哉？诚以交、赊相夺、识见异，情也。三年丧不内御，礼之禁也，莫有犯者；酒色乃身雠①也，莫能弃之。由此言之，礼禁虽小不犯，身雠虽大不弃。然使左手据天下之图，右手旋害其身，虽愚夫不为。明天下之轻于其身，酒色之轻于天下又可知矣……夫至理诚微，善溺于世，然或可求诸身而后悟，校外物以知之者。人从少至长降杀好恶有盛衰，或稚年所乐壮而弃之，始之所薄终而重之，当其所悦谓不可夺，值其所丑谓不可欢。然还成易地则情变于初，苟嗜欲有变，安知今之所耽不为臭腐，曩之所贱不为奇美耶……以荣华为生具谓济万世不足以喜耳，此皆无主于内借外物以乐之，外物虽丰哀亦备矣！有主于中以内乐，外虽无钟鼓乐已具！故得志者非轩冕也，有至乐者非充屈也，得失无以累之耳！且父母有疾在困，而瘳②则忧喜并用矣！由此言之，不若无喜可知也！然则乐岂非至乐耶！故顺天和以自然、以道德、为师友，玩阴阳之变化得长生之永久，任自然以托身并天地而不朽者，孰享之哉！养生有五难：名利不灭，此一难也，喜怒不除，此二难也，声色不去，此三难也，滋味不绝，此四难也，神虑转发，此五难也。五者必存，虽心希难老、口诵至言、咀嚼英华、呼吸太阳，不能不回其操、不夭其年也。五者无于胸中则信顺③日济、玄德④日全，不祈喜而有福，不求寿而自延，此养生大理之所效也！

《嵇中散集·卷四·答难养生论》

【简注】①酬：同"酬"，应酬的意思。　②瘳：损害减损的意思。降杀：递减、贬斥。《左传·襄公二十六年》："自上以下，降杀以两，礼也。"　③信顺：指诚信不欺，顺应物理，真实而通达。语出《易·系辞上》："天之所助者，顺也；人之所助者，信也。"东汉时王符在《潜夫论·务本》中也曾说："辞语者，以信顺为本，以诡丽为末。"　④玄德：意为自然无为的德性。语出《老子》："生而不有，为而不恃，长而不宰，是谓玄德。"

【译文】人们心中的情感、志向之类，离自己所期望的目标远却没有人不忽视它，离自己所期望的目标近却没有人不重视它。这是为什么呢？以诚相交、因嫌而相互侵夺、因识见不同性情相异，这是情的表现。父母去世三年不与妇人同房，这是礼法所定的丧服规范，认为酒色之类的事情是交往应酬中所需要的，不能弃去。由此而言，礼法之禁虽然小但不要去触犯，身处无边的应酬之中不忍弃去。然而假使一方面握有天下，一方面却自己危害自己，这种行为就算是愚昧之人也不会去做。因此，明达于天下自己会以自身为轻，沉于酒色之中自然会轻于天下，这就又可以知道了……世间的至理是就算是行微小的善行也能立身于世间，身体力行地去做善事就会体悟其中的意义，思考外物运行的规律就可以明白世情。人从小至大会经历许多升、降、好、恶之类的事情，会经历许多盛衰之类的事情，或许年少时喜爱的事物年长后便不再喜爱，或许开始时并不重视最终却珍而重之，因此，面对所喜爱的事物可以说不能被侵夺，对那些自认为丑陋的可以说不喜欢。然而还原成初始时的状态易地而处，往往会使性情变化如最初那样，如果自己所喜爱的事物有变化，又如何知道现在所喜爱、所深迷的事物，不是被人所轻贱的认为是臭腐之类的事物，反以为奇美之物呀……以荣华为生就算是能济世间万物也不足以为喜，这是因为济万物的能力是借助外物而来的，并以此得到快乐，外物虽然丰沛但没有真心，是一种心哀的人呀！能够在心中有主见就会有由内而外的快乐，外界就算是没有钟鼓礼乐之声为自己喝彩，其心性也可以说是达到了！因此，得志之人未必非要身居高位，有至乐的人并不会屈从于世事，这是因为这样的人对得失看得清楚，并且不为得失所累呀！父母有疾病是他们处于困境的时候，子女往往会因为他们身体的损伤、起伏或忧或喜呀！这种行为，不如子女在这种时候无喜乐，只为父母忧心呀！心中的欢乐岂非是至乐吗！因此，顺承、应和天道以自然、以道德、与天下人为师友，通达阴阳变化就可以长生，顺承天道、自然运行的规律去养其身，通达天地不朽的原因，就能享有长生了！养生有五难：不能明灭名利是一难，不能去除喜怒是二难，不能去除声色是三难，不能去除滋味是四难，心中忧虑不止是五难。五者并存于身，就算是心中希求难老、口诵至理名言、咀嚼天地间的英华、呼吸世间清正之气，也是不能延生命、不能不夭折其年寿的。这五者不存于心中则会诚信不欺、顺应物理、真实而通达，自然无为的德行就会日渐完全，不用去向上天祈喜就会有福气，不用向上天求寿，其寿命自然延续。这才是养生之理，这才是最有效的养生方法呀！

《孝经诗》一则

晋傅咸作。傅咸（239—294），字长虞，三国时魏国北地泥阳（今陕西耀县）人，西晋文学家。傅玄之子。曾仕为太子洗马、尚书右丞、御史中丞，卒赠"司隶校尉"，有《傅中丞集》传世。

立身行道始于事亲，上下无怨不恶于人。孝德终始不离其身，三者备矣以临其身。

《孝经诗》

【译文】一个人在世上立身、行道，要从孝敬、奉养父母开始，做到了这些才会在处世时做到上下无怨，才会不遗恶于人。孝这样的德行始终不要离开已身，仁、德、孝三者皆备，就可以立身处世了。

《袁子正论》一则

晋袁准撰。袁准，生卒年不详，字孝尼，三国时魏国陈郡扶乐（今河南太康）人。晋代魏之后，仕为给事中。有《仪礼丧服经注》一卷、《袁子正论》十九卷、《正书》二十五卷等传世。

本行而不本名，责义而不责功。行莫大于孝敬，义莫大于忠信，则天下之人，知所以措身矣，此教之大略也。

《袁子正论·政略》

【译文】观察一个人要以这个人的行为为准，而不是以这个人的外在的名声为准；褒扬一个人，要褒扬这个人的德行，而不是只看这个人的功绩。人的行为举止没有比孝敬这样的德行更高的品行，义这样的举止，没有比忠诚信实更大的，以这种要求去要求世间的人，人们就会知道自己应该去做什么，不应该做什么，这才是教化的正确方法。

《父卒继母还前亲子家继子为服议》一则

晋孙绰撰。孙绰（231—271），字兴公，晋代中都人，后迁居会稽。东晋名士，博学善文，袭父爵为长乐侯，与王羲之友善，曾仕临海章安令。

父卒虽有可尔之语，夫妻枕席相顺之意，固非决绝之辞也。继母丧父加礼①，服竟之后，不还私家，逾岁历年，循养无二。母恩不衰，适见亲子，专自任意，无所关报，私随其志，绝亡夫，背继子，违三从②正义，亦为大矣。今母虽不母，子何缘得计去留轻重而降之哉！夫五服有名，不可谬施。施之于出，出义不全；施之于嫁，嫁义不成。欲降服周，于礼何居？

《父卒继母还前亲子家继子为服议》

【简注】①加礼：厚于常规的礼节，或以礼相待。　②三从：语出《仪礼·丧服》："妇人有三从之义，无专用之道，故未嫁从父，既嫁从夫，夫死从子。"

【译文】父亲去世后，对子女来说，虽然从某种程度上没有了来自父亲的约束，夫妻之间也不再因敬奉父亲而减少温存的时间，但这并不是说，子女就可以不去孝敬父母了。继母在父亲去世后，子女依然要如同对待自己的生母一样敬奉她，在父亲的丧事完成后，要继续对继母以礼相待，子女是不应将继母送回继母娘家的，这是因为她年复一年生活在家中，对子女来说，奉养她就应如同奉养自己的母亲一样。继母也应始终以慈爱的心态对待子女，就如同对待自己的亲生子女一样，不要任意专横地处理事情，更不要对家庭的事情持无所谓的态度，私下里去做那些自己想做的事情，在丈夫去世后，背弃继子，从而违反三从之义，这是十分不应该的事。对继子女而言，现在的母亲虽然不是自己的亲生母亲，但子女们对待她，不可以此为借口去决定继母的去留，减少对她的奉养呀！在五服之内的亲戚之中，继母是有名位的，继子女不可以不妥善地对待她。如果将她休回娘家，是不合情义的；如果将其再嫁，更是不合婚嫁之义的。这样说来，打算减少对她的奉养，是合乎礼法的事情吗？

《喻道论》二则

晋孙绰撰。

周孔之教，以孝为首，孝德之至，百行之本，本立道生，通于神明。故子之事亲，生则致其养，没则奉其祀；三千之责，莫大无后，体之父母，不敢夷毁。

《喻道论》

【译文】周公、孔子所倡导的礼乐教化，是以孝这种德行作为立身处世的基础，孝这种德行做到了，就可以说在世间的百姓中树立了根本。根本树立了大道自然就会衍生，就可以通达于神明之中。因此，子女奉养父母的时候，当他们在世时要尽心尽力地奉养他们，去世后要诚心地去祭奠他们。世间对子女的不孝责罚有许多，对子女而言最大的责罚是没有后嗣，不能承继祖先的血脉，一个人的身体来自父母，对子女来说立身于世时是不敢去损伤自己的身体的呀！

夫父子一体，惟命同之。故母啮其指，儿心悬骇者，同气之感也，其同无间矣！故唯得其欢心，孝之尽也。父隆则子贵，子贵是父尊。故孝之为贵，贵能立身行道，永光厥亲。若葡匐怀袖，日御三牲，而不能令万物尊己。举世我赖，以之养亲，其荣近矣！

《喻道论》

【译文】父子是一体的，血脉、命运是相连的。因此，当母亲咬自己的手指时，子女们心中便会出现惊慌骇异的情绪，这是因为母子血气相连，正因为他们的气血相同，所以没有什么能间隔呀！因此，孝敬父母，唯有得到父母的欢心，才可以说是做到了极致。父亲尊隆子女便会显贵，子女显贵父母也会被人们所尊奉。因此，孝敬父母的可贵之处在于子女能做出功绩，为世人所尊奉，有这样的想法、做法才可以立身行道于世，才可以让父母永远为子女感到光荣。如果子女只是伏于父母的恩泽之下，不能自立于世，就算是每日用三牲这样的好东西去孝敬父母、祭祀祖先，也是不能让世间万物所尊仰的。故此对子女来说，如果能做到让世间万物都尊奉自己所行的道，并用自己奉养父母的办法去奉养各自的父母，那么世间的荣显也就接近了。

《藉田赋》一则

晋潘岳撰。潘岳（247—300），字安仁，三国时魏国中牟（今河南中牟）人，西晋文学家。西晋八王之乱时被害。

……古人有言曰：圣人之德，无以加于孝乎！夫孝，天地之性，人之所由灵也。昔者明王以孝治天下，其或继之者，鲜哉希矣！逮我皇晋，实光斯道。仪刑乎于万国，爱敬尽于祖考。故躬稼以供粢①盛，所以致孝也。劝穑以足百姓，所以固本也。能本而孝，盛德大业至矣哉！

《藉田赋》

【简注】①粢：去壳后的谷子，亦指祭祀用的谷物。

【译文】……古时候有人说：圣人的德行中没有比孝这种德行更高的。孝这种德行，是天地间美好的德行，是人之所以区别于世间万物的特性。以往圣明的君王以孝治理天下，可是后继的君主，却鲜有承继他们这种治理方式的呀！到了我大晋皇朝，实在是光大了这种德行、礼仪和刑法，于是为万国所尊仰。惠爱百姓、敬奉祖先神灵，让祖考的名声显扬，君主亲自躬耕主藉田礼以奉祀宗庙，这是孝的表现呀！国家劝导百姓重视农业，由此可以巩固国本。能遵从德行的根本，才能做到孝，这个样子盛德大业便可以达到极处了！

《灶屋铭》一则

晋挚虞撰。挚虞（250—300），三国时魏国京兆（今陕西西安）人，西晋武帝泰始年间被举为贤良，曾仕为太子舍人、闻喜令、尚书郎。有《三辅决录注》七卷、《文章流别志论》二卷传世。

大孝养志，厥次养形。事亲以敬，美过三牲。

《灶屋铭》

【译文】孝这种德行，大处说可以修养人们的志节，其次可以奉养父母的身体。侍奉父母亲人以恭敬，这种情况比每天用各种各样的美味供养他们还要好呀！

《居重丧遭轻丧议》一则

东晋谢奉撰。谢奉，生卒年不详，约生活于东晋初期，晋穆帝司马聃升平年间曾出任尚书。

夫孝子之处丧，服勤三年，不懈不怠，情思所主无不在。曾子问："三年之丧可以吊乎？"孔子曰："三年之丧练①，不群立，不旅行。君子礼以饰情，三年之丧而吊哭，不亦虚乎？"盖以为彼兴哀，则不专于所重也……夫人子之道，天属之恩，可谓重矣。终身之忧，非一朝可消，故有祥②练而为其极。夫以资于事父之道，在公，尚有夺私服③之制，况兼爱敬之重而更屈于支属乎！

《居重丧遭轻丧议》

【简注】①练：指练祭。古礼，父母去世十三月时，子孙要戴练冠祭于家庙，因此称为练祭。此时所穿、所戴的衣冠为白色。②祥：这里的祥指祥祭。指父丧满二十五个月，母丧满十三个月的祭祀。③夺私服：指古时子女为父母、祖父母守丧，因国事需要，国家夺情，以忠代孝的制度。

【译文】孝子处于父母的丧期时，要服丧三年，这三年之中对父母祭祀是不可以懈怠的，对父母怀念要无时不在。曾子曾经问孔子："三年守丧期结束之时的练祭之中，子女在凭吊父母时可以十分悲伤地哭泣吗？"孔子回答说："子女为父母守丧三年，直至练祭，再至除丧，这三年之中是不可以去人多的地方，不可以远行的。对于君子来说，这三年要持之以礼、饰之以情，三年丧期结束时、行练祭时哭泣，不是显得很虚伪吗？"这是因为此时孝子举哀，不是所专注的重点……为人子女之道，要体会这种上天所降下的恩情，这才是十分重要的事情，父母丧亡，子女终身为之忧伤，是不可以一朝忘却的。在此有祥祭、练祭这样的礼法，这是为了让孝思达到极处的表现，因此对于侍奉父母之道，如果子女身具公职，有夺服守丧这样的制度，更何况子女对父母的爱敬是一种十分重要的德行，岂能屈从于其他的事情呀！

《靖节先生集》四则

东晋陶潜撰。陶潜（约365—427），字渊明，又字元亮，东晋末浔阳柴桑（今江西九江）人，号为"五柳先生"，世称"靖节先生"，南朝刘宋时改名为"潜"。东晋末期南朝宋初期的诗人、文学家、辞赋家、散文家。

爱敬于事亲，是以德加教加于百姓。

《靖节先生集·卷八·五孝传》

【译文】对君主来说，奉养、祭祀父母的要有爱敬之心，执政者照这样去做了，就等同于以自己的德行为榜样去教化百姓。

人情莫不欲厚其亲，然亦有分焉。奢则难继，能致俭以全养者鲜矣！

《靖节先生集·卷八·士孝传赞》

【译文】人的感情之中没有人不想着去厚待父母，然而这种厚待是有区别的。以奢侈为习俗的厚待是难以长久的，现在能持有勤俭的作风，且孝敬父母的人很少呀！

夫孝者人之本，教之所由生也。是以范之临危也勇，宰也也惠，能以显亲也。

《靖节先生集·卷八·庶人孝传赞》

【译文】孝是人立身处世的根本，世间的教化都是以这种德行作为教化的基础。人们具有了这种品行，在面对危险的时候就能够生出勇气，执政一方时就会施惠于百姓，就能够显扬父母双亲啊！

事亲尽欢，其难在色，彼养以禄，我养以力，义在爱敬，荣不假饰。

《靖节先生集·卷八·庶人孝传赞》

【译文】侍奉父母在于让他们心情舒畅，其中的关键在于，子女在侍奉父母时要始终神色柔和，有些人奉养父母是用国家的俸禄，我却以自己的能力去奉养父母，奉养父母的关键在于爱敬他们，对他们不要虚情假意，伪装掩饰。

《墓毁论》一则

东晋孔仰撰。孔仰，生卒年不详，约生活于两晋之际。《通典》中收录了他对丧葬制度的议论。

圣人制殡葬之意，盖以死者不可服存，而孝子不忍弃其亲，故为棺椁葬埋。推其本心，固在弃之，弃之中为礼节以顺孝子情耳。

《墓毁论》

【译文】圣人制定殡葬这种礼法是有其深层含义的。圣人认为，已经去世的人是不可以长久地停留于世的，可是孝子却不忍心让父母离开自己，于是制定礼法，用棺椁之类的器物去葬埋他们。推测圣人的本心，固然在埋葬已去世的人，但是这种丧葬中的礼节，是为了顺承孝子对父母亲人的情感而设的一种礼法。

二、史家

《人物志》一则

三国曹魏刘邵著。刘邵（? —242），字孔才，东汉末邯郸（今河北邯郸）人，三国时文学家。曹魏代汉后曾仕为尚书郎、散骑侍郎、陈留太守，赐爵为关内侯。《人物志》是其早期著作。世人称为"三都赋"的《赵都赋》《许都赋》《洛都赋》等为他的作品。

观其所依而似类之质可知也！何谓? 观其爱敬，以知通塞。盖人道之极，莫过爱敬。爱生于父子，敬立于君臣。是故《孝经》以爱为至德，起父子之亲，故为至德。以敬为要道。终君臣之义，故为道之要。

《人物志·卷中·八观第九》

【译文】观察一个人所持有的理念，去对比相类似的材质，就可以知道这是一个什么样的人！这是为什么呢? 观察这个人是否具有爱敬这样的品行，就可以知道这个人是否能通达礼法道德。这是因为爱敬父母这样的孝行是人道的极致的表现，人道的极致没有超过爱敬这种行止的，爱这种品行生成于父子之间，具备了敬这种品行就可以立身于朝堂之中。因此，《孝经》的主旨是以爱作为至高的德行的。因为爱这一品行是起源于父子之间的情感，所以可以称之为至德。以敬作为立身处世的要道，终于君臣之间的节义，因此可以称之为道的要素。

《三国志》三则

西晋陈寿修。是一部记载魏、蜀、吴三国时期的纪传体断代史。其中《魏书》三十卷，《蜀书》十五卷，《吴书》二十卷，共计六十五卷。记载了从魏文帝黄初元年（220）至晋武帝太康元年（280）六十年的历史。与《史记》《汉书》《后汉书》并称为前四史。陈寿（233—297），字承祚，三国时蜀国巴西安汉（今四川南充）人。西晋史学家。仕蜀时曾任卫将军主簿、东观秘书郎、观阁令史、散骑黄门侍郎等职，入晋后历任著作郎、长平太守、治书侍御史。《三国志》为其所著。

忠臣孝子，宜思仲尼、丘明、释之①之言，鉴华元②、乐莒、明帝之戒，存于所以安君定亲，使魂灵万载无危，斯则贤圣之忠孝矣！

《三国志·魏书·文帝纪第二》

【简注】①丘明、释之：左丘明和西汉的张释之。　②华元：春秋时代宋国六卿之一。

【译文】世间的忠臣孝子，应该思考孔丘、左丘明、张释之这些圣贤所说的话，以华元、乐莒、汉明帝的行为作为自己行为的鉴戒，要把心思放在怎样使国家、君主、亲人得到安定，使他们的灵魂万年不受危害方面，做到了就可以说是具备了圣贤之人所倡导的忠孝之行了。

夫官才用人，国之柄也。故铨衡专于台阁，上之分也；孝行存乎闾巷，优劣任之乡人，下之叙也。夫欲清教审选，在明其分叙，不使相涉而已……夫孝行著于家门，岂不忠恪于在官乎？仁恕称于九族①，岂不达于为政乎？义断行于乡党，岂不堪于事任乎？三者之类，取于中正②，虽不处其官名，斯任官可知矣。行有大小，比有高下，则所任之流，亦涣然明别矣！

《三国志·魏书·诸夏侯曹传第九·夏侯玄③》

【简注】①九族：泛指亲属。历代说法不一：《三字经》指上自高祖、下至玄孙，即高祖、曾祖、祖父、父亲、己身、子、孙、曾孙、玄孙；东汉的许慎认为是指父族四、母族三、妻族二。父族四是指姑之子、姊妹之子、女儿之子、己之同族；母族三是指母之父、母之母、从母子；妻族二是指岳父、岳母。　②中正：指九品中正制，是魏晋南北朝时期重要的选官制度，始于三国时魏文帝黄初元年（220），沿至隋唐科举制兴起。　③夏侯玄（209—254），字太初，东汉末沛国谯（今安徽亳州）人，三国时魏国大臣。早期玄学的领袖人物。

【译文】任用有才能的人出仕，这是国家选士的根本原则。因此，国家量才授官由专门的台阁负责，这样做就可以区分上下的职分；所选取的官员要具有孝敬父母的德行，他们的德行要闻名于乡里街巷，士人德行的高下由乡人评定，这是乡里之间任用贤才的评议办法。要想使国家教化清明，选拔官员时就要审慎，要明确上面的职能和下面的职分，不要彼此间互相干涉……对于那些在家里显示出孝敬父母的德行的人，在自己在职位上时，又岂能显现不出所具备的忠诚恭谨的品行呢？在亲族中因仁恕而受到亲族的称许，在从政过程中，又岂能不将其所具备的这一特质加以发扬呢？在乡里之中遇事能秉公办理，在担任官职时岂能不胜任呢？有这三种类型的人，国家在选取的时候要持之以中正，即使他们不担任官职，他们能胜任官职的能力也是可以知晓的。人的德行有大有小，对人的评价有高有低，这样被荐举的人之间的等差、优劣，也就能清楚地辨别出来了。

孝者不背亲以要利，仁者不忘君以徇私。

《三国志·魏书·程郭董刘蒋刘传第一四·董昭①》

【简注】①董昭（156—236），字公仁，东汉末济阴定陶（今山东定陶）人。东汉末曹操属下谋士，曹魏代汉后仕至司徒，谥"定侯"。

【译文】具有孝这种德行的人不会背着父母亲人去邀名逐利，具有仁德品行的人在处事时是不会忘却君主以徇私情的。

臧荣绪《晋书》一则

南北朝萧齐臧荣绪修。臧荣绪（414—488），南北朝时萧齐东莞莒（今山东莒县）人。博学多才，不愿为官。数次征不就。潜心著述，终于在花甲之年撰《晋书》一百一十卷，俗称《旧晋书》。唐代所修的《晋书》中的晋史部分，即以其为蓝本，参考其他诸家晋史、杂说编纂而成。另有《嫡寝论》《拜五经序论》《绪洞记》等传世。

周制明堂①，所以宗其祖，以配上帝，敬恭明祀，光孝道也。其大数有六，古者，圣帝明王，南面而听政同，其六则以明堂为主，又其正中，皆云太庙。以顺天时，施行法令、宗祀、养老、训学、讲肄、朝诸侯、而选造士、备礼辩物、一教化之由也，故取其宗祀之类，则曰清庙②。取其正室之貌则曰太庙，取其室则曰太室，取其堂则曰明堂，取其四门之学则曰太学③，取其周水圜如璧则曰辟雍④。

《晋书·卷十四·纪瞻⑤》

【简注】①明堂：古代帝王宣明政教、举行大典的地方。　②清庙：指太庙。　③太学，由国家在京师设立的国家最高学府，西周时始名，汉代始设于京师。　④辟雍：原本为周天子教育贵族子弟的学堂。取四周有水，状如环璧之义。　⑤纪瞻（253—324），字思远，晋代丹阳秣陵人。晋代大臣，晋元帝时爵封都乡侯，谥为"穆"。

【译文】周代设置明堂的原因，是为了尊奉祖先并借以配享上帝，他们恭敬地进入明堂之中进行祭祀，以使孝道永远光大。类似于明堂的地方大约有六处，古时候圣明的帝王南面听政有六处，以明堂为主。居于正中的都称之为太庙，这是为了顺应天时，是为了更好地施行法令，在这里可以祭祀祖先、奉养诸老，可以进行教学，讲习礼仪，可以接见朝觐的诸侯，可以选取贤士，要使礼仪齐备，器物明确，这是统一教化的途径。因而取其宗祀之类，叫作清庙；取其正室之貌，叫作太庙；依室而言，叫作太室；依堂而言，叫作明堂；因为在京师四门设立学校，故称之为太学；因其周围环水如璧，就叫辟雍。

《晋书》二十一则

唐初名臣房玄龄、褚遂良、许敬宗监修，令狐德棻、来济、陆元仕、刘子翼、卢承基、李义府等人奉敕修撰，是"二十四史"之一，序目为唐代初期编定。有二十一人参与编订，监修三人；天文、律历、五行等三志由李淳风所作，修史体例为敬播拟订；全书帝纪十卷，志二十卷，列传七十卷，载记三十卷，共计一百三十卷。记载了从司马懿执政至晋恭帝元熙二年为止，记录了西晋和东晋的历史，并以"载记"的形式兼述了十六国政权的兴亡。

五礼①之别，二曰凶。自天子至于庶人，身体发肤，受之父母，其理既均，其情亦等，生则养，死则哀，故曰三年之丧，天下之达礼者也。

《晋书·志第十·礼中》

【简注】①五礼：指吉、凶、军、嘉、宾五礼。

【译文】吉、凶、军、嘉、宾五礼是相互有所区别的，其二是凶礼。从天子至平民，人们的身体、皮肤、毛发，都是得之于父母，这其中的道理是一致的，因此对父母的感情也是相同的。在父母生前要子女奉养他们，在父母去世后子女要为他们守孝，因此说三年服丧，是天下通行之礼。

虞舜体仁孝之性，尽事亲之礼，贵为天王，富有四海，而瞽叟无立锥之地，一级之爵。蒸蒸之心，昊天罔极，宁当忍父卑贱，不以徽号显之，岂不以子无爵父之道，理穷义屈，靡所厝情者哉！《春秋经》曰："纪季姜归于京师①"，《传》曰："父母之于子，虽为天王后，犹曰吾季姜②"，言子尊不加父母也。或以为子尊不加父母，则武王何以追王太王、王季、文王乎？周之三王，德配天地，王迹之兴，自此始也。是以武王仰寻前绪，遂奉天命，追崇祖考，明不以子尊加父母也。案《礼》"幼不诔长，贱不诔贵③"，幼贱犹不得表彰长贵，况敢锡之以荣命邪！汉祖感家令④之言而尊太公，荀悦以为孝莫大于严父，而以子贵加之父母，家令之言过矣。爰逮孝章，不上贾贵人以尊号，而厚其金宝币帛，非子道之不至也，盖圣典不可逾也。

《晋书·志第十一·礼下》

【简注】①"纪季姜归于京师"句：语见《春秋左氏传·桓公九年》。②"父母之于子"句：语见《春秋公羊传·桓公九年》。　③"幼不诔长"句：语见《礼记·曾子问》。　④家令：汉代时的皇家属官，执掌宗室规法和皇宗日常事宜。

【译文】虞舜的政令推行了仁孝的本性，要求世间的百姓要尽力侍奉亲人，对他们要持之以礼，因而他得到天王这样尊贵的地位，富有四海。而舜的父亲瞽叟却无立锥之地，没有一定的爵位。舜的孝心，可以说充满了天际，他宁可忍受父亲卑贱的地位，也不用徽号显扬他，难道这是儿子不能给父亲授爵吗？这在理和义的方面是说不通的，也是无法表现子女的亲情的！《春秋》曾说"纪季姜出嫁到京师"，《传》中说"父母对于子女来说，就算是儿女已成为天王以后，父母仍称我为季姜"，这说的是不要因子女尊贵就影响到父母。有人认为如果子女尊贵影响不到父母，那么周武王又为什么给太王、王季、文王追加王号哪？这是因为周朝的三个王，他们的德行是可以与天地相匹配的，周代帝王大业的兴起，也是从他们执政时开始的。因此，周武王因仰慕、追寻前代的功业，于是根据天命，追加他们王号，以示对祖先的尊崇，这并不是表明儿女尊贵了就要影响到父母。根据《礼》的要求："年幼的人不能做悼词去歌颂年长的人，地位低下的人也不能做悼词歌颂地位尊贵的人。"年幼的、低贱的尚且不能去表彰年长的、尊贵的，又怎么敢给予他们尊号呢！汉高祖因家令的话因而尊崇他的父亲，荀悦认为世间的德行之中没有比孝敬父母、尊崇父亲更大的事了。因而如果子女地位尊贵，父母也会随之尊贵，从这个意义上说，家训中说的也就有些过了。至于汉代的孝帝、章帝，他们不用尊号去显赫贵人，而是多送金银宝物钱币丝帛去尊养他们，他们这样做并不是不尽孝道，而是因为圣人的典章制度不能逾越。

《传》曰："简宗庙，不祷祠，废祭祀，逆天时，则水不润下。"

说曰：水，北方，终藏万物者也。其于人道，命终而形藏，精神放越。圣人为之宗庙，以收魂气，春秋祭祀，以终孝道。王者即位，必郊祀天地，祷祈神祇，望秩山川，怀柔百神，亡不宗事。慎其斋戒，致其严敬，是故鬼神歆飨，多获福助。此圣王所以顺事阴气，和神人也。及至发号施令，亦奉天时。十二月咸得其气，则阴阳调而终始成。如此，则水得其性矣。

《晋书·志第十七·五行上》

【译文】《传》曰："轻慢地对待宗庙之事，不在那里祷告，荒废祭祀，这是违背天时的事情，这就犹如水不能顺流而下一样。"

解释说：水，藏于北方，是收藏万物的所在。对于人道而言，生命终结之后形体便会被收藏，精神也就会放任、自由。圣人设立宗庙，收留天地间的精神魂气，因此在春秋祭祀，来尽子孙的孝道。君王即位之后，一定要在郊野之中祭祀天地，向天地间的神祇祈祷，要祭祀山川，以安顺百神，不忘记宗庙中的祭祀。要谨慎地斋戒，以表达自己的崇敬之情，这样鬼神就会受享其祭，子女、后辈就能获得福佑。这就是圣明君王要求要顺奉阴气，和睦神人的原因。至于执政者向世间颁布政令，也要敬奉天时。十二个月都各得其气，阴阳就会善始善终。这样看来，水就得其性了。

夫言行可覆，信之至也；推美引过，德之至也；扬名显亲，孝之至也；兄弟怡怡，宗族欣欣，悌之至也；临财莫过乎让：此五者，立身之本。

《晋书·列传第三·王祥①》

【简注】①王祥（185—269），字休征，东汉末琅琊（今山东临沂）人，历仕东汉、曹魏、西晋三代。西晋时官至太尉、太保。以孝著称，是古"二十四孝"中"卧冰求鲤"的主人公。

【译文】对于人而言，言行能做到一致，就可以说是信做到了极点；把美名推让给别人而自己去承担过失，就可以说是德做到了极点；子女兄弟在世间传播好的名声让父母亲人显赫，是孝做到极点的表现；兄弟之间能和乐相处，宗族欢欣，是悌做到极点的表现，在财物面前没有比谦让更好的举止了。这五条，是人立身处世的根本。

司隶校尉傅玄著论称曾及荀顗①曰："以文王之道事其亲者，其颍昌何侯②乎，其荀侯乎！古称曾、闵，今日荀、何。内尽其心以事其亲，外崇礼让以接天下。孝子，百世之宗；仁人，天下之命。有能行孝之道，君子之仪表也。《诗》云'高山仰止，景行行止'③，令德不遵二夫子之景行者，非乐中正之道也。"

又曰："荀、何，君子之宗也。"

又曰："颍昌侯之事亲，其尽孝子之道乎！存尽其和，事尽其敬，亡尽其哀，予于颍昌侯见之矣。"

《晋书·列传第三·何曾》

【简注】①荀顗（？—274），字景倩，三国时曹魏颍川颍阴（今河南许昌）人。西晋时曾仕为侍中，迁为太尉，行太子太傅，谥曰"康"。其人博学多闻，理思周密。通"三礼"，识朝廷大仪，曾与羊祜、任恺共同修订晋朝礼法。 ②何曾（199—278），原名瑞谏，又名谏，字颍考，东汉末年陈国阳夏人。三国时曹魏末曾仕至丞相，爵封平原侯。入晋后被封为太尉。③"高山仰止，景行行止"：语出《诗经·小雅·车辖》。

【译文】当初，司隶校尉傅玄写文章称赞荀顗时说："按照周文王的孝亲之道去侍奉亲人的人，不正是颍昌侯何曾吗？不正是荀侯吗？古人称道曾参与闵损的孝德，今天所称颂的是荀顗、颍昌侯何曾的孝德。他们在家时尽心地侍奉亲人，处世时推崇礼仪、让敬以礼让他人。孝子，可以说是百世的宗师；仁人，可以说是天下的杰出人才。能奉行孝道的人，就可以说是拥有了君子的仪表。《诗经·小雅·车辖》中说：'高山仰止，景行行止'，如果有人想要追求美德却不愿意遵循两位夫子立身之道，不是喜欢正直之道的表现啊！"

又说："荀、何这两个人，是君子的宗师。"

又说："颍昌侯侍奉亲人，不正是尽了孝子之道吗！对父母尽可能做到和善，侍奉他们尽可能恭敬，丧葬的时候极尽其哀伤，我在颍昌侯身上看到了这些美德。"

左丞刘坦上言曰："夫堂高级远，主尊相贵。是以古之哲王，莫不师其元臣，崇养老之教，训示四海，使少长有礼。七十致仕，亦所以优异旧德，厉廉高之风。太尉实体清素之操，执不渝之洁，悬车告老，二十余年，浩然之志，老而弥笃。可谓国之硕老，邦之宗模。臣闻老者不以筋力为礼，实年逾九十，命在日制……圣诏殷勤，必使实正位上台，光饪鼎实，断章敦喻，经涉二年。而实频上露板，辞旨恳诚。臣以为：古之养老，以不事为扰，不以吏之为重，谓宜听实所守。"

《晋书·列传第十一》

【译文】左丞刘坦上奏说："世间的厅堂高则台阶就会高远，君主尊崇则宰相就会尊贵。因此，古时候的圣明帝王没有不以元老大臣为师的，并以此去推崇养老这种民风的教化，以之训示于四海，让天下的百姓自少及长都能具备礼的规范。臣子七十辞官，这是对臣子以往德行的特殊待遇，是勉励廉洁高尚的作风的行为。太尉刘实凭着清廉纯朴的节操，持有不变的高洁，致仕告老，已有二十多年了，他正大的志向，越老越坚定。他可以说是国家的德高望重之人，是国家的楷模。我听说（德行好和）不让老年人劳动筋骨符合礼法，刘实年纪已达九十，寿命受时日的制约（也不长久了）……圣上所下的诏书诚恳，已使刘实登上台省的正位，以辅助帝业，判断章句、敦促晓谕，效力了两年。然而刘多次公开上书，言辞诚恳。我认为古人养老，以不事君做官为优，把不向老人授官当作尊重，（陛下）应该听从刘实的意见。"

凡所以立品设状者，求人才以理物也，非虚饰名誉，相为好丑。虽孝悌之行，不施朝廷，故门外之事，以义断恩。既以在官，职有大小，事有剧易，各有功报，此人才之实效，功分之所得也。

《晋书·列传第十五·刘毅①》

【简注】①刘毅（？—285），字上雄，三国时曹魏东莱掖（今山东莱州）人。晋代魏后，曾仕为尚书郎、驸马都尉、散骑常侍、国子祭酒、司隶校尉等职。为人正直敢言，为官清正。

【译文】国家设立九品中正制，订立了官员的品级，一般来说官的任免、升降，是要看所任用之人的表现。国家订立这种制度，是为了向天下求取人才以治理百姓，并不是为了沽名钓誉，也不是为了分别好坏。孝悌这种根本的德不能施用于朝廷之中，在世间的家庭就不能讲求德义，就不能讲求情感。已经有职位的人，职权有大有小，所面对的事情有难有易，各有功绩可报，这是用人之实，也是职务、权限所在。

夫家足食，为子则孝，为父则慈，为兄则友，为弟则悌。天下足食，则仁义之教可不令而行也。为政之要，计人而置官，分人而授事，士农工商之分不可斯须废也。

《晋书·列传第十七·傅玄》

【译文】家中衣食丰足，做儿女的就会孝顺父母，当父母的就会慈爱子女，做兄长的就会友爱兄弟，做弟弟的就会敬奉兄长。天下如果衣食丰足，那么国家的仁义之教也就可不令而行。为政的要务，是要按照人口的多寡来设立相应的官职，官员的任免要按照其才能而授职位，士农工商的区分时刻不能废除。

昔明王圣主，无不养老。老人众多，未必皆贤，不可悉养。故父事三老，所以明孝；宗事五更，所以明敬。

《晋书·列传第十八·段灼①》

【简注】①段灼，生卒年不详，字休然，三国时魏国敦煌人。曾随邓艾破蜀，因功受爵为关内侯。晋代魏后，仕至明威将军、魏兴太守。卒于官。

【译文】以往的圣明君主，没有不奉养老人的，但是世间的老人众多，这些老人未必都具备贤能的品行，不能够都被国家奉养。因此，君主行养老礼，以对待父母的方法去侍奉三老，这是为了向天下人显明国家崇尚孝行；以对待同宗兄弟的方法敬奉五更，这是为了让天下人明白处世时要有恭敬的态度。

帝①引为大将军从事中郎。有司言有子杀母者。

籍②曰："嘻！杀父乃可，至杀母乎！"坐者怪其失言。

帝曰："杀父，天下之极恶，而以为可乎？"

籍曰："禽兽知母而不知父，杀父，禽兽之类也。杀母，禽兽之不若。"众乃悦服。

《晋书·列传第十九·阮籍》

【简注】①帝：此处是指司马昭。　②阮籍（210—263），字嗣宗，东汉末期陈留尉氏（今河南开封）人，三国时曹魏时期诗人。崇奉老庄之学，政治上则采谨慎避祸的态度。竹林七贤之一。

【译文】阮籍被司马昭任用为大将军从事中郎不久，相关司衙报告了一起儿子杀母亲的案子。

阮籍知道后说："啊！杀了父亲还可以，竟然杀了母亲！"当时在座的人都责怪他失言。

司马昭问他说："杀父，是天下十恶之首，而你认为这样的行为可以吗？"

阮籍说："禽兽仅知母亲而不知道父亲，杀了父亲，就如同禽兽一样。杀了母亲，那连禽兽都不如了。"

大家听后心悦诚服。

臣愚以为古者大夫七十悬车①，今自非元功国老，三司②上才，可听七十致仕，则士无怀禄之嫌矣。其父母八十，可听终养，则孝莫大于事亲矣。吏历试无绩，依古终身不仕，则官无秕政矣。能小而不能大，可降还莅小，则使人以器矣。人主进人以礼，退人以礼，人臣亦量能受爵矣。其有孝如王阳，临九折而去官，洁如贡禹③，冠一免而不著；及知止如王孙④，知足如疏广⑤，虽去列位而居东野，与人父言，依于慈，与人子言，依于孝。此其出言合于国检，危行彰于本朝。去势如脱屣，路人为之陨涕；辞宠如金石，庸夫为之兴行。是故先王许之，而圣人贵之。⑦

《晋书·列传第二十·庾峻⑥》

【简注】①悬车：指致仕。　②三司：晋代的三司指三公，即太尉、司空、司徒。　③贡禹（前127—前44），字少翁，西汉琅琊（山东诸城）人，"以明经洁行著闻"于世。　④王孙：指汉代的杨王孙，此人系西汉汉中固县人，家中积富，却崇尚节俭。　⑤疏广（？—前45），字仲翁，祖籍东海兰陵（今山东泰安磁窑，一说苍山兰陵），西汉名臣。少好学，明《春秋》，治学严谨，乐办私学。仕至太子太傅。　⑥庾峻：字山甫，三国时曹魏颍川鄢陵（今河南鄢陵）人。少好学，有德行。仕至御史中丞。　⑦此段选自庾峻上晋武帝疏。

【译文】臣知道古时大夫七十岁时致仕养老，现今的朝廷如果不是国家的元勋、国老，三司之类的高官，也可以听任他们七十岁的时候致仕，这样规定士人就不会有心恋禄位的嫌疑了。对于国家的官员来说，如果家中的父母已到八十岁，可以听任官员回家奉养父母，这是因为孝顺这样的品行没有大过奉养父母的。官员如果多次考核没有什么政绩，依照古法就要使他终身不出仕，国家这样规定，国家的官员在执行政务时就不会有什么不善之政。能干小事却不能干大事，这样的官员就可以降职，让他担任小的职务，如此就可以依据才能任用贤人。君主以礼引用人才，也以礼去斥退庸人，臣子按其才能接受相应的爵位。国家的官员中有孝顺父母如同王阳一样的人，他面对国家九道征辟的令旨，却因奉养父母而辞官；有廉洁如同贡禹这样的官员，他一旦被免冠就不再出仕。还有知道自己行止的如杨王孙那样的官员，知道满足的如同疏广那样的官员，这样的官员虽已离弃官位居住乡野，但从父辈这个方面而言，他们的这种做法是慈爱的表现，从晚辈这个角度来说，他们的这种做法是孝敬。这些人说出来的话是合乎国法的，他们的高洁品行是显著于本朝其他庸才的。他们脱离权势如同脱去鞋子一样，因此，路人替他们辞去而流泪；他们辞去宠爱如同弃去金石一样，平庸的人也会为之效法、为之实行。因此，先王嘉许他们德操，圣人看重他们品行。

庾纯①，字谋甫。博学有才义，为世儒宗。郡补主簿，仍参征南府，累迁黄门侍郎，封关内侯，历中书令、河南尹。

初，纯以贾充②奸佞，与任恺共举充西镇关中，充由是不平……及纯行酒，充不时饮。纯曰："长者为寿，何敢尔乎！"充曰："父老不归供养，将何言也！"纯因发怒曰："贾充！天下凶凶，由尔一人。"充曰："充辅佐二世，荡平巴蜀，有何罪而天下为之凶凶？"纯曰："高贵乡公何在？"众坐因罢。充左右欲执纯，中护军羊琇、侍中王济佑之，因得出。充惭怒，上表解职。纯惧，上河南尹、关内侯印绶，上表自劾……

又以纯父老不求供养，使据礼典正其臧否。太傅何曾、太尉荀颛、骠骑将军齐王攸议曰："凡断正臧否，宜先稽之礼、律。八十者，一子不从政；九十者，其家不从政。新令亦如之。按纯父年八十一，兄弟六人，三人在家，不废侍养。纯不求供养，其于礼、律未有违也。司空公以纯备位卿尹，望其有加于人。而纯荒醉，肆其忿怒。臣以为纯不远布孝至之行，而近习常人之失，应在讥贬。"

司徒石苞议："纯荣官忘亲，恶闻格言，不忠不孝，宜除名削爵土。"

司徒西曹掾刘斌议以为："敦叙风俗，以人伦为先；人伦之教，以忠孝为主。忠故不忘其君，孝故不遗其亲。若孝必专心于色养，则明君不得而臣；忠必不顾其亲，则父母不得而子也。是以为臣者，必以义断其恩；为子也，必以情割其义。在朝则从君之命，在家则随父之制。然后君父两济，忠孝各序……骂辱宰相，宜加放斥，以明国典。圣恩恺悌，示加贬退，臣愚无所清议。"

……　……

帝复下诏曰："自中世以来，多为贵重顺意，贱者生情，故令释之、定国得扬名于前世。今议责庚纯，不惟温克，醉酒沈湎，此责人之齐圣也。疑贾公亦醉，若其不醉，终不于百客之中责以不去官供养也。大晋依圣人典礼，制臣子出处之宜，若有八十，皆当归养，亦不独纯也。古人云：'由醉之言，俾出童羖。'明不责醉，恐失度也。所以免纯者，当为将来之醉戒耳。齐王、刘掾议当矣。"复以纯为国子祭酒，加散骑常侍。

《晋书·列传第二十·庚纯》

【简注】①庚纯，生卒年不详，字谋甫，三国时曹魏颍川鄢陵（今河南鄢陵）人。博学有才义，为当世儒宗，仕至御史中丞。　②贾充（217—282），东汉平襄陵（今山西襄汾）人，西晋开国元勋。爵至鲁郡公，谥为"武"。

【译文】庚纯字谋甫，博学有才，为当世儒宗。郡里将他补为主簿，参征南府，多次升职，成为黄门侍郎，封关内侯，历任中书令、河南尹。

当初，庚纯因为贾充奸邪，就和任敱一起要求国家贬斥贾充西去镇守关中，贾充因此对他愤愤不平……（在一次筵宴上）等到庚纯巡行劝酒时，贾充不按时饮酒。庚纯说："年纪大的人为你敬酒，怎么敢这样无礼呢！"贾充说："你自己的父亲老了不回去供养尽孝，还在这儿说什么呢！"庚纯就发火说："贾充！天下汹汹，全是你一人造成的。"贾充说："我贾充辅佐了两朝皇帝，扫荡平定了巴蜀，有什么罪而使天下汹汹呢？"庚纯说："那么高贵乡公在哪儿呢？"宴席这样就散了。贾充的手下人想抓住庚纯，中护军羊琇、侍中王济保护着他，因此得以逃出。贾充羞惭大怒，就上表请求辞职。庚纯害怕了，就交出河南尹、关内侯的印绶，上表自劾……

又因为庚纯父亲年老而他不去供养，贾充于是让人根据礼典来说明他是否正确。太傅何曾、太尉荀顗、骠骑将军齐王司马攸等上奏说："凡断定正确与否，应先查询礼制、律令。礼制律令中规定，家中有八十岁的老人，就要有一个儿子不从政；有九十岁的老人，一家人都不能从政。新的礼制也是如此规定的。庚纯的父亲今年八十一岁，兄弟六人，有三人在家，没有废弃侍养。庚纯不要求回家供养父亲，并不违犯礼律。司空公因为庚纯位列卿尹，期望他能比别人更好。但庚纯醉酒，发泄他的愤怒。我们认为庚纯不能远学以往圣贤尽孝的德行，却近学常人的过失之处，应责斥贬黜。"

司徒石苞上奏说："庚纯贪图荣华高官而不养亲，不听格言，不忠不孝，应除去官位，削去爵位和封土。"

司徒西曹掾刘斌上奏认为："要敦厚风俗，必以伦理道德为头等大事；伦理道德又以忠孝为主。忠不忘国君，孝不忘父母。如果孝一定要亲自奉养，那圣上就得不到臣下；如果忠就一定要不管父母，那父母就得不到儿子。所以做臣下的人，必然要以义舍弃亲恩；做儿子的人，必然要以亲情割弃义。在朝廷任职就听从国君的命令，在家中就随从父母的教导。然后国君父母两全其美，忠孝有序……至于他辱骂宰相，应该加以放逐贬斥，以申明国家法典。圣上恩德，对他加以贬斥，臣下再没什么可说的。"

……

皇帝又下诏说："自从汉代以来，很多情况下是显贵重臣的意愿，从而使出身卑贱的人产生怨情，因此汉代特意使张释之、赵定国这样的人能在前朝扬名天下。现在奏议谴责庾纯，说他不能温良谦让，沉湎醉酒，这是以圣贤的标准来责求于人。我怀疑当时贾公也喝醉了，如果他没醉的话，就不会在有许多客人的场合斥责庾纯，斥责他不辞职回家供养父亲。大晋依照圣人的典章制度，制定了臣下出仕与告退的方式，如果家中有八十岁的老人，官员都应当回家奉养，也不仅仅是庾纯一人。古人说：'酒醉时说的话，就像说公羊没有角，不能当真，不斥责说醉话的人，又恐怕有失法度。之所以罢免庾纯，是为教训将来醉酒的人。齐王、刘掾的奏议很恰当。"就又任命庾纯为国子祭酒，加任散骑常侍。

古人有言曰："圣人之德，无以加于孝乎！"夫孝者，天之性、人之所由灵也。昔者明王以孝治天下，其或继之者，鲜哉希矣！逮我皇晋，实光斯道，仪刑乎于万国，爱敬尽于祖考。故躬稼以供粢盛，所以致孝也；劝稼以足百姓，所以固本也。能本而孝，盛德大业至矣哉！此一役也，二美显焉，不亦远乎，不亦重乎！

《晋书·列传二十五·潘岳》

【译文】古时候有的人说："圣人的德行之中，没有什么德行能超过孝这种德行的！"对于孝这种德行来说，是上天的本性、是人与生俱来的品行。以往圣明的君王用孝来治理天下，可是能对此加以继承的，实在是太少了！到了我朝，的确是光大了这一道义，国家制度被万国所信服，其敬爱之意极尽于祖先。因此，天子行藉田礼，亲耕以供奉祭祀的谷物，这是用来表达孝心的行为；鼓励农作以使百姓丰足，这是用来巩固国家基础的行为。有了坚实的基础又行孝道，大德伟业可谓是极致了！这一藉田之举，用两项美事显明，其意义不也深远，不也重大么！

六行之义，以孝为首，虞舜之德，以孝为称。

《晋书·列传二十六·江统①》

【简注】①江统（？—310），字应元，西晋时陈留圉人。西晋大臣，写有《酒诰》，首次提出发酵酿酒法。

【译文】孝、友、睦、姻、任、恤这六种人生在世的行义，是以孝这种德为首的，虞舜这些圣明的君主，他们的行为和所提倡的德行，也是以孝著称的。

夫事亲莫大于孝，事君莫尚于忠。唯孝也，故能尽敬竭诚；唯忠也，故能见危授命。

《晋书·列传第四十·卞壶①》

【简注】①卞壶（281—328），字望之，西晋时济阴冤句（今山东菏泽）人。东晋初期的著名政治家、军事家、书法家。两度为尚书令，不畏强权，东晋苏峻之乱时战死。赠侍中、骠骑将军，开府仪同三司，谥"忠贞"。

【译文】侍奉父母没有比孝这种品行更大的，侍奉君主没有比忠诚于国家、忠诚于君主更大的。具有了孝这种德行，就能够极尽心力地敬奉父母、诚心地对待世事；具有了忠这种德行，就能够在国家需要的时候临危受命。

大矣哉！孝之为德也。分浑元而立体，道贯三灵；资品汇以顺名，功苞万象。用之于国，动天地而降休征；行之于家，感鬼神而昭景福。若乃博施备物，尊仁安义，柔色承颜，怡怡尽乐，击鲜就养，亹亹忘劬，集包思艺黍之勤，循陔①有采兰之咏，事亲之道也。属属如在，哀哀罔极，聚薪流恸，衔索兴嗟，洒风树以颓心，俯寒泉而昧泣，追远之情也。审德筮仕，正务移官，居高匪危，在丑无争，协修升以匡化，怀履冰而砥节，立身之行也。是以闵、曾翼翼，遵六教而缉贞规；蔡、董②烝烝③，弘七体而垂令迹。亦有至诚上感，明祇下赞，郭巨致锡金之庆，阳雍④标莳玉之祉；乌驯丹羽，巢叔和之室，鹿呈白毳，扰功文之庐。然则因被孝慈而生友悌，理在兼综，义归一揆。夫天伦之重，共气分形，心睽则叶悴荆枝，性合则华承棣萼。乃有推肥代瘦，徇急难之情；让果同衾，尽欢愉之致！

《晋书·列传第五八·孝友》

【简注】①循陔：指《诗经·小雅·南陔》篇。　　②蔡、董：指蔡顺、董黯。蔡顺，字君仲，东汉汝南字阳人，以孝著称于世，二十四孝中"啮指痛心"故事的主人公。董黯，字叔达，一字孝治，东汉初期人，事母至孝。　　③蒸蒸：代指子女孝顺的样子。　　④阳雍：也作杨伯雍，晋代洛阳人，以孝闻于世，见《搜神记·卷十一》。

【译文】孝作为一种道德，是极为重要的。这种德行自开天辟地以来就确立了它的体制，作为道德的根本贯通天、地、人之间，同时也凭借事物的品种类别去和顺名义，这种德行的功效可以说包罗万象。将这种德行运用到治国上，是可以感动天地、降下吉祥的；将其推行到治家之中，是可以感通于鬼神、降下福祉的。以至于这种德行还可以普遍地施予所备办的各种器物之中，可以养成尊奉爱好仁义的心性，可以和颜悦色侍奉尊长，可以使兄弟间和睦尽乐，可以让子女宰杀活的牲畜、禽、鱼奉养亲人，并勤勉不倦地侍奉父母忘记疲劳。《鸦羽》一诗中曾叙述子女想要耕种庄稼奉养父母，《循陔》一诗也有采兰供养父母的吟诵，这是侍奉父母之道。专心谨慎侍奉父母，在他们去世后如同亲人还活着，因此悲哀无尽，如同聚柴燃烧一样悲伤地大哭，嗟叹不能再去孝养父母，听到风吹、看到树动，作为子女也为不能长久奉养父母而伤心，面对寒泉也为不能孝敬父母而哭泣，这是子女怀念已故亲人的感情表露。处世之时要慎重保持自己的节操以出仕任职，要矫正事务以求迁升官职，居于高位不作威作福，不与同僚相争，以协和、修明、升平的施政方式去匡正风俗，小心谨慎砥砺气节，这是立身处世的德行。因此，闵损、曾参小心翼翼，遵奉六经之教，以贞正法度而放出光彩；蔡、董孝顺，弘扬义的七体而传为世之美谈。也有人因为至诚而感动上天，神明降福保佑，郭巨得到赐金之福，阳雍高扬有种玉之福；祥瑞的赤乌鸟，在叔和的房上筑巢，吉祥的白鹿，来到功文的屋中。在孝敬父母的基础上是会产生出兄弟友爱的，这在道理上是相同的，在道义上也是归于一致的。兄弟间的关系至为重要，他们是气息相通、形体相分，心脉不相连的兄弟，如果枝子枯死，叶子也就会枯死，性情相合的兄弟，就如同树木开满鲜花。于是有推让肥美的人，有留下瘠薄的人，有为兄弟的急难而死的感情出现，有推让果子、同盖一床被子的事情发生，这都是极尽兄弟之欢的情致的表现！

　　臣①闻圣贤明训存乎举善，褒贬所兴，不远千载。谨案所领吴宁县物故人许孜②，至性孝友，立节清峻，与物恭让，言行不贰，当其奉师则在三之义。

尽及其丧亲，实古今之所难，咸称殊类致感，猛兽弭害。虽臣不及见，然备闻斯语，窃谓蔡顺、董黯无以过之。孜没积年，其子尚在，性行纯悫，今亦家于墓侧。臣以为孜之履操，世所希逮，宜标其令迹，甄其后嗣，以酬既往，以奖方来。《阳秋传》曰："善善及其子孙。"臣不达大体，请台量议。

《晋书·列传第五八·孝友·许孜》

【简注】①臣：这里指东晋成帝时东阳太守张虞。　②许孜：生卒年不详，字季义，三国时吴国东阳吴宁（今浙江东阳）人。以孝友闻于世，师从豫章太守孔冲，晋惠帝时郡察征为孝廉，不应征辟，布衣终身，八十余岁卒于家，乡人以其乡为孝顺里。

【译文】臣听说圣贤的明训在于保存、崇举、宣扬善和美，褒贬的兴起，不因千年之前的事情太远而废止。谨案臣所领的吴宁县已故去的人中有一个叫许孜的人，此人天性孝顺友悌，节操清白高尚，待人接物恭让有礼，言行一致。他侍奉老师的时候，能极尽前面所提到的三种敬师之义。为父母服丧的时候，所作所为实在是古今之人难以做到的。人们都说他的孝行感动了禽兽，连猛兽都停止了对他的伤害。臣虽然没能见到他，却听说过这些美谈，私下认为蔡顺、董黯的品行也不能超过他。但是许孜已死去多年，他的儿子还健在，其子的品行纯朴诚实，现在也在墓旁安家。臣认为许孜的行为德操，世所罕及，国家宜显扬他美好的事迹，培养他的后代，以报偿以往之事，以勉励将来之人。《阳秋传》中说："好好地对待善人，还要延及他的子孙。"臣不识大体，请朝廷酌议。

史臣曰：尊亲之道，礼经之明训；孝友之义，世人之美谈，是知人伦之本，罔兹攸尚。盛翁子立行淳至，素蓄异才，流恸致其感通，含哺申其就养，载昌赏其清韵，陆云嘉其茂德。王裒隐居不从其辟，行己莫逾其礼，枯柏以应其诚，惊雷以危其虑。永言董蔡，异时均美。许孜少而敏学，礼备在三，驯雉栖其梁栋，猛兽扰其庭圃，居丧之礼，实古今之所难焉。庾叔褒不匮表于执勤，则裕存乎敬业，幽显不易其操，疫疠不骇其心，急病让夷之规，有古人之风烈矣。孙晷之匪懈，王谈之复仇，神人惜其亡，良守宥其罪。刘殷幼丁艰酷，柴毁逾制，发三冬之堇，赐七年之粟，至诚之契，义形于兹。王延叩冰而召鳞，扇席而清暑，虽黄香、孟宗，抑为伦辈。其余群子，并孝养可崇，清风素范，高山景行，会其宗流，同斯志也。

《晋书·列传五八·孝友》

【译文】史臣评论说：尊亲之道，是礼经中的明训，孝友之义，对世人来说是种美谈，因此要知道如何做人，要知道、奉行人伦的根本，除此没有什么比这更值得崇尚的了。盛翁子的言行极其淳厚，平素积累异才，放声恸哭感通神灵。他亲手喂母亲吃饭，表达了自己的孝顺之志，因此戴昌欣赏他清隽的诗篇，陆云嘉许他的盛德。王裒隐居不应国家征召，立身行事不违背礼法，柏树为之枯槁，是因为感应到了他的精诚，惊雷震响显出了他的孝心。人们常提到的董黯、蔡顺，这些人虽然时代不同，但美德是相同的。许孜从小聪明好学，极尽敬师之礼，驯鸟栖息在他的屋梁上，猛兽在他的庭园里驯服，他居丧时尽礼，实在是古今之人都很难做到的。庾叔褒不懈怠于为人表率，自己辛勤劳作，富足而且敬业，人前人后不改变自己的德操，疫疬盛行不能骇倒他的友爱之心。他急人危难、推让方便，有上古仁人的风尚。孙晷做事不懈怠，王谈的复仇，神异之人惜其去世，明晓礼法的太守宽赦他的罪过。刘殷幼年丁忧，悲哀伤身超过礼制的规定，神灵于是赐给冬天的堇菜，赐给七年的粟米，这是因为他的至诚通达神灵，大义也就在此体现。王延叩冰寻鱼，为父母扇席清暑，即使是黄香、孟宗，也不能超过他。其他几人，都孝养父母值得世人尊敬，他们清高素雅的风范，高尚的德行，汇综源流，志向都是相同的。

元兴①初，诏曰："夫孝行笃于闺门，清节厉乎风霜，实立人之所难，而君子之美致也。龙骧将军、广州刺史吴隐之，孝友过人，禄均九族，菲己洁素，俭愈鱼飧。夫处可欲之地，而能不改其操，飨惟错之富，而家人不易其服，革奢务啬，南域改观，朕有嘉焉。可进号前将军，赐钱五十万、谷千斛。"

《晋书·列传第六十·良吏·吴隐之②》

【简注】①元兴：东晋安帝年号。　②吴隐之（？—414），字处默，东晋时濮阳鄄城（今山东鄄城）人。曾任中书侍郎、左卫将军、广州刺史等职，官至度支尚书，是东晋末年著名的廉吏，卒追赠左光禄大夫，加散骑常侍。

【译文】元兴初年，晋安帝下诏说："对于人来说，孝顺的行为笃行于家门之中，清高的节操砥砺于风霜之中，这是立身处世不容易办到的，却同时又是君子最美好的品德。龙骧将军、广州刺史吴隐之孝顺友爱，他的品行超过常人，他将俸禄均分给九族，自养菲薄却廉洁朴素，以干鱼为食，生活非常节俭。他所任职的地方身处物欲之地，却能不改变自己的操守，享受镂金之富，自己的家人不更换服装，他革除奢侈务求节俭，使得南方地域风俗出现改观。朕认为可以嘉奖他，可以将他的爵位进阶为前将军，赏钱五十万、谷物一千斛。"

范弘之①与王珣②书

见足下答仲堪③书，深具义发之怀。夫人道所重，莫过君亲；君亲所系，忠孝而已。孝以扬亲为主，忠以节义为先。殷侯忠贞居正，心贯人神，加与先帝隆布衣之好，著莫逆之契，契阔艰难，夷崄以之，虽受屈奸雄，志达千载，此忠良之徒，所以义干其心不获以已者也。既当时贞烈之徒所究见，亦后生所备闻，吾亦何敢苟避狂狡，以欺圣明。足下不推居正之大致，而怀知己之小惠，欲以幕府之小节，夺名教之重义，于君臣之际既以亏矣。尊大君以殷侯协契忠规，同戴王室，志厉秋霜，诚贯一时，殷侯所以得宣其义声，实尊大君协赞之力也。足下不能光大君此之直志，乃感温小顾，怀其曲泽，公在圣世，欺罔天下，使丞相之德不及三叶，领军之基一构而倾，此忠臣所以解心，孝子所以丧气，父子之道固若是乎？足下言臣则非忠，语子则非孝。

《晋书·列传第六一·儒林·范弘之》

【简注】①范弘之：约生活于373年前后，字长文，东晋时南阳顺阳（今河南淅川）人。以精于儒术仕为太学博士，曾仕为余杭令，卒于官，有文集六卷。　②王珣（349—400），字元琳，小字法护，东晋琅琊（今山东临沂）人。东晋书法家王羲之的侄子，累官左仆射，加征虏将军，并领太子詹事，谥为"献穆"。　③仲堪：即殷仲堪（？—399），东晋时陈郡长平（今河南西华）人。东晋末年大臣，仕至都督荆、益、宁三州军事，与桓玄争战，败死。下文殷侯也指此人。

【译文】范弘之写信给王珣说：

看到足下答复仲堪的信，深具抒发大义的心怀。人道所注重的事物，没有比君王、父母更大的，与君王、父母相关联的德行，是忠和孝。孝这种德行是以显扬父母为主，忠这种德行是以节义为先。殷侯忠贞不二，遵循着正道，他的心灵与神灵相贯通，加上和先帝有布衣之好，有莫逆之交，因此心心相印。他们曾共同面对艰难险阻，曾经有着共同的际遇，虽然受到奸雄的欺侮，但是志向却能流传千载，这正是忠贞的人心怀大义永不停止的原因。这既是当时的贞烈之徒所能完全看见的，也是后来的人都听到的，我又怎么敢苟且躲避叛乱者，用来欺瞒圣明呢。足下不推重遵循正道的非凡情致，却怀恋知遇那样小的恩惠，想用幕府的小节来夺取名教的大义，这种行为在君臣大义上就可以说有亏缺了。你的父亲殷侯忠心谋划，共同拥戴王室，志节比秋霜还高洁，精诚贯穿一时，殷侯能够宣扬他正义的言论，实在是你父亲辅佐的功劳。足下不能光大你父亲这种忠直之志，却感怀桓温的一点儿眷顾和恩泽，公然在圣明之世欺骗和蒙蔽天下，使丞相的德泽流传不到三代，领军的基业一建立就将倾覆，这是使忠臣孝子灰心丧气的做法，父子之道难道是这样吗？足下的行为从臣子这个角度上说是不忠，从儿子的角度上说，是不孝。

移风俗于王化，崇孝敬于人伦，经纬乾坤，弥纶中外，故知文之时义，大哉远矣！

《晋书·列传第六十二·文苑》

【译文】让人们在教化之中移风易俗，让人们在伦理道德上崇尚孝敬这样的德行，国家如此施政是可以经天纬地的，是可以布德义于中外的。国家施行这样的政令，就会知道文德的义理是多么远大啊！

《历代名臣奏议》一则

明杨士奇修。杨士奇（1366—1444），名寓，字士奇，以字行，又号东里。明中期泰和（今江西泰和）人。官至礼部侍郎兼华盖殿大学士，兼兵部尚书，历五朝，在内阁为辅臣四十余年。与杨荣、杨溥同辅政，并称"三杨"，卒谥"文贞"。又因其居地，时人称之为"西杨"。以"学行"见长，先后担任《明太宗实录》《明仁宗实录》《明宣宗实录》总裁。

吴大帝嘉禾六年春正月，诏曰："夫三年之丧，天下之达制，人情之极痛也，贤者割哀以从礼，不肖者勉而致之。世治道泰，上下无事，君子不夺人情，故三年不逮孝子之门。至于有事，则杀礼以从宜，要经①而处事。故圣人制法，有礼无时则不行。遭丧不奔非古也，盖随时之宜 ，以义断恩也。前故设科，长吏在官，当须交代。而故犯之，虽随纠坐，犹已废旷。方事之殷，国家多难，凡在官司，宜各尽节，先公后私，而不恭承，甚非谓也。中外群僚其更平议，务令得中，详为节度。"

顾谭议以为：奔丧立科，轻则不足以禁孝子之情，重则本非应死之罪，虽严刑益设，违夺必少，若偶有犯者，加其刑则恩所不忍，有减则法废不行。愚以为长吏在远，苟不告语势不得知。比选代之间，若有传者，必加大辟，则长吏无废职之负，孝子无犯重之刑。

将军胡综议，以为：丧纪之礼，虽有典制，苟无其时，所不得行。方今戎事军国异容，而长吏遭丧，知有科禁②，公敢干突。苟念闻忧不奔之耻，不计为臣犯禁之罪，此由科防本轻所致。忠节在国，孝道立家，出身为臣，焉得兼之？故为忠臣不得为孝子。宜定科文，示以大辟，若故违犯，有罪无赦。以杀止杀，行之一人，其后必绝。

丞相雍奏从大辟③。

《历代名臣奏议·卷一百二十一·礼乐》

【简注】①要：同"腰"。绖：用麻做的丧带。　②科禁：指国家戒律和律令。　③大辟：指始自夏、商、周时的死刑，一般这类刑罚的执行方法为斩首。

【译文】吴大帝嘉乐六年春正月，皇帝下诏说："三年之丧，是天下通行的制度，是人在遇到父母丧事时情感极度痛苦的表现。贤者会控制自己哀痛之情以符合礼制要求，而不肖者也会勉为其难地做到礼制中的要求。在天下大治、大道得行、上下无事时，君子不会违背人情，因此才有三年不登孝子之门的说法。至于国家有事时，则应该区别对待，暂时放弃礼制要求，而行权宜之计，腰上系着丧带出来做事。因此，圣人制定礼法，如果仅有礼制要求却不具备施行的环境，也没法施行。不去奔丧守孝，不合古礼，只是根据现实要求而做的权宜之举，要以义来约束报答恩情。之前曾设有制度，官吏遇到需奔丧之事，要跟朝廷报告，不得自行奔丧。遇有知法犯法者，虽然也曾予以纠正惩治，但他们既然已经做了，也就于事无补了，此一制度基本上是形同虚设。如今国家处于多事之秋，为官者应该尽到自己的职责，应先公后私。而不去诚心地遵守这一国家制度，实在是不知所谓。朝内官员要好好评议，找出一个解决办法，以便能起到节制效果。"

顾谭的意见认为：为奔丧一事专设科令，惩罚轻则不足以禁止孝子奔丧，并表达对父母的情感，刑罚重，奔丧本就不属于达到被处死的罪行，还能治以多重的罪行。如果设置严酷刑罚，违令奔丧的人必定会减少。若是偶有犯禁者，如真按国家的制度和律令加以惩罚，情感上则有所不忍。如要减免刑罚，则又会导致国家的制度和律令处于名存实亡的境地，如此会伤害律法的权威。

我以为长吏都离得朝廷很远，如果不是有人专门告状，朝廷不可能得知。要是在官员选拔时，有人提出这种事，就将其处死。这样的话，就没有人再敢拿奔丧违禁之事来说事了。长吏奔丧就不再有失职的法律责任，孝子也不用再承受违禁的刑律惩罚了。

将军胡综议论认为：丧祭之礼，虽然有着明确的典礼规定，如果没有合适的时机和环境，也是不能施行的。现在国家处于严重的军事危机之下，长吏遭遇丧事，明明知道国家有禁令，还敢公然违禁。他们顾虑知晓丧事而不去奔丧带来的羞辱，以至于不惜违禁，这主要是因为禁令处罚比较轻。在国为官就要尽忠，在家才能尽孝道，既然已经出仕为官，哪里还能做到尽忠行孝两全呢？因此说要想当忠臣就不能再想着做孝子。应该制定科令，敢有违禁者处以死刑。若是还有明知故犯者，犯罪后不能赦免。就是要做到以杀止杀，使后来者再也不敢犯禁。

丞相雍奏请对这类事情执行大辟这样的刑罚。

三、道家

《老子道德经》一则

三国时曹魏王弼注。王弼（226—249），字辅嗣，三国时代曹魏山阳郡（今山东金乡）人。经学家，魏晋玄学代表人物之一。好《老氏》，通辩能言。注《易》及《老子》，曾仕为尚书郎。有《周易注》《周易略例》《老子注》《老子指略》《论语释疑》等传世。

六亲，父子、兄弟、夫妇也，若六亲自和国家自治，则孝慈忠臣不知其所在矣！

《老子道德经·上篇》

【译文】六亲指的是父子、兄弟、夫妇。如果每一个家庭之中六亲相合，那么国家一定会出现大治的局面，孝慈忠臣这样的现象则隐于世间，因为人人都能做到，所以显现不出来！

《庄子注》一则

三国时曹魏郭象注。郭象（约252—312），字子玄，三国曹魏时河南洛阳人，西晋玄学家。少年便有才气，好《老》《庄》之学，仕至黄门侍郎。有《碑论》十二篇等传世。

夫知礼意者必游外以经内、守母以存子、称情而直往也，若乃矜乎名声牵乎形制，则孝不以诚、慈不任实，父子兄弟怀情相欺，岂礼之大意哉！

《庄子注·卷三》

【译文】明晓礼法的人必定能通过学习以修养自己的内心，必定会孝敬父母、慈爱子女，借以端正自己的性情以能立身于世。如果只是矜持于名声，受名声所牵制，那么即使是具有孝这种德行也不会做到诚，同样慈也不会做到实处，父子兄弟之间如果相互欺瞒，这岂是符合礼之大义的表现！

《抱朴子》二则

　　西晋时葛洪撰。《抱朴子》一书总结了自战国以来神仙家的理论，确立了道教神仙理论体系，大部分已散佚，今存《内篇》二十篇。葛洪（284—364，一说284—343），字稚川，自号抱朴子。西晋丹阳郡句容（今江苏句容）人，晋代道教学者、医药学家，世称小仙翁。有《神仙传》《抱朴子》《肘后备急方》《西京杂记》传世。

　　夫不忠不孝，罪之大恶，积千金之赂，太牢之馔，求令名于明主，释愆责于邦家，以人释人，犹不可得，况年寿难获于令名。

《抱朴子·内篇之九·道意》

　　【译文】那些不忠不孝的人，他们的罪责是最大的，这样的人就算积累了千金财物，用太牢那样的珍馐美味，去圣明的君主那里求取美名，向国家请求解除自己的罪责，向人们求取宽恕，尚且不能得到君主、百姓的原谅，更何况想得到长寿、想获得美名、想免除责罚，更是办不到的。

　　明德惟馨①，无忧者寿，啬宝不夭②，多惨③用④老，自然之理，外物何为？若养之失和，伐之不解，百痾⑤缘隙而结，荣卫竭而不悟，太牢三牲，曷能济焉？

《抱朴子·内篇·和·道意》

　　【简注】①明德惟馨：语出《尚书·君陈》。　②啬宝不夭：语出《吕氏春秋·先己》，意为爱惜精蕴就不会夭折。　③惨：这里是忧伤的意思。　④用：因而。　⑤痾：同"疴"，代指疾病。

　　【译文】具有明澄德行的人的德行犹如香气那样悠远，没有忧患的人才能长寿，珍惜精蕴的人才不会夭折，对于人来说忧患过多就会因此衰老，这是自然的法则，就算是借助外物又有什么用？因此，修养身心时失去了中和，损毁自己却不知道解脱，那么百病就会乘机缠身，精气就会在不知不觉中枯竭，这种情况就算食用太牢那样的珍馐，又有什么用呢？

《太上洞玄灵宝智慧本愿大戒上品经》一则

作者不详，此经约成书于东晋时期，原名为《太上消魔保身安志智慧本愿大戒上品经》，明代《正统道藏》收录。

太极真人曰："宿世①礼奉经师，口诵身行。布施厄困，愿乐三宝②，君亲忠孝，远慕山水，栖憩贤儒，虚心有道……"

《太上洞玄灵宝智慧本愿大戒上品经·智慧本愿大戒上品》

【简注】①宿世：指前世、前生。南北朝时萧梁的陶弘景在《周氏冥通记》中曾记："尔宿世已生周家，君之余嗣也。" ②三宝：道教以学道、修道、行道为根本，此三要旨，被尊为三宝。对学道者来说，在《脉望·卷二》中主张："教有道、经、师宝。道宝，太上三尊也；经宝，三洞四辅真经也；师宝，十方得道众圣。"主张，"道"为三教之宗，是世间万有之祖，因此"经"为度世津梁，"师"为人天眼目，因此学道者应当敬奉，并皈依道法三宝。对修道者来说，以人身的"精、气、神"为修养性命的根本，以为出世三宝。对于行道者来说，以"慈、俭、让"为立身行道，做入世工夫的三宝。

【译文】太极真人说："无论是往世、今世都要礼奉经师，口诵道家经文且身体力行。要向困厄中的人施以援手，以慈、俭、让为行世三宝，要做到亲奉、忠诚、孝敬地对待君主、父母，要有远慕山水的心性，做隐居的贤人、儒士，要虚心向道……"

四、释家

《佛说无量寿经》一则

又称《大阿弥陀经》，是净土宗"五经一论"中的一经。最初由三国曹魏时印度僧人康僧铠所译。康僧铠，相传为印度人，"康僧铠"的音译僧伽跋摩。三国时代译经僧，生卒年不详，应出生于两汉三国时期的中亚康居国。三国时曹魏皇帝齐王曹芳嘉平四年（252）行至洛阳，在白马寺译经，译有《无量寿经》等经文。

世间人民，父子、兄弟、夫妇、家室中外亲属，当相敬爱无相憎嫉。有无相通无得贪惜，言色常和莫相违戾，或时心诤有所恚怒，今世恨意微相憎嫉，后世转剧至成大怨。

《佛说无量寿经》

【译文】世间的人们，有父子、兄弟、夫妇、家室亲族及中外亲属等关系。人们应当相互敬爱，不要相互憎恨和嫉妒。要相通于有无，不要贪婪、吝惜。为人处世时语言、神色常常保持平和，不可相互违戾。这是因为也许一时心中怀有愤怒，今生就会有恨意，就会相互憎嫉，后世将会转成大怨。

《佛说孛经钞》六则

三国时吴国支谦译。此经叙述了佛陀在世的时候受到外道诬陷的事件，主要讲述了佛的过去世，佛陀在行菩萨道时，其号名为"孛"。经文详述了佛陀出生、出家，发心修行，刻苦精进的过程，以及他入世护世，做国师时遭谤诬陷，放弃国师位，并在后来慈念众生，还为国师，富国强国的故事。支谦，约生活于公元三世纪，又名支越，三国时著名的佛经翻译家。汉灵帝时随祖父迁居中国，居吴地。三国时吴主孙权拜其为博士，之后历三十年译《大明度无极经》《大阿弥陀经》《须赖经》《维摩诘经》《私诃末经》等八十八部、一百一十八卷。

能以智慧方便①之道，顺化天下，使行十善：孝顺父母；敬事师长；诸疑惑者，令信道德；知死有生；作善获福；为恶受殃……

《佛说孛经钞》

【简注】①方便：佛教用语，指以灵活方式因人施教，使其悟佛法的真义。

【译文】要将智慧用在世间，要以灵活方式因人施教，使世间众生领悟佛法的真义，以顺化天下，要让世人行十类善行：一要孝敬顺承父母；二要敬奉师长；三要为众生解疑答惑，让世间的众生信奉道德；四要让众生知道死生的因果；五要劝化世人做善事以获福；六要让众生明白作恶就会遭到祸殃……

孛曰："明者有四不用：邪伪之友，佞谄之臣，妖嬖之妻，不孝之子。是谓四不用。"

经曰："邪友坏人，佞臣乱朝，嬖妇破家，恶子危亲。"

《佛说孛经钞》

【译文】佛陀说："具有智慧的人是不任用四种人的，这四种人是：不与邪恶、虚伪的人交友，不信用佞谄的臣子，不留居妖嬖的妻室，不留居不孝之子。这就是所谓的四不用。"

经文中说："邪恶、虚伪的朋友会引导人向坏的方面发展，佞谄的臣子会败乱朝政，妖嬖的妻室会破灭家庭，具有恶行的子女会危及亲人。"

孛曰："有八事可以恬安：得父财，有善业①，所学成，友贤善，妇贞良，子孝慈，奴婢顺，能远恶。是为八事。"

经曰："生而有财，得友贤快；诸恶无犯，有福佑快。"

《佛说孛经钞》

【简注】①善业：佛教用语，指五戒十善等善事。

【译文】佛陀说："人生八件事可以使人恬适、安乐：得到父母的遗产，行五戒十善之类的善事，学有所成，所交往的朋友贤德良善，妻室贞洁善良，子女孝敬具有慈悲之心，奴婢顺从主人的意旨，能远离不好的事情。这就是所说的八事。"

经文中说："人生有财则会富足，交往到品行端正、贤能的朋友才心中快乐；不要去做那些恶的事情，就会被护佑，从而快乐地生活。”

孛曰：“有八事可以安乐：顺事师长，率民以孝，谦虚上下，仁和其性，救危赴急，恕己爱人，薄赋节用，赦恨念旧。是为八事。”

经曰：“修诸德本，虑而后行；唯济人命，终身安乐。”

《佛说孛经钞》

【译文】佛陀说：“世间有八件事情可以让人安乐：恭敬地顺承师长，引导众生养成孝这种德行，谦虚地对待世人，具有仁德的品性，能够救危急难，能自省并爱世间的人，从政时能薄赋节用以爱民，能赦旧恨感念旧情。就是这八件事情。”

经文中说：“修养各种各样的德行要以德行的根本为基准，面对任何事情要先考虑再去施行；尤其是对待关系世间生命的事情更要慎重，这样才会终身安乐。”

清者可治国，趣事能立功。教化之纪，孝顺为本。师徒之义，贵和以敬。

《佛说孛经钞》

【译文】具有清正品行的人可以治理国家，能够明白事物运行规律的人才能建立功绩。教化对于人世间而言，是要教化这个方面的纲纪，这种纲纪是以孝顺这样的善行作为根本的。师徒之间的情义，可贵之处在于和谐相处，这是以敬作为基础的。

治国以法，为政得忠。敬长爱少，孝顺奉善。现世安吉，死得生天。

《佛说孛经钞》

【译文】治理国家要以法作为约束众生的标准，从事政事要以忠诚作为施政的根本。要敬奉长者爱护幼小，要孝顺父母亲人奉行善事。做到这些，不仅现世会得到安乐吉祥，去世之后也可以升至极乐世界。

《佛说盂兰盆经》一则

西晋竺法护译。又名《盂兰经》，属释家方等部经典。竺法护（231—308），又称昙摩罗刹，世居敦煌郡，八岁出家，以印度高僧为师，因此随师姓为"竺"，精通六经，且涉猎百家之说。通晓西域各国三十六种语言文字，搜集到大量佛经原本。到长安后，从晋武帝泰始二年到怀帝永嘉二年，译出了一百五十余部经论。《大唐内典录》载：竺法护译经是二百一十部，三百九十四卷。

善男子^①！若比丘比丘尼^②、国王太子、大臣宰相、三公百官、万民庶人，行慈孝者，皆应先为所生现在父母、过去七世父母，于七月十五日，佛欢喜日，僧自恣日^③，以百味饭食，安盂兰盆中，施十方自恣僧，愿使现在父母，寿命百年无病、无一切苦恼之患，乃至七世父母离恶鬼苦，生人天中，福乐无极。

是佛弟子修孝顺者，应念念中，常忆父母，乃至七世父母。年年七月十五日，常以孝慈，忆所生父母，为作盂兰盆，施佛及僧，以报父母长养慈爱之恩。若一切佛弟子，应常奉持是法。

《佛说盂兰盆经》

【简注】①善男子：指目莲尊者。 ②比丘比丘尼：比丘，佛教用语，佛教出家"五众"之一，意译为"乞士"，意思是在佛陀那里乞请佛法，在俗世之中乞求食物。一般指年满二十岁受具足戒的男子。比丘尼，是佛教出家"五众"或"七众"之一，指受具足戒的女子。 ③七月十五，佛欢喜日，僧自恣日：这几个日子都是在同一天，即农历七月十五。

【译文】（佛陀对目莲尊者说：）善男子！如果世间的比丘、比丘尼、国王、太子、大臣、宰相、百官乃至普通民众，都具有行孝顺这样的品行，就应该为现世的父母乃至过去的七世父母，在七月十五、佛的欢喜日、僧的自恣日，将各式各样的食物安放在盂兰盆中，布施供养十方的自恣僧众，以祈愿现在的父母能长命百岁，健康无病，并且没有任何烦恼苦难。这样做也是祈愿过去的七世父母得以脱离饿鬼之苦，转生人天二道，享受无尽的快乐。

（佛陀又告诉所有的人说）：如果是佛的弟子，想要学孝顺这样的品行，应该常常忆念现世的父母乃至七世以来的父母，并尽心供养现世的父母。每年的七月十五应该以孝顺的慈心，忆念现在的父母乃至七世以来的父母，为他们举行盂兰盆法会，来布施和供养佛宝及僧宝。这样就能报答父母养育慈爱的恩德。这盂兰盆法会是一切佛陀弟子都应该奉持的。

《佛说观无量寿佛经》二则

南北朝刘宋时西域的三藏法师疆良耶舍译，是净土宗五经之一。疆良耶舍，据《宋高僧传》载：西域人。性情刚直、寡嗜欲。南北朝刘宋文帝元嘉初远至建康，后曾至江陵、岷蜀。有《佛说观药王药上二菩萨经》《佛说观无量寿佛经》等经文译作。

中品下生者，若有善男子善女人，孝养父母，行世仁慈，此人命欲终时，遇善知识，为其广说阿弥陀佛国土乐事，亦说法藏比丘四十八愿，闻此事已，寻即命终。

《佛说观无量寿佛经》

【译文】众生之中，中品下生者的情况是这样的：如果有善男信女，能孝顺地供养自己的父母，处世为人之时能仁慈友爱，在此人阳寿将终之时，遇到好老师为其详细地宣说阿弥陀佛极乐世界的种种快乐，同样也宣说法藏比丘如何通过修行四十八大宏深誓愿而成就极乐世界，听说了这些法后，该修行者寻即逝世。

欲生彼国者，当修三福：
一者，孝养父母，奉事师长，慈心不杀，修十善业①。
二者，受持三归②，具足③众戒，不犯威仪。
三者，发菩提心④，深信因果，读诵大乘⑤，劝进行者。

《佛说观无量寿佛经》

【简注】①十善业：又称为十善业道，佛家的教义。包括：一、不杀生，二、不偷盗，三、不邪淫，四、不恶口，五、不两舌，六、不妄语，七、不绮语，八、不贪，九、不嗔，十、不痴。　　②三归：又称为"三皈"。佛教用语。指皈依佛、法、僧三宝。也就是以佛为师，以法为药，以僧为友。③具足众戒：指具足戒，又称近具戒或大戒。是佛家为比丘、比丘尼所应受持的戒律。　　④菩提心：是"阿耨多罗三藐三菩提心"的简称。"菩提"是古印度的梵语，汉文释义为"觉"，也就是成佛的意思，菩提心指的是成佛的心。发菩提心，也就是发无上正等正觉之心，其本体就是利于一切众生、让他们获得如来正等觉果位的希求心。　　⑤大乘：佛教用语。指能将世间的无量众生, 从生与死的此岸, 运载至觉悟通明的彼岸, 故名"大乘"。

【译文】世间的人要想往生去西方极乐世界, 应当修习三种福德。

第一种: 要孝敬、供养父母, 尊敬侍奉师长, 要怀有慈悲之心, 不杀生灵, 修行十善业。

第二种: 要皈依佛、法、僧, 要受持各种戒规, 不失持戒人的威严仪态。

第三种: 要生发求菩提的道心, 要深信因果报应不爽, 要诵读大乘经典, 要劝勉修行人奋进不已。

《佛说胜幡璎珞陀罗尼经》一则

北印度乌填曩国帝释宫寺僧施护译。施护 (? —1017), 北印度迦湿弥罗国人。北宋太宗太平兴国五年来到宋都城汴梁, 七年参加译经。有《一切如来真实摄大乘现证三昧大教王经》《一切如来金刚三业最上秘密大教王经》《六十颂如理论》《佛母般若圆集要义论》《圣多罗菩萨梵赞》《佛说胜幡璎珞陀罗尼经》等译著。被封为朝散大夫鸿胪少卿。

欲得我福, 不问日凶, 不论不净, 孝养父母, 奉事师长, 言色常和, 不枉人民, 不断生命。

《佛说胜幡璎珞陀罗尼经》

【译文】要想让自身得到福禄, 就不要做世间凶恶的事情, 不去说那些不净的话语, 要孝养自己的父母, 要敬奉自己的师长, 为人处世的语言、神色要平常, 要持有平和的样子, 不去做那些对世间众生不利的事情, 不去做那些伤害生灵的事情。

第四巻　南北朝巻

一、儒家

《子夏易传》六则

传为春秋末年子夏所作，《四库全书总目》认为其书"其伪中生伪，至一至再而未已者，亦莫若是书"。自唐代始认为此书为后世所伪作，认为作此书之人或为韩婴，或为丁宽，所传本已佚。清马国翰的《玉函山房辑佚书》中有辑佚本。今所传十一卷。

礼也者，物得其履而不谬也，措之天下无所不行。本于其敬也。敬发乎情者也，尽则诚信，诚积中而容作于外，施于人而人顺也。敬之尽者，莫大于孝，莫大于尊亲爱之，故贵之！贵之！

《子夏易传·卷二》

【译文】礼这种规范，世间的人与事如果能依照礼的规范行事，就不会出现行为举止错谬的现象。将这样的规范推行到天下，让天下人都能遵行，天下所有的行为都会规范起来。礼的根本是敬呀！对于敬来说，是发乎于情的，做到了极处则会具备诚信的特质，诚信这样的品质积于心中，就会展现在人的行为当中，以这样的品行待人接物，世事就没有不顺遂的。敬这种品行的最根本之处，没有比孝这种德行更大的了。孝这种德行没有比尊奉自己的亲人、爱自己的亲人更基本的了，因此孝这种德行是极为可贵的呀！是极为可贵的呀！

宗庙^①之始者，盥^②也。得其始，尽其敬，诚其孝，然后能事宗庙鬼神也。

《子夏易传·卷二》

【简注】①宗庙：我国古时天子或者诸侯祭祀祖先的地方。　②盥：通"灌"，祭礼名。即灌祭，指酌酒浇地降神的礼仪。

【译文】在宗庙中祭祀的过程，是以盥洗作为开始的。能够以这一祭礼开始宗庙之祭，是可以尽显子孙对祖先的敬奉的，是可以表现子孙的孝行的，照这样去做之后，才可以去事奉宗庙、祭祀鬼神。

尽其敬、竭其情，则能务物矣！所以假外物而成孝子之心也，非礼之本也。

《子夏易传·卷二》

【译文】对待自己的父母要极尽敬奉，竭力地去奉养他们，做到了就可以通达于神明之间了！因此，假借外物去表现孝子敬奉父母的现象，是不符合礼法根本要求的。

正家道之先上下之始也，严君之道始焉，父母之道出焉。故严其君则父父、子子、兄兄、弟弟、夫夫、妇妇，家道咸正而天下定矣！

《子夏易传·卷四》

【译文】端正家道要先在家中端正家中的上下之分，以这样的心态和行为处世之时就可以持有严君之道，如此去做对父母的孝敬之道就能做到了。因此，持正地坚守严君之道，那么世间的父父、子子、兄兄、弟弟、夫夫、妇妇这些规范也就端正了，家道端正，天下也就安定了。

上让下敬，父慈子孝，人之性也。君子明之善而劝也，非抑之、制之，善为事者如之也。

《子夏易传·卷五》

【译文】居于上位的人谦让、居于下位的人恭敬，父母慈爱、子女孝敬，这是人们所应持有的良好品性。对于那些品行高洁、道德高尚的君子而言，要明晓什么样的行为是善行，要宣扬善行，而不是抑制这种行为，善于处理世事的人都是如此做的。

《易》穷能变，变而能通，通而能久，可谓尽矣！天下之利矣利之，民不遗矣！本立至者也，故申之以孝慈，道之以忠敬，陈之以德义，示之以好恶，鼓其情性而民自乐，其道而不知其所以也，可谓其神矣！

《子夏易传·卷七》

【译文】《易》主张世间的事穷尽则会思变，思变则能通达，通达才能长久，这种主张可以说是道尽了世间事物发展的真谛！去做利于天下的事情，百姓就不会有什么怨言！要将所树立的根本做到极处，因此国家应申明孝敬、慈惠这样的德行，教化百姓让人们具有忠诚、敬让这样的品行，向他们陈述世间的道德、天地的大义，向人们展示好恶，鼓励人们张扬好的性情，这样百姓自然会乐在其中，大道也就在不知不觉中推行下去，《易》的这种表述真可以说是通达于神明的真谛了！

《国讳不宜废学表》一则

南北朝时曹思文撰。曹思文，生卒年不详，南北朝萧齐时仕为国子助教，萧梁代萧齐后，仕为尚书讼功郎。有《孝经注》一书，已佚。

古之建国君民者，必教学为先，将以节其邪情，而禁其流欲，故能化民裁俗，习与性成也。是以忠孝笃焉，信义成焉，礼让行焉。

《国讳不宜废学表》

【译文】古时候建立国家、统御万民的君主，必定以教导世人学习、修养好的德行、礼法作为治理国家的先导。这是为了用好的习俗去抑制那些不良的、邪恶的风俗，从而达到禁绝流弊于世间、禁绝各种不良欲望在世上流行的目的，因此才能教化万民去移风易俗，让人们养成良好的心性。教化百姓让人们具有忠诚孝敬的品行，这样人们之间的信义也就会建立，礼让这样的风气也就会形成了。

《昭明太子集》一则

南北朝时萧梁太子萧统撰。萧统（501—531），字德施，小字维摩，南北朝梁代南兰陵（今江苏常州）人，梁武帝萧衍长子。南朝梁代文学家，有《昭明太子集》传世。

孝敬之准式，人伦之师。

《昭明太子集·卷五》

【译文】孝敬这样的准则、模式，是世间人伦所要师法的德行。

《忠臣传》一则

南北朝时萧梁皇帝萧绎著。萧绎（508—554），字世诚，小字七符，自号金楼子，南北朝时梁南兰陵（今江苏常州）人。南北朝时梁代的皇帝，公元552年至554年在位。

夫天地之大德曰生，圣人之大宝曰位，因生所以尽孝，因位所以立忠。

《忠臣传·序》

【译文】天地之间的大德在于生命的衍生，圣明的君主所宝贵的是君主的位置。因此，从生命衍生这个角度来说，身为子女要孝敬父母；从保全圣明君主的位置这个角度来说，为人臣子要极尽忠诚。

《孝德天性》一则

南北朝时萧梁皇帝萧绎著。

生之育之，长之畜之，顾我复我，答施何时。欲报之德，不可方思。涓尘之孝，河海之慈。

《孝德天性·赞》

【译文】父母生育了我、养育了我，抚育我成长，为我积蓄立身于世的基础，照顾着我，为我解答着人生的疑问。身为子女打算去报答父母这种天高地厚的恩情，却又不知道如何去做。子女对父母的孝敬，就算是做得再到位也不过如微尘那样细小，父母对子女的慈爱却犹如河海那样博大且永不止息。

《金楼子》二则

南北朝时萧梁皇帝萧绎著。

王文舒曰："孝敬仁义百行之首而立身之本也。孝敬则宗族安之，仁义则乡党重之，行成于内，名著于外者矣！未有干名要利欲而不厌而能保于世，永全福禄者也。"

《金楼子·卷二·戒子篇第五》

【译文】王文舒说："孝敬、仁义这些德行是世间各种德行的根本，同时又是人立身处世所应持守住的根本德操。人们如果具有孝敬这样的品行，那么宗族之内就会相安无事，世间的人如果具有仁义这样的德行，就会被邻里所看重，做到了这些，自己品行的内在修养就可以说是养成了，自己的声名也将会广扬于外了！世上没有不修德行，且名利、利欲之心不止，却能长久地保持声名、永远保全福禄的人。"

颜延年云："……欲求子孝必先为慈，将责弟悌务念为友，虽孝不待慈而慈固植孝，悌非期友而友亦立悌……"

《金楼子·卷二·戒子篇第五》

【译文】颜延年说："……要想让子女孝敬，必定要先做到慈爱子女，责备兄弟要具有友悌的品行，要想一下自己是否做到了友悌。虽然说子女孝敬父母，并不是非要父母慈爱才去孝敬他们，但是慈爱子女，却可以使子女更加孝敬父母；友悌兄长，并不是一定要兄长友爱兄弟，兄弟才恭敬地对待兄长，但是兄长友爱兄弟，却可以使兄弟更加恭顺地对待兄长……"

《江文通集》二则

南北朝时江淹著。江淹（444—505），字文通，南北朝时济阳考城（今河南民权县）人，南朝著名文学家。历仕南朝的宋、齐、梁三朝，南朝梁时爵封醴陵侯，死谥"宪伯"。

在国忠，处家孝，取与廉，交友义。

《江文通集·卷三》

【译文】对国家要有忠诚的信念和行动，居家时要孝敬父母，为政之时要廉洁奉公，与人交往要诚信守义。

忠孝者，国家之急务也。

《江文通集·卷三》

【译文】忠诚于国家、孝敬于父母，这样的德行培养是国家当前教化世人的急务。

《徐孝穆集》二则

南北朝时徐陵著。徐陵（507—583），字孝穆，南北朝时东海郯（今山东郯城）人。南朝时梁陈间的诗人、文学家。南朝陈国时曾仕为尚书左仆射、中书监，诗文皆以轻靡绮艳见称。辛赠镇右将军、特进，谥为"章"。

大孝圣人之心，中庸君子之德，固以作训。

《徐孝穆集·卷一》

【译文】具有大孝这种品行的人是可以体会圣人的心意的，中庸是可以表现君子的德行的，要想拥有这样的德行，就要坚持修养自己的身心。

孝家择事而趋，非云忠国。

《徐孝穆集·卷二》

【译文】具有孝行的人在国家有事的时候选择事情去做，这样的人不能说是忠诚于国，他的孝德也没有完备。

《辩命论》一则

南北朝时南朝刘峻撰。刘峻（462—521），字孝标，本名法武，南北朝时平原（今山东平原）人，南朝梁学者、文学家。生平坎坷，不得志。死后门人谥为"玄静先生"。

夫食稻粱，进刍豢①，衣狐貉，袭冰纨②，观窈眇③之奇樔，听云和之琴瑟，此生人之所急，非有求而为也。修道德，习仁义，敦孝悌，立忠贞，渐礼乐之腴润④，蹈先王之盛则，此君子之所急，非有求而为也。

《辩命论》

【简注】①刍豢：泛指牛羊猪狗等牲畜，这里代指肉类食品。 ②冰纨：指用洁白的细绢做成的衣、物。 ③窈眇：美好的、幽静的、深远的。④腴润：丰美润泽，这里代指德行修养高尚。

【译文】食用稻、粱之类的粮食，食用肉类食品，穿着用狐貉的皮制成的衣服，使用洁白的绢，观看窈窕少女美妙的舞蹈，听犹如天籁般美好的乐曲，这是一般的人所向往的生活，而这些所向往的，并不是有这种要求就能做到的。修养德行、修习礼义，敦睦于孝悌，树立忠贞的观念，用心学习礼乐，使自己拥有良好的修养，追随先王的法则去实现盛世，这是君子所急的事情，不是因为别人要求才去做的啊！

《赐王洛儿爵诏》一则

南北朝时北魏皇帝拓跋嗣制。拓跋嗣（392—423），北魏的第二任皇帝，鲜卑族人，409年至423年在位。谥号为明元皇帝，庙号太宗。

士处家必以孝敬为本，在朝则以忠节为先，不然，何以立身于当世，扬名于后代也。

《赐王洛儿爵诏》

【译文】对于士人来说，居家的时候，要把孝敬父母亲人当成为人处世和德行修养的根本；在朝为官的时候，要以忠诚、节义为首要的品行。不然，如何立身于当世，如何扬名于后代。

《行孝论》一则

南北朝时北朝刁冲撰。刁冲，生卒年不详，字文朗，南北朝时北魏渤海饶安（今河北盐山）人。嗣爵为东安侯，以儒学显世。卒谥"安宪先生"，祀以太牢。

古之葬者，衣之以薪，不封不树，后世圣人，易之以棺椁。至秦以后，生则不能致养，死则厚葬过度。及于末世，至于蓬除裹尸，倮而葬者。确而为论，并非折衷。既知二者之失，岂宜同之。当令所存者棺厚不过三寸，高不过三尺，弗用缯采，敛以时服。辒①车止用白布为幔，不加画饰，名为清素车。又去挽歌、方相②，并明器③杂物。

《行孝论》

【简注】①辒：指丧葬的车辆。　②方相：商代大臣，传与其兄方弼同为商代镇殿将军，因反纣王荒淫，反出朝歌，佐周武王伐商，后世将其尊为显道神、开路神。丧葬时用其作为驱疫驱鬼之神。　　③明器：即指陪葬物品。

【译文】古时候的丧葬，只是用树的枝叶将人覆盖起来，不做封丘、不植树木。后世圣人制定礼法之后，才将这种情况改易为使用棺椁盛敛。到了秦代之后，出现了父母在世时子女不去尽心地奉养父母，以及父母去世后子女给予他们过度厚葬的现象。到了一个朝代的末期，出现了用苇或竹编的席子包裹尸体赤裸裸地下葬的情况。对这类事情加以评论，并不是要对这样的情况进行折中。既然知道这两种情况都有不足之处，人们又岂能去做这样的事情。国家应当下令，丧葬时所用的棺，其厚度不要超过三寸，高不要超过三尺，不要用丝做成的衣服，盛敛时要选用合适的服装。丧葬时所用的车辆只准用白布做幔，不要在布上绘画装饰，可取名为"清素车"，还要去掉挽歌、驱鬼用的开路神偶，以及各种陪葬物品和其他杂物。

《上言宜禁绝户为沙门》一则

南北朝时北魏李玚撰。李玚，生卒年不详，字琚罗，南北朝时北魏赵郡（今河北高邑）人。有文采，气势豪爽。曾仕为司徒行参军、尚书郎加伏波将军、假宁远将军、镇远将军、岐州刺史，卒赠镇东将军、尚书右仆射、殷州刺史。

（玚上言）礼以教世，法导将来，迹用既殊，区流亦别。故三千之罪，莫大不孝。不孝之大，无过于绝祀。然则绝祀之罪，重莫甚焉。安得轻纵背礼之情，而肆其向法之意也？正使佛道，亦不应然，假令听然，犹须裁之以礼。一身亲老，弃家绝养，既非人理，尤乖礼情，埋灭大伦，且阙王贯。交缺当世之礼，而求将来之益。孔子云"未知生，焉知死"，斯言之至，亦为备矣！安有弃堂堂之政，而从鬼教乎？

《上言宜禁绝户为沙门》

【译文】（李玚上奏说）礼是用来教化世人的，法是用来引导将来的，它们的作用大不相同，其区别也是很大的。因此，国家所制定的各种各样的刑罚，所有的罪责当中"不孝"这一罪名应是最大的。不孝的罪责，没有超过绝灭后嗣、绝灭祭祀、不能延续祖先血脉之类的行为。这些罪责之中，灭绝祭祀之罪在所有的罪责之中是最重的。对于世间的人来说，哪能轻易地背弃世间礼法、世间恩情，肆意地向往佛教、道教的教义呢？投身于佛教、道教之中更是不应该，假若听任世人去投身于佛教、道教，也应依照礼法的要求去规劝投身之人。对于那些投身于佛教、道教的人，一旦投身，则会弃去家庭，灭绝生养之恩，这是不符合天地之间人伦情理的事情，更有违背礼法、背离世间恩情、埋灭世间大伦的事情，这样的人如果多了，对国家也会产生不利的影响。国家应当（兴起教化去）补填世间缺失的礼法，去教化世人，以求国家将来得到益处。孔子曾说："生于世上，对于未来发生的事情尚且不知道，又如何知道死去的事情。"这句话实在是说到家了，可以为后世的准则呀！明白这个道理之后，怎么能放弃堂堂之政，去遵从鬼教的教义呢？

《刘子》三则

南北朝时北魏刘昼著。刘昼（514—565），字孔昭，南北朝时北魏渤海阜城（今河北交河，一说河北阜城）人，北齐文学家。北齐孝成帝河清初举秀才，应试不第。有《刘子》十卷传世。

山海争水，水必归海，非海求之，其势顺也。蹇①利西南就土顺也，不利东北登山逆也。是以去湿就燥，火之势也；违高纵下水之性也……故忠孝仁义德之顺也，悖傲无礼德之逆也，顺者福之门，逆者祸之府。由是观之，逆性之难，顺性之易，断可识矣……循理处情，虽愚蠢可以立名；反道为务，虽贤哲犹有祸害。君子如能忠孝仁义、履信思顺，自天祐之吉，无不利也。

《刘子·卷二·思顺第九》

【简注】①蹇：行动迟缓，不顺利、不顺畅。

【译文】山与海争水，水必定归于大海，这种情况并不是大海所求，是因为其势相顺。向西南行走行程缓慢，是因为其势顺承大地的走向，不如向东北行走顺畅，这是因为登山是逆着山势而上。去除其湿润而就干燥，是体现火的特性；从高处向下流淌，所体现的是水的特性……因此，忠诚、孝敬、仁爱、信义这些德操是顺承了德的要求，悖傲无礼是悖逆了德的要求，顺承德的要求就会通向福的门户，悖逆德的要求是祸患发生的根源。因此得出，悖逆对人性来说是困难的事情，顺承对人性来说是容易做到的，这是可以知道的……遵循事物的规律去处理世间事物，就算是愚笨的人也能在世间树立起声名；如果反其道而行，就算是圣贤，也会成为世间的祸害。对于品行高洁、德行高尚的人来说，如果能做到忠诚、孝敬、仁爱、信义这些德行，处理事物的时候能依照事物的发展规律行事，那么自然会得到上天的福佑，也就会无往不利。

孝子之事亲，和颜卑体，尽孝尽敬，及其溺也，则揽发而拯之，非敢侮慢以救死也，故溺而捽父，祝则名君，势不得已权之所设也。慈爱者人之常情，然大义灭亲，灭亲益荣由于义也，是故慈爱、义方二者相权，义重则亲可灭。

《刘子·卷八·明权第四十二》

【译文】孝子侍奉父母亲人的时候，对他们要神色和悦、要恭敬地侍奉他们，尽力地孝养他们、敬奉他们。假若他们溺水，抓住他们的头发去拯救他们，这种情况并不是侮慢他们，而是为了救助他们，子女这样去做是不得已而为之。因此，父亲落水抓住父亲的头发救助，祝祷、祭祀的时候要称呼君主的姓名，是因为依照礼法不得不这样去做，而且是权且为之。慈爱亲人是人之常情，大义灭亲这种行为，是对那些违背大义的亲人的灭除，这样去做可以使家业更加兴旺，这种行为是符合大义的。慈爱、大义二者相互权衡，大义重于亲，因此才出现大义灭亲的现象。

忠孝者百行之实欤！忠孝不修虽有他善？则犹玉屑盈匣不可琢为珪①璋②，剉③丝满筐不可织为绮④绶⑤，虽多亦奚以为也！

《刘子·卷十·言菀第五十四》

【简注】①珪：长条状，上部为三角形，下部为方形。中国古时贵族朝聘、祭祀、丧葬时以为礼器。依其大小，以区别尊卑。　②璋：中国古时朝聘、祭祀、丧葬、发兵时用的一种信物，玉制，形状为珪的一半。　③剉：通"锉"，锉磨的意思。　④绮：有纹彩的丝织品。　⑤绶：系佩玉、官印的丝带。

【译文】忠孝这类德行，是世间百行之中最为实在的品行！对于世间的人来说，忠孝这种德操不去修养，岂能有其他善行？这就像盈匣之中盛满玉屑，这些玉屑不可以雕琢成珪、璋之类的玉器一样，满筐锉磨而成的金属丝，不可与华贵的丝制品一样，这样的东西虽然多，却不可用呀！

《劳生论》一则

南北朝时北齐卢思道撰。卢思道（531—582），字子行，北魏末范阳（今河北涿州）人，北朝诗人，以才学重于当时，初仕于北齐，北周灭齐后入长安，官至散骑侍郎。隋开皇元年卒。

人之百年，脆促已甚，奔驹流电，不可为辞。顾慕周章，数纪之内，穷通荣辱，事无足道。而有识者鲜，无识者多，褊隘凡近，轻险躁薄。居家则人面兽心，不孝不义，出门则谄谀谗佞，无愧无耻……悠悠远古，斯患已积，迄于近代，此蠹尤深。

《劳生论》

【译文】人生不过百年，生命匆匆而仓促，犹如日影穿过缝隙、天空流过闪电一样，转瞬即逝，是不能用言语来形容的。环顾周边所能接触到的事情，发现历朝历代许多人能通达荣辱，但他们所做的事情却很少有人知道。而且世间有识之士十分少，无识之人却有很多，于是许多人性格偏颇、狭隘，处事时只顾眼前，行为轻佻、冒险、浮躁以至于心性凉薄。这样的人居家的时候一定是人面兽心，其品性一定是不孝不义，他们出门在外对别人则谄媚、奸佞，不知什么羞耻……悠悠远古以降，这样的隐患已积累很多了，到了近代，这种情况更为严重。

《颜氏家训》七则

南北朝时北朝颜之推著。这是我国历史上第一部内容丰富、体系宏大的家训，阐述了立身治家的方法，强调教育体系应以儒学为核心，尤其注重对孩子的早期教育，并在儒学、文学、佛学、历史、文字、民俗、社会、伦理等诸多方面提出了独到的见解，是中国传统的典范教材。颜之推（531—约591），字介，原籍为琅琊（今山东临沂），先祖在东晋时渡江，寓居于建康，南北朝时期我国著名思想家、教育家、诗人、文学家。

夫圣贤之书，教人诚孝，慎言检迹，立身扬名，亦已备矣！

《颜氏家训·卷一·序致第一》

【译文】圣贤所著录的书籍，其内容是教诲世间的人们要具有忠诚孝顺这样的品行，要求人们在说话时要谨慎，举止行为要检点，要建立功业使名声显扬于世，这些内容都已讲得很全面详细了！

父母威严而有慈，则子女畏慎而生孝矣。吾见世间，无教而有爱，每不能然；饮食运为，恣其所欲，宜诫翻奖，应诃反笑，至有识知，谓法当尔。骄慢已习，方复制之，捶挞至死而无威，忿怒日隆而增怨，逮于成长，终为败德。

《颜氏家训·卷一·教子第二》

【译文】父母对子女要有威严，同时也要慈爱子女，这样子女自然就会敬畏父母，行为自然谨慎且具有孝行了。我见到世上许多人对孩子不进行教育，只是一味地慈爱他们，这些人对子女的教育常常不以为然。子女要吃什么，要干什么，都随性任意地去放纵孩子，不加以限制，子女做错了事情应训诫时反而夸奖，应斥责时反而欢笑，如此教育孩子，等到孩子懂事时，就会认为那些不良的行为、不好的道理本来就是这样。等到骄傲、怠慢这样的不良习惯孩子自己都已经习以为常时，父母才加以制止，到那时父母对子女即使鞭子打得再狠，父母在孩子心中也树立不起威严，教育也得不到应有的效果，而父母这种愤怒、激烈的行为日渐积累，只会增加子女对父母的怨恨，等到子女长大成人后，最终孩子将会成为品德败坏的人。

父子之严，不可以狎；骨肉之爱，不可以简。简则慈孝不接，狎则怠慢生焉。

《颜氏家训·卷一·教子第二》

【译文】父子之间的关系要严肃对待，不可以轻忽两者之间的关系；骨肉之间要有爱，不可以简慢。如果简慢了，就算慈爱、孝敬也都不会做好；如果轻忽了，怠慢也就会随之产生。

夫有人民而后有夫妇，有夫妇而后有父子，有父子而后有兄弟，一家之亲，此三而已矣。自兹以往，至于九族，皆本于三亲焉，故于人伦为重者也，不可不笃。兄弟者，分形连气之人也，方其幼也，父母左提右挈，前襟后裾，食则同案，衣则传服，学则连业，游则共方，虽有悖乱之人，不能不相爱也。及其壮也，各妻其妻，各子其子，虽有笃厚之人，不能不少衰也。娣姒①之比兄弟，则疏薄矣；今使疏薄之人，而节量亲厚之恩，犹方底而圆盖，必不合矣。惟友悌深至，不为旁人之所移者，免夫！

《颜氏家训·卷一·兄弟第三》

【简注】①娣姒：这里指妯娌，古时也指同夫的诸妾。

【译文】世上有了人之后，才出现夫妻关系，有了夫妻之后，才出现父子关系，有了父子，才有兄弟，一个家庭里的亲人，也就是这三种关系。以此类推，这类关系可以直推到九族，其根本都是三种亲属关系的延伸，因此，这三种关系在人伦之中是极为重要的，不能不去认真对待。对兄弟来说，他们是形体分别却气血相连的人。当他们幼小的时候，父母左手牵着右手，携着他们，子女拉前襟、扯后裙地跟从在父母身边，兄弟们同桌吃饭，衣服也传递着穿，学习的时候用同一册课本，游玩的时候去同一处地方，即使有荒谬胡乱的事情发生，也不可能不相友爱。等兄弟们进入壮年时期后，他们各自有了妻室，各自有了子女，即使是诚实厚道的人，在感情上也不可能不减弱。至于妯娌比起兄弟来，就更加疏远且欠亲密了。如今让这种疏远的、欠亲密的人，去衡量、节制关系的亲厚疏远，就好比方形的底座加上个圆圆的盖子，这种情况必然是合不拢的。只有兄弟之间友悌至深，才不会被妻子所动摇，这样的情况才能避免出现啊！

夫风化者，自上而行于下者也，自先而施于后者也。是以父不慈则子不孝，兄不友则弟不恭，夫不义则妇不顺矣。父慈而子逆，兄友而弟傲，夫义而妇陵，则天之凶民，乃刑戮之所摄，非训导之所移也。

《颜氏家训·卷一·治家第五》

【译文】教育、感化这类的事情，都是从上向下去推行的，都是自己先做到再向周围去施行和影响的。因此，父母不慈爱子女，子女也就不会孝敬父母；兄长不友爱兄弟，兄弟也就不会恭敬兄长；丈夫不以仁义对待妻子，妻子也就不会温顺地对待丈夫。至于说父母慈爱子女而子女却行为叛逆，兄长友爱兄弟而兄弟却傲慢地对待兄长，丈夫以仁义待妻子而妻子却要欺侮丈夫，那样的人可以说是天生的凶恶之人，对这样的人，国家要用刑罚杀戮来让他们心存畏惧，而不是用训诲诱导去改变他们。

子当以养为心，父当以学为教。使汝弃学徇财，丰吾衣食，食之安得甘？衣之安得暖？若务先王之道，绍家世之，藜羹缊褐，我自欲之。

《颜氏家训·卷三·勉学第八》

【译文】做子女的应当用心尽力地奉养父母，做父母的应当用修学的方法去教育子女。如果说让子女放弃学业而一意求财，让父母能衣食丰足，父母就算吃下东西又怎么能觉得甘美，穿上衣物又哪里能感到暖和？如果说子女持守住了先辈们的中正之道，继承了家世之业，那么父母即使吃粗劣的饭菜、穿乱麻制的衣服，也是愿意的。

内教①多途，出家自是其一法耳。若能诚孝在心，仁惠为本，须达②、流水③，不必剃落须发。岂令罄井田而起塔庙，穷编户以为僧尼也？

《颜氏家训·卷五·归心第十六》

【简注】①内教：这里代指佛教。　②须达：佛经中对舍卫国孤独长者本名，佛经中说此人是祇园精舍的施主。可参见《须达经》《中阿含须达多经》等释家经书。　③流水：《金光明经》说："流水长者见涸池中有十千鱼，遂将二十大象，载皮囊，盛河水置池中……后十年，鱼同日升忉利天，是诸天子。"这是流水长者救鱼的故事，这种行为传为释家仁惠的象征。

【译文】学习释家的思想有多种方法，出家也只是其中的一种方法。假使能够在心中存有真诚的孝敬之心，为人处世时以仁爱惠施为根本，能做到像须达、流水那样的长者一样，也就不必去剃落须发皈依佛教了，又哪里需要将自己所有的田地拿去盖宝塔、建寺院，让国家在册的民户去出家为僧为尼呢？

《复亲故书》一则

南北朝时北齐魏长贤撰。魏长贤（550—624），南北朝时北齐钜鹿郡下曲阳（今河北晋县）人，唐代名臣魏征之父。曾博涉经史，北齐时仕为著作佐郎。

夫孝则竭力所生，忠则致身所事，未有孝而遗其亲，忠而后其君者也。

《复亲故书》

【译文】对于孝这种德行来说，为人子女的要极力地孝敬、奉养父母，让他们生活安定、舒心；对于忠这种德行来说，为人臣子的要极尽心力地去做好国家所交予的事情。因此说，世上没有那种具有孝这种德行却遗弃父母的子女，也没有那种具有忠这种德行却抛弃君主的臣子。

《战亡者入墓域诏》一则

隋文帝杨坚制。杨坚（541—604），南北朝时弘农郡华阴（陕西华阴）人，隋朝的开国帝王，公元581年至604年在位。

君子立身，虽云百行，唯诚与孝，最为其首。

《战亡者入墓域诏》

【译文】对于君子来说，虽然说有各种各样处世的行为，但最为根本的却是忠诚和孝敬，这是人们在世间的所有行为之中最为首要的。

《中说》二则

隋王通著。王通（584—617），隋朝绛州龙门（今山西河津）人，隋朝教育家，死后，门弟子私谥为"文中子"。有《中说》一书传世。

子曰："冠礼①废，天下无成人矣！昏礼②废，天下无家道矣！丧礼废，天下遗其亲矣！祭礼废，天下忘其祖矣！呜呼！吾末如之何也已矣！"

《中说·卷六》

【简注】①冠礼：吉、凶、军、嘉、宾五礼当中嘉礼的一种，是我国古代男子成年所行的一种礼法。　②昏礼：指婚嫁之礼，我国古代的婚礼往往在黄昏时举行，取其阴阳交合之义。

【译文】文中子说："冠礼废止，天下间就没有成人这一概念了！婚礼废止，天下也就没有所谓的家道了！丧礼废止，天下间就会出现子女遗弃父母亲人的现象！祭礼废止，天下的人将会忘却自己的祖先！哎呀！这样的情况出现，我也不知道如何去做了！"

或问长生神仙之道。子曰："仁义不修，孝悌不立，奚为长生？甚矣！"

《中说·卷六》

【译文】有人问长生、神仙之道，文中子说："仁义这样的德行不去修养，孝悌这样的德行不能养成，为人子女又怎么会长生呢？这种问题问得太过分了！"

二、史家

《魏书》十则

北齐魏收撰，"二十四史"之一，纪传体史书，记载了南北朝时北魏王朝的历史。计有一百二十四卷，其中本纪十二卷，列传九十二卷，志二十卷。魏收（507—572），字伯起，小字佛助，南北朝时北魏钜鹿下曲阳（今河北晋县）人，北齐文学家、史学家。

（北魏孝明帝孝昌元年）冬十有一月辛亥，诏曰："大孝荣亲，著之昔典，故安平耄耋，诸子满朝。自今诸有父母年八十以上者，皆听居官禄养，温情朝夕。"

《魏书·帝纪第九·肃宗孝明帝》

【译文】（北魏孝明帝孝昌元年）冬十一辛亥这一天，皇帝下诏说："大的孝行是可以显荣父母亲人，这是记载在昔日典籍之中的，因此安平王年岁已达八十，他的儿孙都立于朝堂。自此以后，官员家中有父母年纪在八十岁以上的，都听任其在家中以官禄奉养父母，以使为人子的人都能朝夕奉养父母。"

士处家必以孝敬为本，在朝则以忠节为先，不然，何以立身于当世，扬名于后代也？

《魏书·列传第二十二·王洛儿①》

【简注】①王洛儿（？—414），北魏时京兆（今河南洛阳）人，北魏中期大臣，卒赠太尉、建平王。

【译文】士子居家之时，必定要以孝敬这样的德行为立身之本；在朝为官时，必定要以忠诚、节义为先。不然，何以立身于当世，何以扬名于后世？

汝①其毋傲吝，毋荒怠，毋奢越，毋嫉妒。疑思问，言思审，行思恭，服思度。遏恶扬善，亲贤远佞，目观必真，耳属必正。诚勤以事君，清约以行已。吾终之后，所葬时服单椟，足申孝心，刍灵明器，一无用也。

《魏书·列传二十九·源贺②》

【简注】①汝：指源贺的子孙。　②源贺（403—479），原名秃发破羌，鲜卑名贺豆跋、驾头拔，西平乐都人，北魏名将，仕至太尉，爵封陇西王，卒谥"宣王"。

【译文】你们立身处世时不要傲慢、贪婪，不要放纵自己、怠慢世事，不要奢侈无度、僭越规矩，不要有嫉妒之心。有疑难的时候要向智者请教，言语要审慎，行为要恭谨，穿着要适度。立身于世要抑恶扬善，要亲近贤人远离奸佞，看事物的时候一定要看其真实的一面，听人言的时候一定要听取其正确的一面。立身于世一定要忠正、勤谨地侍奉君主，一定要以清廉律己。我死之后，用普通的衣物、单棺椁送葬，就足以表示你们的孝心了，至于草马、草人以及其他的丧葬器具，全都不要使用了。

（房）景先作《五经疑问》百余篇，其言该典，今行于时，文多。略举其切于世教者：

……

问："《仪礼》，继母出嫁，从为之服，《传》云：'贵终其恩'。"

曰："继母配父，本非天属；与尊合德，名义以兴。兼鞠育有加，礼服是重。既体违义尽，弃节毁慈，作嫔异门，为鬼他族，神道不全，何终恩之有？方齐服是追，哭于野次，苟存降重，无乃过犹不及乎？"

问："《礼记》，生不及祖父母，父母税丧，已则否？"

曰："服以恩制，礼由义立。慈母①三年，孙无缌葛者，以戚非天属，报养止身。祖虽异域，恩不及已，但正体于下，可无服乎？且缟冠玄武②，子姓之服。缌练之后，纕绖③已除，犹怀惨素，末忍从吉，况斩焉。初之创巨方始，复吊之宾，尚改缁袭，奉哀苦次，而无追变，孝子孝孙，岂天理是与？"

《魏书·列传第三一·房景先④》

【简注】①慈母：指的并不是生母，是指养育子女长大的母亲。这种称谓要满足以下几个条件：首先是妾的身份，其次没有生育，再次受丈夫指令，养育由已去世的妾所生的孩子，这样的人被称为慈母。　②玄武：这里指黑颜色。　③纕绖：纕，束衣袖的绳子。绖，古时候用麻所做的丧带，戴在头上为首绖，束在腰间为腰绖。　④房景先：生卒年不详，约生活于北魏孝文帝时期。字光胄，南北朝时北魏清河东武城人，北魏大臣。以孝悌称于世，曾仕为著作郎，累迁步兵校尉，领尚书郎、齐州中正，卒赠洛州刺史，谥为"文"。有《五经疑问》传世。

【译文】房法寿著有《五经疑问》一百多篇，内容详尽典雅，流行于世，书中文字很多，略举其中切近于当世礼教的文字如下：

……

问《仪礼》中说所记述的内容：继母改嫁这一则，因继母与父亲的关系而为她服丧，《传》中称这种行为"贵在终其恩义"。

回答说："继母与父亲婚配，本来与自己没有血缘关系，与父亲结合之后，才产生了名义。而且继母对子女养育有加，因此对她的礼服从重。既然是身体离别、恩义已尽，而继母改嫁是抛弃节操、亏损慈爱的行为，作妾异门，去世后葬于他族，神灵不完全，这种情况还讲什么终恩呢？在这种情况下，却要求继子女追服齐衰丧服，让继子女哭于野外止宿之处，如果这种情况还讲究丧服轻重，不是过犹不及吗？"

问《礼记》中所记述的内容：子女在生下来时没有见过自己的祖父母，父母在祖父母的丧期过后才得知祖父母的死讯，因而追服最轻的丧服，子女则不追服。（这种情况怎么解释呢？）

回答说："丧服是根据恩情制定的，礼法是根据恩义确立的。慈母去世后服三年的丧期，与孙子同辈的异姓亲属之所以不服缌麻这等丧服，是因为没有血缘关系，只报答慈母的养育之恩。祖父母虽然身处外地，恩惠没有沾及自身，但是作为他们的后人，可以不服丧吗？况且用白色生绢制成的带有黑色冠带的冠，是孙子在父亲丧服未除而自己已经除服时戴的。穿戴过的白色丝冠和领子有浅红色滚边的内衣之后，丧冠孝带已经解下，仍然心怀悲切的情感，不忍去改换吉服，何况这种服斩衰之丧呢？巨大的伤悲刚刚开始的时候，去接待往来吊丧的宾客，子孙尚且改服黑色的袭衣，对于那些在草垫子上守丧的后人来说，这时却不改换丧服，作为孝子孝孙，这难道是天理吗？"

有志之人，宜克己从善，履正存贞。节酒以为度，顺德以为经。悟昏饮致美疾，审敬慎之弥荣。遵孝道以致养，显父母而扬名。蹈闵曾之前轨，遗仁风于后生。

《魏书·列传第三六·高允①》

【简注】①高允（390—487），字伯恭，南北朝时渤海蓨人，北魏大臣。其人博通经史、天文、术数。历仕五帝，爵封咸阳公，卒谥"文"。有文集二十卷，曾和崔浩、邓颖、晁继、黄辅等共同修撰《国书》三十卷。

【译文】有志向的人，应当自我约束，要遵从善道，其行为举止要方正，其志向长存，要忠贞于国家。要节制饮酒以为法度，要顺应德教以为自己的行为准则。要明白过度饮酒会将好的事情做坏，要清楚、恭敬、谨慎地处理政事，以便更加显荣。要遵守孝道以完成子女的赡养之责，要尊敬父母以使其因子女和功业而扬名。要沿袭闵子、曾子的做法，使仁风流传于后世。

礼以教世，法导将来，迹用既殊，区流亦别。故三千之罪，莫大不孝；不孝之大，无过于绝祀。然则绝祀之罪，重莫甚焉。安得轻纵背礼之情，而肆其向法之意也？正使佛道，亦不应然；假令听然，犹须裁之以礼。一身亲老，弃家绝养，既非人理，尤乖礼情，埋灭大伦，且阙王贯。交缺当世之礼，而求将来之益。孔子云"未知生，焉知死"，斯言之至，亦为备矣。安有弃堂堂之政，而从鬼教乎！又今南服未静，众役仍烦，百姓之情，方多避役。若复听之，恐捐弃孝慈，比屋而是。

《魏书·列传第四一·李孝伯》

【译文】礼是用来教化世俗的，佛法是用来指导将来的，事迹用途不同，源流也有区别。所以世上罪责三千，没有比不孝更重的。不孝之罪，没有重过断绝祖先祭祀的。因此无子的罪行比任何罪都重啊！怎能轻易放纵、违背礼制的要求、违背规范，而肆意地行向往佛法的意志呢？即使佛教的说法有道理，也不应答应，假如佛教可以允许承继祖先血脉，还需用礼法来规范世人吗？把自己的父母抛弃在家中不去奉养，佛法的这种教义是不合乎做人的基本道德的，更是有悖于礼制的，是泯灭天伦的，而且更是不合王法的。当世的礼法是有许多散失，国家的教化没有完全跟上，于是许多人便去求取将来的利益，孔子曾说"未知生，焉知死"，这话很透彻，也很完备。世上哪里有抛弃正理　　　　而服从鬼教的道理？又因为目前南方尚未平静，各种力役仍然很多，百姓们出家，大多是为了逃避征役，如再听任百姓出家，恐怕抛弃孝道的人将会越来越多了。

《孝经》称："父子之道天性。"《书》云："孝乎惟孝，友于兄弟。"二经之旨，盖明一体而同气，可共而不可离者也。及其有罪，罪不相及者，乃君上之厚恩也。至若有惧，惧应相连者，固自然之恒理也。无情之人，父兄系狱，子弟无惨怛之容；子弟逃刑，父兄无愧恶之色。宴安荣位，游从自若，车马仍华，衣冠犹饰，宁是同体共气、分忧均戚之理也？昔秦伯以楚人围江①，素服而示惧；宋仲子②以失举桓谭③，免冠而谢罪。然则子弟之于父兄，父兄之于子弟，惟其情至，岂与结盟相知者同年语其深浅哉？二圣④清简风俗，孝慈是先……

《礼》云："臣有大丧，君三年不呼其门。"此圣人缘情制礼，以终孝子之情者也。周季陵夷，丧礼稍亡，是以要绖即戎，素冠作刺，逮于虐秦，殆皆泯矣。汉初，军旅屡兴，未能遵古。至宣帝时，民当从军屯者，遭大父母、父母死，未满三月，皆弗徭役；其朝臣丧制，未有定闻。至后汉元初中，大臣有重忧，始得去官终服。暨魏武、孙、刘之世，日寻干戈，前世礼制复废而不行。晋时鸿胪郑默⑤丧亲，固请终服，武帝感其孝诚，遂著令以为常。圣魏之初，拨乱返正，未遑建终丧之制。今四方无虞，百姓安逸，诚是孝慈道洽，礼教兴行之日也。然愚臣所怀，窃有未尽。伏见朝臣丁父忧者，假满赴职，衣锦乘轩，从郊庙之祀，鸣玉垂绶，同节庆之晏，伤人子之道，亏天地之经。愚谓如有遭大父母、父母丧者，皆听终服。若无其人有旷庶官者，则优旨慰喻，起令视事，但综司出纳敷奏而已，国之吉庆，一令无预。

《魏书·列传第五十·李彪⑥》

【简注】①"楚人围江"句：事见《左传·文公二年》。 ②宋仲子，指宋弘，字仲子，西汉末京兆长安人，东汉初名臣。为人正直，做官清廉，东汉初仕为太中大夫，以清行称于世。曾荐举桓谭等三十多人，汉光武帝爱桓谭的琴技，宋弘面责桓谭不能忠正奉国，曾向光武帝多进规谏。后仕至相位。爵封宣平侯。 ③桓谭（前23—50），字君山，西汉末沛国相（今安徽濉溪县）人。东汉哲学家、经学家。爱好音律，善鼓琴，博学多通，遍习五经。有《新论》二十九篇，另有赋、诔、书、奏凡二十六篇。 ④二圣：指北魏冯太后和北魏孝文帝。 ⑤郑默（213—280），字思元，西晋荥阳开封人，历仕魏秘书郎、尚书考功郎、司徒左长史，晋中庶子、东郡太守、散骑常侍、廷尉、太常、大鸿胪、大司农、光禄勋，谥曰"成"。 ⑥李彪，字道固，南北朝时北魏顿丘卫国（今河南濮阳）人，北魏大臣。

【译文】《孝经》中称："父子之道是出于天性的。"《尚书》中也说："孝这种德行啊，是在孝顺父母、友爱兄弟这样的品行中体现出来的。"两部经文中的意思是说，父子兄弟一体且同气，是可共存而不可分离的。等到一方有罪时，父子兄弟却不被牵连治罪，是君主的厚恩。至于其他未有罪责的感到恐惧，这是惧怕受到牵连，是自然的常理。对于那些无情的人，父兄被囚禁的时候，子弟是没有悲伤戒惧的样子的；子弟逃避惩罚，父兄却没有羞愧畏缩的表现。他们依然安居显荣的位置，交游时神情自若，出入时车马仍旧豪华，衣冠依然还要修饰，这难道符合同体共气、分忧愁共哀戚的道理？以往秦伯因为楚人围困江地，穿着丧服以表示担忧，宋仲子因举荐桓谭失误，免冠向皇帝谢罪。子弟对于父兄，父兄对于子弟，只有情更深，哪能与结盟相交者一样共论情感的深浅呢？因此，二圣整顿风俗，是以孝慈为先的……

《仪礼》中记："臣子家有大丧，君主三年不召见。"这是圣人根据人情所制定的礼制，是为了让孝子尽追思的情怀。周末衰落，丧礼略有阙失，因此出现了腰束麻带从军的现象，出现了头戴白冠出任长官的事情，到了暴秦之时，丧礼完全湮灭。前汉初期，由于战争不断，国家也未能遵循古义。直到汉宣帝时才规定，百姓中应当从军服役的，如果遇到祖父母、父母丧亡，未满三月的，都不服徭役；至于朝臣的丧制，则没有明确记载。后汉元初年间，大臣有大丧，才有去职守丧三年的制度。到了魏武、孙、刘的三国时代，国家每天都在作战，前代的礼仪制度又废止不再执行。晋代的时候，鸿胪卿郑默丧母，坚持请求服丧三年，晋武帝感慨他的孝心真诚，于是就将这一做法作为法令定为常规。圣魏初期，拨乱反正，却未能及时建立终丧的制度。目前国家四方无忧患，百姓生活安逸，这确实是孝敬慈爱之道协和的表现，是礼乐教化兴盛的时代。但臣心中尚有未尽的意思。臣伏见朝臣中遇父亲丧事，丧假满期赴任时，穿着锦衣、乘着高车，陪同君主去郊庙祭祀，身上的佩玉轻鸣、冠缨垂散，去参加节庆宴会，这是损伤为人之子的德行的行为，所亏缺的是天地间的原则。臣以为如有人遭到祖父母、父母的丧事，都要准他守丧三年。如果的确因离开此人会耽误政务，便要优言安慰劝告，让他起身视事，但只是管理收批公文、陈奏表章，至于国家的庆典，就一概不要参与了。

《经》云"孝，德之本"，"孝悌之至，通于神明"。此盖生人之大者。淳风既远，世情虽薄，孔门有以责衣锦，诗人所以思素冠。且生尽色养之天，终极哀思之地，若乃诚达泉鱼，感通鸟兽，事匪常伦，斯盖希矣。至如温床扇席，灌树负土，时或加人，咸为度俗，今书赵琰等以《孝感》为目焉。

《魏书·列传第七十四·孝感》

【译文】《经》书中说"孝，是德的根本"，"孝悌这种德行做到了极处，是可以通达于神明的"。孝这种德行对人生是很重要的。北魏那个时代虽然说淳朴的风气已失，人情淡薄，却依然有儒家的弟子去责备那些在守孝期间身穿锦衣的人，还有诗人因感怀孝悌这样的德行思慕素冠的事情。对于子女来说，在父母活着的时候要极尽恭顺，去赡养父母，这是子女的天职，父母去世子女要极尽哀悼追思，如果能赤诚地做到这些，即使水中的鱼也可以打动，可以用孝心去感化林中鸟兽，这类灵异事情非同一般，是很少发生的。至于子女孝养父母时，温暖床被、扇凉竹席、灌溉树木、背驮土石之类的事情，则时常有人做到，"孝感"这一列传是为了倡导良好风俗，因此写下赵琰等人的传记，并以"孝感"作为标题。

史臣曰：塞天地而横四海者，唯孝而已矣！然则始敦孝敬之方，终极哀思之道，厥亦多绪，其心一焉。盖上智禀自然之质，中庸有企及之义，及其成名，其美一也！赵琰等或出公卿之绪，籍礼教以资；或出茅檐之下，非奖劝所得。乃有负土成坟，致毁灭性，虽乖先王之典制，亦观过而知仁矣！

《魏书·列传第七十四·孝感》

【译文】史臣说：可以充塞天地、横贯四海的德行，唯有孝这种德行！对孝子而言，他们能在初始时就敦敬、教养父母，且坚持终身直至父母去世后，依然极尽哀思之道，对父母没有其他的心思，只是一心一意地去孝敬他们。这是具有上等才智且能禀承天性自然才能做到的，这样的人在立身处世时能持正中庸，是可以助其成名的，这是一种多么美好的德行呀！赵琰等人有的出自公卿之家，幼承礼教因此资质出众；有的出身平民之家，并非由国家奖劝才做到孝这种德行。他们行孝时负土成坟，以至于毁灭性命，虽然这样的做法有悖先王的典制，孝行做得过分了，但却由此可知他们的仁德品行呀！

世宗①景明二年夏六月，秘书丞孙惠蔚②上言：

"臣闻国之大礼，莫崇明祀；祀之大者，莫过禘③祫④，所以严祖敬宗，追养继孝，合享圣灵，审谛昭穆⑤，迁毁有恒，制尊卑，有定体，诚悫著于中，百顺应于外。是以惟王创制，为建邦之典；仲尼述定，为不刊之式……"

《魏书·志第十一·礼二》

【简注】①世宗：指北魏宣武帝元恪。　②孙惠蔚（452—518），字叔炳，南北朝时北魏武邑遂（今河北武邑）人，小字陀罗，为累世儒学世家之子。北魏孝文帝太和元年，郡举其为孝廉。北魏宣武帝时因侍讲之劳，封为枣强县开国男。其人原名孙蔚，因在宫内侍讲，夜间议论佛经，得元恪的赏识，特别下诏加"惠"字，号为"惠蔚法师"，辛赠大将军、瀛州刺史，谥为"戴"。　　③禘：古时帝王或诸侯在始祖的庙中对祖先进行的一种祭祀。④祫：古时的帝王在太庙中对远近祖先进行的祭祀活动。　　⑤昭穆：我国古时天子七庙，依周代的礼法规定，中间为国家的始祖，左侧的二、四、六位为昭，右侧的三、五、七位为穆。

【译文】魏世宗景明二年夏季六月，秘书丞孙惠蔚上书说：

"臣下听说国家的大礼，没有比宗庙祭祀更为崇高的，祭祀的典礼中没有比禘、祫这种祭礼更重要的，这些礼法都是为了敬奉祖宗，追思孝养，答谢圣灵，审视倾听祖先的功德，按时搬迁毁弃过时的宗庙，使尊卑之制，礼有定式，在祭祀时内心要怀虔诚之意，在外处世时就会百事顺遂。因此，帝王要注意创制相关礼仪，以作为立国根本；孔子编述有关的礼仪，以作为万世不变的定法……"

《十六国春秋》一则

南北朝时崔鸿撰。此书记载了西晋末年到南北朝刘宋受禅时（304—439）北方及川蜀地区十六国历史的史事，是一部纪传体史书，一百卷。

（建元五年八月）京兆尹王攸①上书，献十略：一曰尹道宜明；二曰臣尚忠敬；三曰子贵孝养；四曰民生在勤……坚纳之，以攸为谏议大夫。

《十六国春秋·卷四·前秦·苻坚》

【简注】①王攸：十六国时期前秦的大臣，生卒年不详，曾仕为前秦宣昭帝苻坚的京兆尹、谏议大夫。

【译文】（前秦宣昭帝苻坚建元五年八月，）京兆尹王攸上书，献十种治国策略：其一，选官要明；其二，任用臣子要辨明臣子是否忠诚恭敬；其三，治理国家要使百姓能以孝养父母为贵；其四，治理民生要勤谨……苻坚采纳了他的建议，并迁王攸为谏议大夫。

《宋书》十则

南北朝时南朝沈约撰。是记述南北朝刘宋一代历史的纪传体史书，"二十四史"之一。计有十卷、志三十卷、列传六十卷，共一百卷。沈约（441—513），字休文，南北朝时刘宋吴兴武康（今浙江湖州德清县）人，史学家。历仕宋、齐、梁三朝，齐武帝永明五年，任太子家令兼著作郎，奉诏撰《宋书》。同时沈约又以文字称世，有文集九卷。

元帝①为晋王，建武初，骠骑将军王导②上疏：

夫治化之本，在于正人伦。人伦之正，存乎设庠序。庠序设而五教明，则德化洽通，彝伦攸叙，有耻且格也。父子、兄弟、夫妇、长幼之序顺，而君臣之义固矣……

《宋书·志第四·礼一》

【简注】①元帝：即东晋的晋元帝司马睿。　②王导（276—339），字茂弘，西晋时琅琊临沂人，东晋初年的大臣。

【译文】元帝当晋王的时候，建武初年，骠骑将军王导上疏说：

（国家）政治与教化的根本之处，在于端正世间的人伦。人伦端正，在于设立学校。学校设立之后，要明确教育方向，则在于道德教化的通行，治国之道也就会得到固定，国家的教化推行下去了，就会让世间的人有耻辱之心，人心也会被驯服。父母、兄弟、夫妇、长幼的次序理顺了，君臣的礼义也就能稳固了……

（元嘉六年七月）博士江邃①议："在始不迎，明在庙也。卒事而送，节孝思也。若不送而辞，是舍亲也。辞而后送，是遣神也。故孝子不忍违其亲，又不忍遣神。是以祝史②送神，以成烝尝③之义。"

《宋书·志第七·礼四》

【简注】①江邃，字玄远，南北朝时刘宋大臣。　②祝史：掌管祭祀的官员。　③烝尝：指秋冬之际的祭祀。

【译文】（宋文帝元嘉六年七月）博士江邃议论祭礼时认为："祭礼在开始的时候不迎神，是为了表明神祇本在庙中。祭祀完毕之后送神，是为了祭祀时子孙的孝思。如果在祭祀的时候不送神却辞归，便是舍弃亲人。辞归而后送神，便是遣神。所以孝子不忍舍亲，也不忍遣神。因此，由祝史送神而成为秋祭和冬祭之祭祀之礼的一个程序。"

晋武帝泰始七年，皇太子讲《孝经》通。咸宁三年，讲《诗》通。太康三年，讲《论语》通。元帝大兴三年，皇太子讲《论语》通，太子并亲释奠，以太牢祠孔子，以颜渊配。成帝咸康元年，帝讲《诗》通。穆帝升平元年三月，帝讲《孝经》通。孝武宁康三年七月，帝讲《孝经》通，并释奠如故事。

宋文帝元嘉二十二年四月，皇太子讲《孝经》通，释奠国子学，如晋故事。

《宋书·志第七·礼四》

【译文】晋武帝泰始七年，为皇太子讲解《孝经》一篇。咸宁三年，为皇太子讲解《诗经》一篇。太康三年，为皇太子讲解《礼记》一篇。晋惠帝元康三年，为皇太子讲解《论语》一篇。晋元帝大兴三年，为皇太子讲解《论语》一篇，并且太子亲临释奠，用太牢牛、羊、猪三牲祭祀孔子，并以颜渊配享。晋成帝咸康元年，皇帝讲解《诗经》一篇。晋穆帝升平元年三月，皇帝讲解《孝经》一篇。晋孝武帝宁康三年七月，皇帝讲解《孝经》一篇，并释奠先师孔子如同旧例。

宋文帝元嘉二十二年四月，皇太子讲解《孝经》一篇，在国子学释奠先师孔子，如同晋朝旧例。

《灵芝篇》当《殿前生桂树》

灵芝生玉地，朱草被洛滨。荣华相晃耀，光采晔若神。古时有虞舜，父母顽且嚚。尽孝于田陇，烝烝不违仁。伯瑜年七十，采衣以娱亲，兹母笞不痛，歔欷涕沾巾。丁兰少失母，自伤蚤孤茕，刻木当严亲，朝夕致三牲。暴子见陵侮，犯罪以亡形，丈人为泣血，免戾全其名。董永遭家贫，父老财无遗，举假以供养，佣作致甘肥。责家填门至，不知何用归。天灵感至德，神女为秉机。步月不安居，乌乎我皇考！生我既已晚，弃我何期蚤！《蓼莪》谁所兴，念之令人老。退咏《南风》诗，洒泪满袴抱。

乱曰：圣皇君四海，德教朝夕宣。万国咸礼让，百姓家肃虔。庠序不失仪，孝悌处中田。户有曾闵子，比屋皆仁贤。鬓齯无夭齿，黄发尽其年。陛下三万岁，慈母亦复然。

《宋书·志第十二·乐四》

【译文】《灵芝篇》一诗，相当于《殿前生桂树》。

灵芝在玉池中生长，朱草在洛水之滨衍生。花儿相互辉映，那夺目的光彩如天神。古时候有虞舜这样的圣君，他的父母冥顽不灵，虞舜耕作极尽孝道，他的德性淳真遵循仁德。韩伯瑜年过七十，依然穿着彩衣戏娱以取悦母亲，当慈母体衰无力鞭打不觉痛时，他便伤心落泪湿衣巾。丁兰自幼失父母，独自一人孤苦伶仃，他刻木为人当成双亲祭拜，朝夕礼拜祭以三牲，凶暴的人侮及了木像，他便杀死凶人甘服刑法，木像的眼中流泪又流血，官吏便赦免了他成全其孝名。董永家中贫穷，父母没有余财。他便四处借贷以做佣工，尽心奉养父母，债主齐集来讨债的时候，他因为无力偿还而内心愁苦。天神被他的孝行感动，于是神女操机为其织布。岁月飞快流逝，哀悼我那逝去的皇考！生育我的时候年岁已老，离开我又太早。《蓼莪》之篇是由谁所作，读起来令人平添烦恼。高声咏《南风》这一诗篇，使人热泪横流湿了衣袍。

乱辞说：圣明的君主君临天下，颁布的德教朝夕流布。于是天下讲究礼让，百姓虔诚敬服。学校及时施教，孝悌蔚然成风。世间的人都像曾参、闵损那样，家家有贤士仁人。儿童们健康活泼，老人们安享天年。陛下享年三万岁，慈母太后也长寿万万年。

《精微篇》当《关中有贤女》

精微烂金石，至心动神明。杞妻哭死夫，梁山为之倾，子丹西质秦，乌日白角生。邹衍囚燕市，繁霜为下零。关东有贤女，自字苏来卿。壮年报父仇，身没垂功名。女休逢赦书，自刃几在颈。俱上列仙籍，去死独就生。太仓令有罪，远征当就拘。自悲居无男，祸至无与俱。缇萦痛父言，何儋西上书。盘桓北阙下，泣泪何涟如。乞得并姊弟，没身赎父躯。汉文感其义，肉刑法用除。其父得以免，辩义在列图。多男亦何为，一女足成居。简子南渡河，津吏废舟船。执法将加刑，女娟拥棹前。妾父闻君来，将涉不测渊。畏惧风波起，祷祝祭名川。备礼飨神祇，为君求福先。不胜醮祀诚，至令犯罚艰。君必欲加诛，乞使知罪愆。妾愿以身代，至诚感苍天。国君高其义，其父用赦原。河激奏中流，简子知其贤。归娉为夫人，荣宠超后先。辩女解父命，何况健少年。黄初发和气，明堂德教施。治道致太平，礼乐风俗移。刑错民无枉，怨女复何为。圣皇长寿考，景福常来仪。

《宋书·志第十二·乐四》

【译文】《精微篇》一诗，于《关东有贤女》一诗可参酌弹奏。

精专之心是可以击穿金石的，至诚之意是可以感动神灵的。杞梁之妻因为丈夫累死而悲哭，梁山因此为她感伤而崩倾。燕国的太子丹西去秦国作为人质，乌鸦变白、马头竟然生出角。邹衍被囚在燕市之中，繁霜竟然在夏天降落。关东有个贤德的女子，自报姓名叫苏来卿。壮年时候为报父仇，身虽死，却留下她的英名。女休将被处死的时候遇上了赦书，利刃差一点就砍向了她的头颈。两人因此而同时名列仙籍，女休也离开死神而获生。太仓令犯了罪，被征召将要被囚拘。他因为没有男孩而心中悲痛，祸害来临没有谁能够生死与共。缇萦因为父亲的话而心中哀痛，于是背着行李西行进京上书。她在北阙之下辗转徘徊，涕泪交流痛诉凄苦，请求代父受罚，用自己的生命换回父亲的身躯。汉文帝被她的孝义感动，因此终止了肉刑。父亲因此而被免罪，缇萦自己也因为孝义而被载入《列女传图》。生多了男孩又有什么用，有一个孝敬的女儿也足以乐业安居。赵简子要南渡回转，津吏却让河水冲走了舟船。赵简子要用刑罚处置津吏，津吏之女女娟抱着船桨上前进言："我父亲听说你要渡回，将要涉足那不测深渊。他担心风浪涌起，千祷万祝祭享大川。备足祭品以供献神祇，为君祈求事事安全。他祀祷神祇极尽了自己的诚心，以致违背君令丢失了舟船。你如果一定要责罚我的父亲，让他知道自己的罪责，我愿自己代父受罚。"她的这番话用诚意感动了上天。国君认为她的孝义高尚，津吏的罪过为此得到了原宥。女娟在河中流奏起了《河激》歌，赵简子听到歌声了解到此女之贤。回都之后就聘女娟为夫人，聘后没有谁的荣宠胜过女娟。女子善于辩说解救了父亲，更何况聪明机智强少年。黄初年间萌生了冲和之气，朝廷的德政在天下广施。皇上的仁政使天下太平，礼乐教化导致了风俗改移。刑法搁置百姓不受屈，贤女用不着为冤屈有所施为。圣皇长寿万年，景福常驻，凤凰来仪。

臣闻风化兴于哲王，教训表于至世。至说莫先讲习，甚乐必寄朋来。古人成童入学，易子而教，寻师无远，负粮忘艰，安亲光国，莫不由此……臣谓合选之家，虽制所未达，父兄欲其入学，理合开通，虽小违晨昏，所以大弘孝道。不知《春秋》，则所陷或大，故赵盾忠而书弑，许子孝而得罪，以斯为戒，可不惧哉！十五志学，诚有其文，若年降无几，而深有志尚者，何必限以一格，而不许其进邪？

《宋书·列传二十·范泰①》

【简注】①范泰（355—428），字伯伦，东晋时顺阳山阴（今湖北光化西北）人。南北朝时刘宋大臣、学者，《后汉书》作者范晔之父。东晋末仕至度支尚书，宋代晋后拜金紫光禄大夫。卒赠车骑将军，谥"宣侯"。有《古今善言》二十四篇等传世。

【译文】臣听说，国家的教化因为圣王在位而得以昌隆，对百姓的教养、训育在大治之世则会得到显扬。世间最高兴的事情，没有一件比得上研究学问，最快乐的事情，一定是朋友之间的切磋。古时候人们成童之后就要入学，那时人们彼此交换子女进行教育和培养，寻求良师是不在乎路途遥远的，背着粮食去求学往往忘记了艰难困苦，使父母得到安慰、能兴邦立业，没有一件不是从求学开始的……臣认为对于那些合乎选送生员的家庭，即使生员依规定不够条件，但父兄希望自己的子弟入学，按理也应当有灵活变通的措施。虽然说这样做从小处看违背了晨昏定省、朝夕侍奉父母的礼法，但这种做法正是从大处弘扬孝道的方式。以往人们不学习《春秋》不明礼法，那么他们就可能犯下大罪。因此，晋国的赵盾虽然是忠心于国，却被写上了弑君的罪名；许子遵从孝道，却因此获罪。以这些事例为教训，怎能不让人谨慎对待呀！圣人十五岁有志于学，这是记载在经典上的记录，假如年纪不算太小，自己又深有志向，为什么一定要用标准来限制人们的求学之心，不准他们进入国学呢？

鲜之①议曰：

名教②大极，忠孝而已。至乎变通抑引，每事辄殊。本而寻之，皆是求心而遗迹。迹之所乘，遭遇或异。故圣人或就迹以助教，或因迹以成罪，屈申与夺，难可等齐，举其阡陌，皆可略言矣……

孝子已不自同于人伦，有识已审其可否矣。若其不尔，居宗辅物者，但当即圣人之教，何所复明制于其间哉。及至永嘉大乱③之后，王敦复申东关之制于中兴，原此是为国之大计，非谓训范人伦，尽于此也。

何以言之？父仇明不同戴天日，而为国不可许复仇，此自以法夺情，即是东关④、永嘉之喻也。何妨综理王务者，布衣以处之。明教者自谓世非横流，凡士君子之徒，无不可仕之理，而杂以情讯，谓宜在贬裁耳。若多引前事以为通证，则孝子可顾法而不复仇矣……孝不顾其亲，是家国之罪人耳！

《宋书·列传第二四·郑鲜之》

【简注】①郑鲜之（364—427），字道子，东晋时荥阳开封人。仕至尚书左仆射，有文集二十卷传世。　　②名教：端正名分的礼教。　　③永嘉大乱：指311年晋怀帝永嘉五年，匈奴攻陷洛阳掳走怀帝之事。　　④东关：指三国时曹魏司马师、诸葛诞指挥的战役（251），此役魏虽胜犹败。

【译文】郑鲜之议论说：

名教最重视的不过是忠孝这样的德行而已。以至于以忠孝为准则，或变、或通、或抑、或扬，对忠孝的评论则随每一事例的特殊情况而有不同的评价，归根结底，都是探寻本心而不去管表面现象如何。表面现象形成的原因有各种各样的情况，而所遭遇的现实情况或许不同。因此表面上出现了许多相似的现象，圣人或对某类事表彰以助教化，或对彼类事加以指责认为是罪过，褒扬或贬斥难以等量齐观。列举其途径，都可以大略地论说……

孝子在侍奉父母时，有时不会完全遵守通常的人伦规则，有识之士要分清楚这样去做是否可行。倘若不能明白地通晓，那么朝廷中的君主、宰辅，只需要依从圣人的教诲就可以，又何必再下其他的介于是和否之间的命令呢？待到永嘉大乱之后，晋王室中兴之时王敦再次重申国家的制令，推究他的目的是为了立国的根本大计，而不是为了规范人伦、确立典范，出发点全在于此。

为什么这样说？世间之人认为父仇不共戴天，可是执掌国政的人是不允许私人复仇的，这便是以法律去抑制人情，这一点可以比照东关、永嘉之时的制令。何况对待治理国家事务的官员，如何能像对待布衣平民一样。明晓教化的人自认为世间并非人欲横流，凡属士与君子之流的人物，没有不出仕的道理，而论者又夹杂着私情，加以讥刺，认为应该贬斥和抑制。假如过多地引述以往史实来论证前事的行为可行，那么与此类比，孝子就可以顾念法规而不复仇了……对于孝行来说不考虑自己的亲人，而是莽撞地去寻仇，对国家来说，是犯罪的行为呀！

身行不足遗之后人。欲求子孝必先慈，将责弟悌务为友。虽孝不待慈，而慈固植孝；悌非期友，而友亦立悌。

《宋书·列传第三三·颜延之①》

【简注】①颜延之（384—456），字延年，东晋时琅琊临沂人，南北朝时刘宋文学家。少孤贫，居陋室，好读书，无所不览，文章之美，冠绝当时，与谢灵运并称"颜谢"。《隋书》中载有文集二十五卷。

【译文】自身如果不能身体力行，不足之处必然遗患给后代。要想让儿女们广为孝敬，父母必定先做到慈惠仁爱；要想要求兄弟顺从，作为兄长必定要先做到友爱。虽然说孝敬这种德行不应以仁慈作为前提，但父母仁慈是可以培养子女孝敬的；弟顺也不应以兄友为前提，但兄长友爱也可以促使弟顺。

《易》曰："立人之道，曰仁与义。"夫仁义者，合君亲之至理，实忠孝之所资，虽义发因心，情非外感，然企及之旨，圣哲诒言。至于风漓化薄，礼违道丧，忠不树国，孝亦忝家，而一世之民，权利相引，仕以势招，荣非行立，乏翱翔之感，弃舍生之分，霜露未改，大痛已忘于心，名节不变，戎车遽为其首，斯并轨训之理未弘，汲引之涂多阙。若夫情发于天，行成乎己，捐躯舍命，济主安亲，虽乖理暗主，匪由劝赏，而宰世之人，曾微诱激。乃至事隐间阎，无闻视听，故可以昭被图篆，百不一焉。今采缀湮落，以备阙文云尔。

《宋书·列传第五一·孝义》

【译文】《易经》中说："立身处世的准则，是仁和义。"仁义这一德行准则，是符合忠君孝亲最根本的德行的，实实在在地是忠君孝亲的依据。仁义这样的思想是从人的心中产生的，其情感也不是由外界触发的，但是人们在处世时应当努力追求仁义，这是先圣先哲们的遗训。至于刘宋一代风俗淡薄、教化浮华，违背礼法丧失道德，忠不能自立于国，孝也不能无罪于家，这一代的臣民，以权力和利益来相互援引，入仕全凭势力进行招纳，个人的荣誉不是靠德行而树立，既缺乏自然超脱的感受，又抛弃了舍生取义的本分，这个时代的人在岁月还未流逝的时候，已经忘却了父母去世的哀痛，在名节操守尚未改变的时候，就突然成为战争的主谋，这些都是因为规范、训诫没有得到弘扬，选拔人才的途径出现了许多缺陷。于是有些人情感发自天性，以行为成就自己，他们不惜捐躯舍命，使君主得到济助，双亲得到安乐。他们的行为自然符合仁义的准则，他们这样去做并不是出于劝勉和奖赏。可是当时主宰国家的人，没有采取提倡或激励的措施，以至于他们的事迹隐在民间，不为世人所知晓，这类人能见于图像和书籍的，一百个中也没有一个。现在搜集编纂这些被埋没的孝义事迹，只是用来完备史书的缺漏罢了。

史臣曰：汉世士务治身，故忠孝成俗，至乎乘轩服冕，非此莫由。晋、宋以来，风衰义缺，刻身厉行，事薄膏腴。若夫孝立闺庭，忠被史策，多发沟畎之中，非出衣簪之下。以此而言声教，不亦卿大夫之耻乎。

《宋书·列传第五一·孝义》

【译文】史臣评论说：汉代士人往往注重修治自身，因此忠君、孝亲这样的品行形成了风俗，于是致身荣显的人，都必须要有忠孝的品行。晋、宋以来，战乱频繁，风俗衰败，道义缺失，那种约束自身、勤勉行止的事，在富贵人家就显得很淡薄了。像那些以孝行树立家门，忠义记载于史册的人，大都出自山谷沟渠的普通人家，并非出自世族高门。用这些人的事迹宣讲教化世人，难道不是卿大夫的耻辱吗？

《南齐书》四则

南北朝时萧梁萧子显修。"二十四史"之一，记载了南朝萧齐王朝479年至502年共二十三年的史事，是纪传体断代史。全书六十卷，现存五十九卷。萧子显（487—537），字景阳，南朝萧齐南兰陵（今江苏常州）人，史学家、文学家。历任太子中舍人、国子祭酒、侍中、吏部尚书等职。其人博学能文，好饮酒、爱山水，不畏鬼神，恃才傲物。辛谥为"骄"。

古之建国君民者，必教学为先，将以节其邪情，而禁其流欲，故能化民裁欲，习与性成也。是以忠孝笃焉，信义成焉，礼让行焉，尊教宗学，其致一也。

《南齐书·志第一·礼上》

【译文】古时候建立国家治理百姓的帝王、君主，必定会把教学放在首位，用教育这一方法来节制邪恶的情感，禁绝世俗间不良的欲望，因此能教化百姓，能裁制风俗，能让百姓们养成良好的习性。这样百姓们就会忠孝纯一，信义就会形成，礼让也就能实行，尊重学校教育，其目标是相同的。

永明①三年，于崇正殿讲《孝经》，少傅王俭②以摘句令太子仆周颙撰为《义疏》。

五年冬，太子临国学，亲临策试诸生，于坐问少傅王俭曰："曲礼云'无不敬'。寻下之奉上，可以尽礼，上之接下，慈而非敬。今总同敬名，将不为昧？"

俭曰："郑玄云'礼主于敬'，便当是尊卑所同。"

太子曰："若如来通，则忠惠可以一名，孝慈不须别称。"

俭曰："尊卑号称，不可悉同，爱敬之名，有时相次。忠惠之异，诚以圣旨，孝慈互举，窃有征据。礼云'不胜丧比于不慈不孝'，此则其义。"

太子曰："资敬奉君，资爱事亲，兼此二涂，唯在一极。今乃移敬接下，岂复在三之义？"

俭曰："资敬奉君，必同至极，移敬逮下，不慢而已。"

太子曰："敬名虽同，深浅既异，而文无差别，弥复增疑。"

俭曰："繁文不可备设，略言深浅已见。传云'不忘恭敬，民之主也'③。书云'奉先思孝，接下思恭'④。此又经典明文，互相起发。"

……

临川王映⑤谘曰："孝为德本，常是所疑，德施万善，孝由天性，自然之理，岂因积习？"

太子曰："不因积习而至，所以可为德本。"

映曰："率由斯至，不俟明德，大孝荣亲，众德光备，以此而言，岂得为本？"

太子曰："孝有深浅，德有小大，因其分而为本，何所稍疑。"

《南齐书·列传第二·文惠太子》

【简注】①永明：南朝齐武帝年号。　②王俭（452—489），字仲宝，南朝刘宋时琅琊临沂人。南朝萧齐文学家、目录学家。曾辅佐齐太祖萧道成建立萧齐政权，以佐命之功爵封南昌县公，死谥"文宪"。　③不忘恭敬，民之主也：语出《左传·宣公二年》。　④奉先思孝，接下思恭：语出《书·太甲中》。　⑤临川王映：即萧映。齐太祖萧道成三子。

【译文】齐武帝永明三年，文惠太子在崇正殿讲《孝经》，少傅王俭持《孝经》，摘句让太子仆周颙注解。

五年冬，文惠太子巡视国学，亲自考核国学中的众位生员，即席问少傅王俭说："《曲礼》中说'无不敬'。我想，居于下位的人侍奉居于上位的人，可以尽礼，可是居于上位的人对待居于下位的人，只是慈爱却不是恭敬地对待。这样笼统地说敬，岂不是混淆了吗？"

王俭回答说："郑玄曾说：礼的主要精神是敬，按这个意思就应该是尊卑相同。"

太子说："如果像这样可以通用，那么忠和惠也就可以用同一个名称，孝和慈也无须用不同的说法了。"

王俭说："尊卑的说法，是不能够相同的，爱和敬的说法，有的时候却是相近的。忠与惠的差别，是要根据圣人的要旨来判定，孝慈并举，也有考证。《礼》中说'就子女而言不尽到丧礼，等于不慈不孝'，就是这个含义。"

太子说："臣子凭着恭敬侍奉君主，凭着爱心对待亲属，这两方面总起来说都可以说是一个方面的内容，现在又要恭敬地待下属，难道'敬'还有第三个意义？"

王俭说："臣子要以恭敬之心对待君王，一定要尽心尽力，恭敬地对待下属，只要不怠慢就可以了。"

太子说："敬的名称相同，但是深浅的程度不同，文字上没有差别，不是更增疑问了吗？"

王俭说："复杂的文字不能全部写出来，简要说出后，理解程度的深浅也就明白了。《左传》解释说'不忘恭敬，民之主也'。《书经》中说'奉先思孝，接下思恭'。这又是经典中明白的文字，可以互相参照理解。"

……

临川王萧映请教太子说："孝是德行的根本，我对此总是有疑问，施行德政等于施千万的善行，孝道来自天性，是自然而然的道理，怎么是因为积久才会成为习惯呢？"

太子说："正是由于这种德行不是因为积习才具有的，所以才能成为德的根本。"

萧映说："既然都是由此而成的，那么就不用等德行完美也可以具备。大孝事亲，众德大备，从这个方面来说，怎么会是根本呢？"

太子说："孝有深有浅，德有大有小，正是因为有分别，才会显出孝为德的根本，这有什么可疑的呢？"

子曰："父子之道，天性也，君臣之义也。"人之含孝禀义，天生所同，淳薄因心，非俟学至。迟遇为用，不谢始庶之法，骄慢之性，多惭水菽之享。夫色养尽力，行义致身，甘心坲亩，不求闻达，斯即孟氏三乐之辞，仲由负米之叹也。通乎神明，理缘感召。情浇世薄，方表孝慈。故非内德者所以寄心，怀仁者所以标物矣。埋名韫节，鲜或昭著，纪夫事行，以列于篇。

《南齐书·列传第三六·孝义》

【译文】孔子说："父子之间的道义，是来自天性的，这就如君臣之间的礼义。"人们所禀承的孝义，是天性所具有的，人的性格或淳厚，或浇薄，都是来自本心，这种情况并非是由后天学习才会具备的。为人处世无论是居家为民还是入朝侍奉君王，都不能免去嫡庶的礼法，那种骄傲侮慢的性格，对于孝养亲长之道是有损害的，应因此而感到惭愧。那些亲身奉行孝道的人，对长辈和颜悦色尽力奉养，甘心终老于田园，不求闻名腾达于天下，这些就是孟子所说的人生三乐和仲由背米时的感叹。孝道是可以通达于神明之中的，是受其感召而形成的。世俗风情浇薄不淳的时候，才要表彰孝慈。所以孝道并不只是心怀仁德的人才具有，世上有许多人具有寄托情思、标榜于世的品德。世间有些人具备这种德行，只是他们的姓名被埋没，节义被隐藏，很少能彰显于世，所以便将他们的事迹行为记录于这篇《列传》中。

史臣曰：浇风一起，人伦毁薄，抑引之教徒闻，珪璋之璞罕就。若令事长移忠，俛非行举，姜桂辛酸，容迁本质。而旌闾变里，问饩存牢，不过鳏寡齐矜，力田等劝。其于扶奖名教，未为多也。

赞曰：孝为行首，义实因心。白华秉节，寒木齐心。

《南齐书·列传第三六·孝义》

【译文】史臣评论说：世间浇薄的风气一起，人伦道德就会丧失，抑制、导引的教化好的德行也就起不到什么效果，那些未经雕琢的良玉之才也难以成就。如果这种风气长久发展下去，世间的人们就会改变忠诚的观念，人们的行为举止也就不会符合常礼，像姜桂那样愈老愈辣，人们的本质也就可能发生变化。而旌表乡里，改变风俗，赠送些粮食牲畜，只不过是使大家都来怜悯鳏寡之人，劝勉耕作而已。这对于扶持奖掖名声教化这样的事情来说，实在算不上有多大的帮助啊。

赞曰：孝是人生首要的品质，义出自人们的本心。花朵的洁白在于遵守节令，木能忍受寒冷是由于齐心。

《梁书》二则

隋姚察、姚思廉修，"二十四史"之一。记述了南朝萧齐末年（502）至萧梁皇朝（557）五十余年的史事，有本纪六卷、列传五十卷，是一部纪传体断代史。姚察（533—606），字伯审，南朝萧梁时吴兴武康（今浙江杭州西北）人，历仕梁、陈、隋三朝，隋开皇九年（589）奉诏修梁、陈史书，未竟而终。姚思廉（557—637），本名简，以字行，雍州万年（今陕西西安）人，姚察子。隋大业二年（606）继父志修史，唐太宗时仕至散骑常侍，除修《梁书》《陈书》外，隋代与崔祖濬同修二百五十卷的历史地理著作《区宇图志》。

　　经云："夫孝，德之本也。"此生民之为大，有国之所先钦！高祖创业开基，饬躬化俗，浇弊之风以革，孝治之术斯著。每发丝纶，远加旌表。而淳和比屋，罕要诡俗之誉。潜晦成风，俯列逾群之迹。彰于视听，盖无几焉。今采缀以备遗逸云尔。

《梁书·列传第四一·孝行》

　　【译文】《孝经》中说："孝，是德行的根本。"孝这种德行对于百姓来说是重大的事情，对于君王来说是首先应当办好的事情啊！梁武帝开创帝业，他身体力行以德行去教化世俗，使得世间浮薄败坏的风气得以改变，以孝治国的大道得以彰显。他每次颁发诏书时，都对遵从孝道的人多加表彰，因而使百姓仁厚平和，那时很少有人追求欺世的荣誉。那时人们隐藏自己的才能、不使外露已经成为社会风气，许多人隐藏住自己超过众人的能力。因此被人们看见、听到的事迹，实在是不多了。现在搜集他们的事迹，以便使逸亡之事得以存续。

　　史臣曰：孔子称"毁不灭性"，教民无以死伤生也，故制丧纪，为之节文。高柴、仲由伏膺圣教，曾参、闵损虔恭孝道，或水浆不入口，泣血终年，岂不知创钜痛深，《蓼莪》慕切，所谓先王制礼，贤者俯就。

《梁书·列传第四一·孝行》

　　【译文】史臣评论说：孔子曾说"子女、臣子在守丧时不因过哀而伤及生命"，这是教导百姓们不要因为死者已逝而使活着的人受到损伤，因此制定丧礼的规则，使丧礼行之有度。孔门弟子高柴、仲由、曾参、闵损都跟从圣人受到教育，他们虔敬恭顺，遵守孝道。这些人的父母去世时有人水米不入口，整年哭泣呕血，在双亲故去时，岂能感受不到深深的伤痛，《蓼莪》这首诗中吟诵的那种孝子不能终养父母、深切思念父母的感情，就是先王制定礼仪的原因，也是贤者恭恭敬敬地遵守孝道的原因呀！

《陈书》二则

隋姚察、姚思廉修，"二十四史"之一。记述了南朝陈国建立（557）至陈后主亡国（589）三十三年的史事，有本纪六卷、列传三十卷，是一部纪传体断代史。

孔子曰："夫圣人之德，何以加于孝乎？"孝者百行之本，人伦之至极也。凡在性灵，孰不由此？若乃奉生尽养，送终尽哀，或泣血三年，绝浆七日。思《蓼莪》之慕切，追顾复之恩深，或德感乾坤，诚贯幽显，在于历代，盖有人矣。陈承梁室丧乱，风漓化薄，及迹隐阎闾，无闻视听，今之采缀，经备阙云。

《陈书·列传第二六·孝行》

【译文】孔子说："圣人的德行之中，有什么能够超过孝这种德行的呢？"孝这种德行是世间百行的根本，是人伦所能达到的极致。凡是有性命的生灵，没有不遵循的。世间那些人对父母奉生尽养，送终尽哀，或者泣血三年、绝浆七日的行为都是孝行的表现。思虑《蓼莪》之诗慕切之思，子女追思父母养育的恩深情重，可以说德感乾坤之内，诚贯幽显之中，这种孝行在历朝历代都有。陈朝承接梁室的丧乱，风俗浇薄，以至于这样的德行隐于乡野寒门之中，世间无所听闻，现在采缀出来这些事迹，聊以备缺。

史臣曰：人伦之德，莫大于孝，是以报本反始，尽性穷神，孝乎惟孝，不可不勖矣。故《记》云"塞乎天地"，盛哉！

《陈书·列传第二六·孝义》

【译文】史臣评论说：人伦之德，没有比孝更重要的，所以回报根本以求奉养父母，尽性穷神，唯有孝行，不可以不尽力去做。因此《礼记》说"孝，这种德行是塞之于天地之间的"，是一种盛德啊！

《周书》四则

唐令狐德棻主修，"二十四史"之一。记载了南北朝时北周宇文氏的周朝（557—581）史事，是纪传体断代史。有本纪八卷、列传四十二卷。令狐德棻

（583—666），隋朝宜州华原（今陕西耀县）人，唐初政治家、史学家。仕唐曾为礼部侍郎、太常卿、国子祭酒，编有《五代史志》《大唐礼仪》《太宗实录》《高宗实录》，著有《凌烟阁功臣故事》《皇帝封禅仪》等，并参与梁、周、北齐、南齐、隋史的修撰。

资孝成忠，生民高义；旌德树善，有国常规。

《周书·列传二·邵惠公广^①》

【简注】①邵惠公广：指宇文广。字乾归，北周宗室。初封永昌郡公，孝闵帝时改封天水郡公，又迁梁州总管，进蔡国公，赠本官，加太保。

【译文】自身具有孝这种德行修养就会成为国家的臣子，这样的家庭出生的子女一定会具有高义；旌表好的德行，树立人们为善的信念，对于国家来说是日常的行政规范。

凡人君之身者，乃百姓之表，一国之的也。表不正，不可求直影；的不明，不可责射中……故为人君者，必心如清水，形如白玉。躬行仁义，躬行孝悌，躬引忠信，躬行礼让，躬行廉平，躬行俭约，然后继之以无倦，加之以明察。行此八者，以训其民。是以其人畏而爱之，则而象之，不待家教日见而自兴行矣。

……

夫化者，贵能扇之以淳风，浸之以太和，被之以道德，示之以朴素。使百姓亹亹^①中迁于善，邪伪之心，嗜欲之性，潜以消化，而不知其所以然，此之谓化也。然后教之以孝悌，使民慈爱；教之以仁顺，使民和睦；教之以礼义，使民敬让。慈爱则不遗其亲，和睦则无怨于人，敬让则不竞于物。三者既备，则王道成矣，此之谓教也。先王之所以移风易俗，还淳反素，垂拱而治天下以至太平者，莫不由此。

《周书·列传第十五·苏绰^②》

【简注】①亹亹：意为无休无止地缓慢流动，一般用来形容不止息的运动。 ②苏绰（498—546），字令绰，北朝时北魏末京兆武功（今陕西武功）人，北朝时期西魏、北周大臣。

【译文】对于世间的君主来说，他是百姓的表率，是一个国家所效忠的目标。这就如同测日影一样，标记不端正，就不能测得笔直的日影；就如同射箭一样，目标不明显，就不能要求别人射中靶心……因此作为君主，他处世时必须心如清水，其品行要像白玉那样。要亲自施行仁义，要孝敬父母、敬爱兄长，要忠诚守信，要礼貌谦让，要廉洁公平，要勤俭节约，之后还要做到对国事毫不倦怠，对政事明察秋毫，君主要亲自做好这八个方面的事情，并用这些去教导百姓。这样百姓就会对君主产生敬畏、爱戴，既效法又模仿君主的做法，美好的品德就会养成，也就不用每家、每天都对他们教诲，世间的德行自然就可以培养起来了。

……

所谓感化，可贵之处在于能够用淳厚的风尚去引导世人，用平和的思想去浸润万物，用道德的行为去影响人们的行为，用朴素的作风去示范、去标榜让人们学习。要让百姓能勤勉不倦地劳作，要让百姓心中的想法趋于善的方面，邪恶的、虚伪的念头，贪得无厌的习性就都渐渐消失，（这样的风俗形成后，）人们却不知道出现这种情形的原因是什么，这就叫作感化。之后用孝敬父母、敬爱兄长的道理教化百姓，让百姓具有慈爱的品性；用仁厚、和顺这样的德行去教化百姓，让百姓都能和睦相处，用礼义教导百姓，让百姓都知道恭敬、谦让。百姓具有慈爱的品行就不会遗弃他们的亲人，能和睦相处就不会怨恨他人，知道恭敬、谦让就不会相互争夺财物。这三个方面都具备了，那么以仁义治理天下的局面也就形成了，这就叫作教化。先王之所以能够移风易俗、返璞归真、垂肩拱手治理天下，从而达到太平盛世的局面，没有不是通过教化来实现的。

（李）贤幼有志节，不妄举动……九岁，从师受业，略观大旨而已，不寻章句。或谓之曰："学不精勤，不如不学。"贤曰："夫人各有志，贤岂能强学待问，领徒授业耶，唯当粗闻教义，补己不足。至如忠孝之道，实铭之于心。"问者惭服。年十四，遭父丧，抚训诸弟，友爱甚笃。

《周书·列传第十七·李贤^①》

【简注】①李贤（502—569），字贤和，南北朝时北魏陇西（今宁夏固原）人，北周大臣。仕至河西总管，封河西郡公，卒赠柱国大将军。

【译文】李贤年幼时便拥有了志向、气节，做事没有轻妄的举动……九岁的时候，他跟随老师学习，他只粗略地领会老师所说内容的主要意思，从来不去寻章摘句。有人对他说："学习的时候如果不精细、不勤奋，还不如不学习。"李贤回答说："人各有志向，我怎能勉强去学习以等待问询，老师带领徒弟去传授学业这类的事情，只应当让弟子粗略地闻听教义，以弥补自身不足。至于说忠孝之道，其实已铭记于心了。"问他这件事的人十分佩服。李贤十四岁时，父亲去世了，他就抚养教育几个弟弟，手足之情很深。

夫塞天地而横四海者，其唯孝乎；奉大功而立显名者，其唯义乎。何则？孝始事亲，惟后资于致治；义在合宜，惟人赖以成德。上智禀自然之性，中庸有企及之美。其大也，则隆家光国，盛烈与河海争流；授命灭亲，峻节与竹柏俱茂。其小也，则温枕扇席，无替于晨昏；损己利物，有助于名教。是以尧舜汤武居帝王之位，垂至德以敦其风；孔墨荀孟禀圣贤之资，弘正道以励其俗。观其所由，在此而已矣。

然而淳源既往，浇风愈扇。礼义不树，廉让莫修。若乃绾银黄，列钟鼎，立于朝廷之间，非一族也，其出忠入孝，轻生蹈节者，则盖寡焉。积龟贝，实仓廪，居于闾巷之内，非一家也，其悦礼敦诗，守死善道者，则又鲜焉。斯固仁人君子所以兴叹，哲后贤宰所宜属心。如令明教化以救其弊，优爵赏以劝其善，布悬诚以诱其进，积岁月以求其终，则今之所谓少者可以为多矣，古之所谓为难者可以为易矣。故博采异闻，网罗遗逸，录其可以垂范方来者，为孝义篇云。

《周书·列传第三八·孝义》

【译文】在天地四海之中最为重要的德行，唯有孝这一德行；建立功劳，使名声显扬世间，唯有义这一品行。这是为什么呢？这是因为，孝这种德行起始于侍奉亲人，之后以此为根基使天下得以治理；义在人际交往中，是可以让人们相互亲密的品行，所讲求的是合适相宜，人们依靠这种品行来成全仁德。对于智能突出的士人所禀承的是自然之性，世间平庸的人也有这种美好的愿望。这类人从大处说，可以使家和国家兴盛荣光，他的名声、功绩也会如同江河大海一样奔流长存，这类人在接受使命之后也许不能够顾及亲人，其峻烈气节犹如青竹、松柏那样茂盛。对于小的事情，这类人也可以像温暖扇风于枕席之间处理好一些事情，不日日夜夜地忙碌；自己就算受损失也能对世间事物有利，就是对名教的帮助。所以帝尧、帝舜、商汤、周武作为帝王，他们用世间最好的仁德行止去促进世间良好风气的发生；孔子、墨子、荀子、孟子禀承了圣贤们的资质，弘扬世间的正义之道以激励民俗。学习、品评这些人、这些事，其中的道理都在里面了。

但是前面所说的淳朴风气已是以往的事了，北朝这个时代浮薄的风气越来越盛。这一时代礼义已不能树立，廉让难以修成。就如同那些披银挂金银宝石，宴席钟鸣鼎食的家族，在朝廷任官的士人，不只是一个士族，其中能在任职中忠心于国，回家后孝敬父母的，立身处世漠视生死、信守节操的人，很少出现。而积聚钱财，聚敛财物粮食，住在闾巷中，不只是一户人家。可是讲求礼仪、认真学习，一生一世追求道义的人，却很难见到。这也就是仁人君子所以感叹的原因，贤哲的士人、有眼光的大臣所应注意的事情。如果国家下令宣明教化以拯救世间的弊端，提高爵位和俸禄待遇来鼓励世间的人从善，广布心意使人上进，日积月累是可以取得结果的，这样的话，稀少的德行高尚的人也就会多起来，古时候认为难以做到的也会变得容易。因此，广泛地采纳异闻，收集遗失的往事，记录能成为当世和后人模范的人物事迹，为此作《孝义篇》。

《南史》四则

唐李延寿修，"二十四史"之一。记载了上起南北朝时南朝刘宋建国（420）至陈后主亡国（589）的史事，有本纪十卷，列传七十卷。李延寿，生卒年不详，字遐龄，唐初相州（今河南安阳）人，史学家。唐太宗、高宗时曾仕为东宫典膳丞、崇贤馆学士、御史台主簿，兼直国史符玺郎、兼修国史等职。参加了唐代官修史书中的《隋书》《五代史志》《晋书》的修撰。继承父志，以十六年之功，独立修成《南史》和《北史》。

（刘善明）常云："在家当孝，为吏当清，子孙楷式足矣。"

《南史·列传第三十九·刘善明①》

【简注】①刘善明（432—480），南北朝时刘宋平原人。南朝刘宋大臣，卒赠左将军、豫州刺史，谥"烈伯"。

【译文】刘善明经常说："在家中应当孝敬父母，出仕为官应当清廉，这样就足以成为子孙的楷模了！"

齐高帝①践祚，召（刘）瓛②入华林园谈语，问以政道，答曰："政在《孝经》。宋氏所以亡，陛下所以得之是也。"帝咨嗟曰："儒者之言，可宝万世。"

《南史·列传第四十·刘瓛》

【简注】①齐高帝：指南朝萧齐开国君主萧道成。　　②刘瓛：字子珪，小名阿称，南北朝时沛国相（今安徽濉溪）人，南朝齐学者、文学家。少好学，博通《五经》。聚徒教授，常有数十人。谥为"贞简先生"。有《周易乾坤义》一卷、《周易四德例》一卷、《周易系辞义疏》二卷、《毛诗序义疏》一卷、《毛诗篇次义》一卷、《丧服经传义疏》一卷、集三十卷等传世，惜多佚失。

【译文】齐高帝刚登基不久，召刘瓛入华林园对奏交谈，问刘瓛如何施政，回答说："施政的方法在《孝经》之中就有论述，刘宋政权之所以败亡，陛下之所以能建立国家，就是因为这个原因。"齐高帝感叹说："儒家之言，是可以为万世所遵循之宝呀！"

《易》曰："立人之道，曰仁与义。"夫仁义者，合君亲之至理，实忠孝之所资。虽义发因心，情非外感，然企及之旨，圣哲贻言。至于风离化薄，礼违道丧，忠不树国，孝亦愆家，而一代之甿，权利相引，仕以势招，荣非行立。乏翱翔之感，弃舍生之分，霜露未改，大痛已忘于心，名节不变，戎车遽为其首，斯并轨训之理未弘，汲引之涂多阙。若夫情发于天，行成乎己，捐躯舍命，济主安亲，虽乘理暗至，匪由劝赏，而宰世之人，曾微诱激。乃至事隐闾阎，无闻视听，考于载籍，何代无之。故宜被之图篆，用存旌劝。今搜缀湮落，以备阙文云尔。

《南史·列传六十三·孝义上》

【译文】《易经》中说："立身处世的准则，是仁和义。"仁义这一德行准则，是符合忠君孝亲的最根本的德行的，实在是忠君孝亲的依据。仁义这样的思想是从人的心中产生的，其情感也不是由外界触发的，但是人们在处世时应当努力追求仁义，这是先圣先哲们的遗训。至于南朝的这些朝代风俗淡薄教化浮华，人们的行为经常违背礼法丧失道德，以至于忠不能自立于国，孝也不能无罪于家，这一时代的臣民，以权力和利益来相互援引，入仕全凭世家的势力大小进行招纳，个人的荣誉不是靠德行而树立，既缺乏自然超脱的感受，又抛弃了舍生取义的本分。这个时代的人在岁月还未流逝的时候，已经忘却了父母去世的哀痛，名节操守尚未改变的时候，就突然成为战乱的主谋，这些都是因为规范、训诫没有得到弘扬，选拔人才的途径出现许多缺陷。于是有些人情感发自天性，以行为成就自己，他们不惜捐躯舍命，使君主得到济助，双亲得到安乐。这个样子自然符合仁义的准则，他们的这种行为并不是出于国家的劝勉和想得到什么奖赏。可是当时主宰国家的人，没有采取提倡或激励的措施，以至于他们的事迹隐在民间，不为世人所知晓，考察那个时代的典籍，哪个朝代没有这样的人？因此，将他们的事迹记录下来，用来表彰旌劝好的德行。现在搜罗到一些湮于典籍、没于时代的事迹，来完备史书的缺漏。

论曰：自浇风一起，人伦毁薄，盖抑引之教，导俗所先，变里旌间，义存劝奖。是以汉世士务修身，故忠孝成俗，至于乘轩服冕，非此莫由。晋、宋以来，风衰义缺，刻身厉行，事薄膏腴。若使孝立闺庭，忠被史策，多发沟畎之中，非出衣簪之下。以此而言声教，不亦卿大夫之耻乎。

《南史·列传六十四·孝义下》

【译文】史臣评论说：世间浇薄的风气一起，人伦道德就丧失了。对国家而言抑制不好的风气、导引教化好的德行以倡导好的风俗习惯为先，要变乡间街巷的陋习，褒奖好的德行劝导人们沿袭好的风俗。因此，汉代的士子以修身为要务，世忠、孝这样的德行就成为风俗，以至于日常的服饰、车马也就遵循着礼的要求，其他的方面更是如此。晋、宋以来风俗衰败，义理缺失，世间的人往往以功利行事，世情淡薄，沉迷于膏粱、丰腴之中。如果说孝这种德行只是出现在家庭之中，忠这种德行只是出现在史策之中，而这些德行多发生在乡野、平民的身上，而不是多出现于衣冠士人身上。用这些出现的具有良好品行的人去教化衣冠士人，这不正是士大夫的耻辱呀！

《北史》一则

唐李延寿修，"二十四史"之一。记述南北朝时魏、齐（含东魏）、周（含西魏），以及隋政权的史事（386—681），有本纪十二、列传八十八，共一百卷。

《孝经》云："夫孝，天之经也，地之义也，人之行也。"《论语》云："君子务本，本立而道生。孝悌也者，其为仁之本欤！"《吕览》云："夫孝，三皇五帝之本务，万事之纲纪也。执一术而百善至，百邪去，天下顺者，其唯孝乎！"然则孝之为德至矣，其为道远矣，其化人深矣。故圣帝明王行之于四海，则与天地合其德，与日月齐其明，诸侯卿大夫行之于国家，则永保其宗社，长守其禄位；匹夫匹妇行之于闾阎，则播徽烈于当年，扬休名于千载。是以尧、舜、汤、武，居帝王之位，垂至德以敦其风；孔、墨、荀、孟，禀圣贤之资，弘正道以励其俗。观其所由，在此而已矣。

然而淳源既往，浇风愈扇，礼义不树，廉让莫修。若乃绾银黄，列钟鼎，立于朝廷之间，非一族也；积龟贝，实仓廪，居于闾巷之内，非一家也。其于爱敬之道，则有未能备焉；哀思之节，罕有得其中焉。斯乃诗人所以思素冠，孔门有以责衣锦也。

且生尽色养之方，终极哀思之地，厥迹多绪，其心一焉。若乃诚达泉鱼，感通鸟兽，事匪常伦，斯盖希矣。至如温床、扇席，灌树、负土，苟或加人，咸为疾俗。斯固仁人君子所以兴叹，哲后贤宰所宜属心。如令明教化以救其弊，优爵赏以劝其心，存恳诚以诱其进，积岁月以求其终，则今之所谓少者，可以为多矣，古之所谓难者，可以为易矣。

长孙虑等阙稽古之学，无俊伟之才。或任其自然，情无矫饰；或笃于天性，劬其四体。并竭股肱之力，咸尽爱敬之心，自足膝下之欢，忘怀轩冕之贵。不言而化，人神通感。虽或位登台辅，爵列王侯，禄积万钟，马迹千驷，死之日曾不得与斯人之徒隶齿。孝之大也，不其然乎。

《北史·列传第七十二·孝行》

【译文】《孝经》中曾说："孝是天的经纬，地的义理，是人们在世间各种行为根本的准则。"《论语》也说："君子修身要专心致力于根本，根本树立了，道也就产生了。孝敬父母、敬爱兄长这样的德行，就是仁的根本呀！"《吕览》也说："孝是上古时三皇五帝治理天下时，所要遵循的根本的事情，是世间万事万物的大纲、要领。掌握了这一种方法就可以使世上各种善的事物到来，使世间各种邪恶的事物离去，这样天下就会和顺，这样的治国方法只有培养人们的孝德才可以呀！"从这些记叙中可以看出，孝作为德行是高尚的，作为道是宏远的、广大的，教化百姓的作用也是深远的。因此，圣明的帝王在天下推行孝，孝这样的德行是与天地之道相合的，其圣明是与日月相等量的。诸侯、卿、大夫在其国家推行孝道，就可永远保护其宗庙社稷长存，长久守卫其俸禄官位。世间的男女在乡里行孝，就可以使他们在世的时候传播其美好的业绩，传扬美名于千秋万代。因此，尧、舜、汤、武这些圣明的帝王，传留下高尚的德行，使得世间风俗淳厚；孔子、墨子、荀子、孟子禀承了以往贤哲们的德行、才能，弘扬正道，进而砥砺风俗。观察其中原因，只在推行孝罢了。

然而，使人心淳正的源头已经成为过去，鄙薄的世风却愈煽愈炽，以至于礼义不能树立，廉正谦让难以修成。至于绾结金银之印，置身贵族之列，立身朝廷之间的士族不止一个家族，货币堆积、粮仓丰满，居住在乡间闾巷之中，也不是一家一户。然而这些人对于爱护尊敬的道理，有许多则未能具备，哀痛愁思这种节操，很少有人能够达到。这就是诗人们思念素冠的原因。孔门弟子斥责穿华丽衣服，也是有原因的。

况且对于子女而言，在父母活着的时候，要想方设法顺承父母的意旨，侍奉赡养父母，在他们去世的时候要极尽哀痛悲思。虽然事务头绪繁多，但其心情却是一致的。至于说至诚至性可以使池鱼因孝感而来，这种种真实感情是可以与鸟兽相通的，这类事情往往不合常理，同样的这类事情也很少。至于父母在世时为他们暖床铺、扇卧席，去世后浇灌树木、背负泥土，假如有人这样的行为超出常人，那他的行为就与世俗不同。这也是仁人君子大兴感叹的原因，更是圣明的君主和贤明的辅臣所应该关心的事情。如果国家能够申明教化，以补救世俗的弊病，以赐予官爵、给予优厚赏赐来激励民心，心存诚意地奖掖百姓们上进，积年累月以求终结，那么如今议论也就会少了，可以成就的事情也就会多了，古代所说的困难的，也就可以变得容易达到了。

"孝行传"中的长孙虑等人由于环境所限，缺少研习古事的学问，也没有英俊瑰伟的才能。他们的行为听任自然，感情不加矫饰；他们天性笃诚，辛勤劳作，都能竭尽全身之力，极尽其友爱孝敬之心，满足于天伦之乐，因而忘记轩车冕服的高贵。不待言说而能感化世人，这是因为人与神的感应是相通的。虽然有的人官居台阁辅臣，爵位置于王侯之列，俸禄积有万钟之多，马匹多达千驷，但死去之后却不能和这些身份低下的人相提并论，就是这个原因。孝行中最显著的事情，不正是这个样子吗？

《隋书》八则

唐初由魏徵主持编撰，"二十四史"之一。是记录隋代历史的纪传体断代史。有帝纪五卷、列传五十卷、志三十卷，共八十五卷。

《记》曰："大夫无故不撤悬，士无故不撤琴瑟。"圣人造乐，导迎和气，恶情屏退，善心兴起。伊耆有苇籥①之音，伏牺有网罟②之咏，葛天八阕③，神农五弦④，事与功偕，其来已尚。黄帝乐曰《咸池》，帝喾曰《六英》，帝颛顼曰《五茎》，帝尧曰《大章》，帝舜曰《箫韶》，禹曰《大夏》，殷汤曰《护》，武王曰《武》，周公曰《勺》。教之以风赋，弘之以孝友，大礼与天地同节，大乐与天地同和，礼意风献，乐情膏润。《传》曰："如有王者，必世而后仁。"成、康化致升平，刑厝而不用也。古者天子听政，公卿献诗，秦人有作，罕闻斯道。汉高祖时，叔孙通爰定篇章，用祀宗庙。唐山夫人能楚声，又造房中之乐。武帝裁音律之响，定郊丘之祭，颇杂讴谣，非全雅什。汉明帝时，乐有四品：一曰《大予乐》，郊庙上陵之所用焉。则《易》所谓"先王作乐崇德，殷荐之上帝，以配祖考"者也。二曰雅颂乐，辟雍飨射之所用焉。则《孝经》所谓"移风易俗，莫善于乐"者也……

《隋书·志第八·音乐上》

【简注】①苇籥：用芦苇做成的乐器。　　②网罟：利用潮的涨落在水边张网捕鱼的器具。　　③八阕：传说上古时葛天氏之乐，按《吕氏春秋》载："一曰《载民》，二曰《玄鸟》，三曰《遂草木》，四曰《奋五谷》，五曰《敬天常》，六曰《达帝功》，七曰《依地德》，八曰《总万物之极》。"④五弦：古乐器。

【译文】《礼记》中说："士大夫无故不撤去钟磬，士人无故不撤去琴瑟。"圣人制乐的目的，是为了引导世人崇尚和气、屏退邪恶，养成善心。因此伊耆作出了"苇籥"之音，伏羲咏出了"网罟"之咏，葛天吟咏八阕，神农张奏五弦，事业与功绩相随，这是由来已久的事情。黄帝所作之乐名为《咸池》，帝喾所作之乐名为《六英》，帝颛顼所作之乐名为《五茎》，帝尧所作之乐名为《大章》，帝舜所作之乐名为《箫韶》，禹所作之乐名为《大夏》，殷汤所作之乐名为《护》，武王所作之乐名为《武》，周公所作之乐名为《勺》。能教化一个时代的诗、歌，所弘扬的都是孝敬亲人友悌兄弟的善行，因此，大礼是与天地相契合的，乐是与天地同和的，礼这一风气淳厚，乐所引发的感情也就润泽。《左传》中曾说："如果要成就帝王的大业，所施行的政令必须经过一世的积累方能成为仁政。"周代的周成王、周康王时代国家日趋安定、日渐繁荣，那个时候刑法完备几乎无须使用。上古时天子听政，臣子、公卿献诗就能知道国家的情况。秦朝兴起之后，就很少听到有这样的事情了。汉高祖时，叔孙通更定礼乐中的篇章，用于祭祀守庙，唐山夫人能歌咏楚乐，又造了房中之乐。汉武帝时载定音律，制作出了郊丘祭祀之乐，此乐曲中掺杂了许多民歌俚曲，并非都是古雅之音。汉明帝的时候，将乐分为四品：其一是《大予乐》，这一乐曲是郊祭皇陵时，为祭祀所用，即用《易经》中所说的"先王作乐的目的是为了崇尚仁德，后代子孙奉承上天以祭献祖先之意"。其二是雅颂乐，这是在学校有典礼、乡射仪式上所用的，也就是《孝经》中所谓的"移风易俗，以乐为上"的意思……

夫孝者，天之经，地之义，人之行。自天子达于庶人，虽尊卑有差，及乎行孝，其义一也。先王因之以治国家，化天下，故能不严而顺，不肃而成。斯实生灵之至德，王者之要道。孔子既叙六经，题目不同，指意差别，恐斯道离散，故作《孝经》，以总会之，明其枝流虽分，本萌于孝者也。遭秦焚书，为河间人颜芝所藏。汉初，芝子贞出之，凡十八章，而长孙氏、博士江翁、少府后苍、谏议大夫翼奉、安昌侯张禹，皆名其学。又有《古文孝经》，与《古文尚书》同出，而长孙有《闺门》一章，其余经文，大较相似，篇简缺解，又有衍出三章，并前合为二十二章，孔安国为之传。至刘向典校经籍，以颜本比古文，除其繁惑，以十八章为定。郑众、马融，并为之注。又有郑氏注，相传或云郑玄，其立义与玄所注余书不同，故疑之。梁代，安国及郑氏二家，并立国学，而安国之本，亡于梁乱。陈及周、齐，唯传郑氏。至隋，秘书监王劭于京师访得《孔传》，送至河间刘炫。炫因序其得丧，述其议疏，讲于人间，渐闻朝廷，后遂著令，与郑氏并立。儒者喧喧，皆云炫自作之，非孔旧本，而秘府又先无其书。又云魏氏迁洛，未达华语，孝文帝命侯伏侯可悉陵，以夷言译《孝经》之旨，教于国人，谓之《国语孝经》，令取以附此篇之末。

《隋书·志第二十七·经籍一》

【译文】孝这种德行是天之经，地之义，人之行，从天子至平民，虽然说有尊卑之别，但对于孝道来说，其大义则是相同的。先王用这种德行来治理国家，教化天下，因而先王能够做到不严而顺，不肃而成，可以说孝这种德行是世间百姓的至德，是君主治理国家的要道。孔子编订六经，题目不同，各经的意旨也有差别，他担心有关孝道的记述会被分离，出现散失，因此作《孝经》来总汇六经，并以此阐明六经，六经虽然分别述录，但其本源是源出于孝道的。到了秦朝焚书之后，其书被河间人颜芝收藏。汉代初年，颜芝子颜贞将此经献出，共十八章，之后的长孙氏、博士江翁、少府后苍、谏议大夫翼奉、安昌侯张禹，都是以治《孝经》而出名。又有《古文孝经》，与《古文尚书》一同出现。在长孙氏的《孝经》中有"闺门"一章，其余的经文《今文》《古文》大体相似，可能是由于篇简阙失散乱，多出了三章，加上长孙氏的"闺门"一章，共二十二章，孔安国为其作传。到了刘向掌管校正国家图书典籍的时候，将颜氏的经文本，比照古文本，删除了其中繁杂难解的部分，以十八章为定本。后汉的郑众、马融都为其作注。之后又有郑氏注，相传所谓的郑氏注即郑玄注，但郑氏注中郑玄的取义与其他注文不同，因此，这一说法值得怀疑。到了南朝一代，孔安国以及郑氏二家的学说，都被立为国子学，而孔安国的本子，在梁代内乱时亡佚。南朝的陈以及北朝周、齐，所用的都是郑氏学说。到了隋代，秘书监王劭在京城访求得到了《古文孝经孔传》，把它送给了河间人刘炫。刘炫对其书论列得失，加以述说、议论、疏文，并在民间传授，渐渐地声名传到了朝廷，后来朝廷便下令，将孔氏学说与郑氏学说并立为学官，但是儒士们争论不休，都说此书为刘炫所作，并不是孔安国旧本，而秘府之中又没有此书。又有人说北魏迁都洛阳时，朝廷中的臣子很少有通晓汉语的，孝文帝就下令让侯伏侯可悉陵，用鲜卑语翻译了《孝经》的意旨，在鲜卑人中教授，被称为《国语孝经》，于是将它附于此篇的末尾。

古之史官，必广其所记，非独人君之举……自公卿诸侯，至于群士，善恶之迹，毕集史职。而又闾胥之政，凡聚众庶，书其敬敏任恤①者，族师②每月书其孝悌睦姻有学者，党正③岁书其德行道艺者，而入之于乡大夫。乡大夫三年大比，考其德行道艺，举其贤者能者，而献其书。

《隋书·志第二十八·经籍二》

【简注】①任恤：具有诚信且能帮助他人的人。　②族师：周代的官名，为地官之属，是百家之长。《周礼》中记为乡以下的行政区，归属于党。族有族师，一般由上士充任。旧注说每族百户人家。　③党正：党《周礼》中所记的乡以下的行政区域，党有党正，为一党之长，一般以下大夫充任。旧注中说每党有五百户人家。北周时设党正，每党一人，旅下士、正一命。北朝的"党"，始于北魏时期。魏孝文帝太和十年（489），纳秘书令李冲议，在国家中行三长法，即五家立邻长，五邻立里长，五里立党长。西魏、北周沿用其制，只有北周称党长为党正。

【译文】古时候的史官，必定广为记录国家发生的事情，并不是只记君主的举动……自公卿诸侯开始，以至世间的士子，他们善恶的行迹，都要记录下来，这是史官的职责。之后要记录乡村胥吏执法时发生的事情，凡是有百姓聚集而居的地方，都要记录其中敬让、聪敏、能诚信及能帮助他人的人。族师每月都要记录下具有孝悌品行的人，记录下能和睦姻亲的人，记录下有学识的人。地方官员每年都要记录下辖地之中德行高尚、技艺精湛的人，将其呈报给乡大夫。乡大夫三年进行一次大比，以考量所举荐的人的学问，选其中优异、贤能的人，向国家进行举荐。

应州刺史唐君明，居母丧，娶雍州长史库狄士文之从父妹。或①劾之曰："臣闻天地之位既分，夫妇之礼斯著，君亲之义生焉，尊卑之教攸设。是以孝惟行本，礼实身基，自国刑家，率由斯道。窃以爱敬之情，因心至切，丧纪之重，人伦所先。君明钻燧虽改，在文无变，忽劬劳之痛，成燕尔之亲，冒此苴缞，命彼褕翟。不义不昵，《春秋》载其将亡，无礼无仪，诗人欲其遄死。士文赞务神州，名位通显，整齐风教，四方是则。弃二姓之重匹，违六礼之轨仪。请禁锢终身，以惩风俗。"

二人竟得坐。

《隋书·列传第二七·柳彧》

【简注】①彧：即柳彧，生卒年不详，字幼文，南北朝时河东解（今山西运城）人，隋文帝时大臣。

【译文】应州刺史唐君明，在为母亲守丧期间，娶了雍州长史库狄士文的堂妹，柳彧上书弹劾他说："我听说天地自有分际以来，夫妇的礼仪也就显明了，君亲之义也就产生了，尊卑之教也就设立了，因此孝这种德行是世间一切行为的根本，礼是人们立身处世的根基，从治国到齐家，都要遵循这一原则。依我的浅见，爱敬自己的父母亲人、长辈的感情，是应恳切地发自内心之中的，因此，居丧是一件严肃且重要的事情，是处于人情大伦之中首位的。唐君明虽然已经减少了野蛮之性，但修习文明之事后，心性却没有多少变化，他忽略了辛勤抚养自己的母亲去世后子女所应承受的痛苦，而成就新婚之喜，不顾及对亡母尚未完成的重孝去迎娶亲妇，不讲世间道义、不讲母子亲情。《春秋》一书中记载这种行为、过错将会使人自取灭亡，这是因为无礼、无节、无法度的人，就算是作诗的人也都想着让他快快死去。库狄士文替国家出力，名望地位已经非常显赫，这样的人应该促进风俗、文化、教化的严肃规整，成为国家的榜样。望陛下废弃这两姓的联姻，让这种违背六礼轨仪的事情止息，请皇上将他们终身禁锢，以使世风民俗有所惩戒。"

隋文帝接受了他的奏请，唐君明、库狄士文最终因此获罪。

臣（李谔①）闻古先哲王之化民也，必变其视听，防其嗜欲，塞其邪放之心，示以淳和之路。五教②六行③，为训民之本，《诗》《书》《礼》《易》为道义之门。故能家复孝慈，人知礼让，正俗调风，莫大于此。

《隋书·列传第三一·李谔》

【简注】①李谔，生卒年不详，字士恢，南北朝时北齐赵郡（今河北高邑）人。仕北齐时，为中书舍人。入北周后，仕至天官都上士。隋初，历仕为比部、考功二曹侍郎，爵封"南和伯"。　②五教：指五常之教，即父义、母慈、兄友、弟恭、子孝。　③六行：指孝、友、睦、姻、任、恤。

【译文】臣听说古时候的先哲、帝王教化百姓，一定要改变他们视、听的习惯，杜绝他们贪婪的欲望之心，堵塞他们邪恶、孤僻、放浪的念头，指给人们朴实、淳厚之路。因此，五教六行是先哲、帝王们教化百姓的根本，于是《诗》《书》《礼》《易》就成为学习道义的门户。因此，能够学习并做到才能使家家出现父慈子孝的现象，人人都通晓礼让之意，端正、调和世间风俗，没有比这些更重要的了。

刘子翊，彭城丛亭里人也。父偏，齐徐州司马。子翊少好学，颇解属文，性刚謇，有吏干。仕齐殿中将军。开皇初，为南和丞，累转秦州司法参军事。十八年，入考功，尚书右仆射杨素见而异之，奏为侍御史。时永宁令李公孝四岁丧母，九岁外继，其后父更别娶后妻，至是而亡。河间刘炫以无抚育之恩，议不解任，子翊驳之曰：

《传》云："继母如母，与母同也。"当以配父之尊，居母之位，齐杖之制，皆如亲母。又"为人后者，为其父母期。"报期者，自以本生，非殊亲之与继也。父虽自处傍尊之地，于子之情，犹须隆其本重。"是以令云："为人后者，为其父母并解官，申其心丧。父卒母嫁，为父后者虽不服，亦申心丧。其继母嫁不解官。"此专据嫁者生文耳。将知继母在父之室，则制同亲母。若谓非有抚育之恩，同之行路，何服之有乎？服既有之，心丧焉可独异？三省令旨，其义甚明。今言令许不解，何其甚谬！

且后人者为其父母期，未有变隔以亲继，亲继既等，故知心丧不殊。《服问》云："母出则为继母之党服。"岂不以出母族绝，推而远之，继母配父，引而亲之乎？子思曰："为伋也妻，是为白也母。不为伋也妻，是不为白也母。"定知服以名重，情因父亲，所以圣人敦之以孝慈，弘之以名义。是使子以名服，同之亲母，继以义报，等之己生如谓继母之来，在子出之后，制有浅深者，考之经传，未见其文……"

《隋书·列传第三六·诚节·刘子翊》

【译文】刘子翊，彭城丛亭里人，父名刘偏，北齐的徐州司马。刘子翊从小喜爱学习，懂得讲解文章，性格刚直，有从政的才干。在北齐做官的时候，仕为殿中将军。隋文帝开皇初年，仕为南和丞，多次改任官职直至秦州司法参军。开皇十八年入朝在考功司任职，尚书右仆射杨素见到他认为他不同于一般的人，于是上奏升其为侍御史。当时永宁令李公孝四岁丧母，九岁过继给他人为子，后来他的继父又另娶妻，到这时才去世，河间的刘炫认为这种情况下继父母对子女是没有养育之恩的，议论他不离官守制，刘子翊驳斥说：

《传》中说："继母在家中的地位同母亲一样，子女的孝敬也要如同对亲生母亲一样。"对继母的丧服应当比配父亲的丧服，要将继母置于母亲的位置，一样要为其守丧服制，这种情况下要如同对亲生母亲一样。又议论说："作为后代，为其父母服齐衰为一年的丧服。"符合一年丧服制，所应体现的是他的出身之处，不是说要区别亲生母亲和继母。父亲即使处于伯、叔或旁系亲属的地位，就儿子而言，仍要尊崇他的生身。所以旨令中说："做后代的为他的父母去世而离开职位守丧，不穿丧服来表示内心的哀悼。父亲去世母亲改嫁，作为父亲的子女虽然不服丧，也要心存哀悼。他的继母改嫁了，不用离开官职。"这是专门就改嫁者所撰定的旨令。如果继母依旧是父母的妻室，那么礼制上的要求就要与亲生母亲相同。如果说没有养育之恩，就与继母形同路人，还要什么服丧制度呢？服丧的制度既然有，不穿丧服、心存哀悼的制度怎么能不同呢？三省的旨令，意义非常清楚，现在却说旨令准许不离职，这是多么荒谬的事情。

而且后代为他的父母服丧一年，没有因为是不是亲生母亲而不同，既然亲生母亲与继母相同，那么就知道不穿丧服心存哀悼这样的制度应该没有什么两样。《服问》中说："母亲被休弃，就为继母的亲族服丧。"这难道不是因为母亲被休弃，其亲族也被疏远，继母婚配了父亲，作为子女也会逐渐接近、亲近她吗？子思曾说："做我孔伋的妻子，就是孔白的母亲；不做我孔伋的妻子，就不是孔白的母亲。"服丧是以名分为重的，感情是因父亲而亲近的，因此圣人敦促人们孝敬母亲，用名声、道义去发扬它，让儿子按照名分服丧，把继母和亲生母亲一样看待，继母用道义去回报儿子，视前妻之子如己出。如果说继母嫁入家门，在儿子过继后，礼制的轻重就不同，考察经传，还未发现此类文字……

《孝经》云："夫孝，天之经也，地之义也，人之行也。"《论语》云："君子务本，本立而道生。孝悌也者，其为仁之本欤！"《吕览》云："夫孝，三皇、五帝之本务，万事之纲纪也。执一术而百善至，百邪去，天下顺者，其唯孝乎！"然则孝之为德至矣，其为道远矣，其化人深矣。故圣帝明王行之于四海，则与天地合其德，与日月齐其明，诸侯卿大夫行之于国家，则永保其宗社，长守其禄位；匹夫匹妇行之于闾阎，则播徽烈于当年，扬休名于千载。此皆资纯至以感物，故圣哲之所重。

田翼、郎方贵等阙稽古之学，无俊伟之才，并能任其自然，情无矫饰。笃于天性，勤其四体，竭股肱之力，尽爱敬之心，自足膝下之欢，忘怀轩冕之贵。不言之化，人神通感。虽或位登台辅，爵列王侯，禄积万钟，马逾千驷，死之日，曾不得与斯人之徒隶齿。孝之大也，不其然乎！故述其所行，为《孝义传》。

《隋书·列传第三七·孝义》

【译文】《孝经》中说："孝这种德行，是上天运行的常道，大地履行的正义，人世间的品行。"《论语》中说："君子修身要致力于根本，根基树立了，心中的道义也就产生了。孝敬父母、敬爱兄长，大概是实行仁义的根本吧！"《吕览》中说："孝这种德行，是三皇五帝在治理国家时所注重的根本，是各种事物的纲纪，持守住这一种德行，各种好事就会到来，各种邪恶也会离去，使天下和顺，大概只有孝吧！"这样来说，孝这种德行可以说是够高的了，作为道义也就够深远了，感化人心的作用也就够透彻了。因此，通明慧达的皇帝、英睿明智的君主会在四海之内推行它，这样去做了就会与天地之道相合，就会与日月同光。诸侯卿大夫在藩国、领地内推行它，就可以永保宗庙社稷，长久地守住官爵禄位；平民百姓在民间施行它，就能远播他们的宏业，传扬他们美好的名声以至久远。这些都是凭借着极其深厚的感情去感化万物才能达到的，因此圣人贤哲推重孝义这样的德行。

田翼、郎方贵等人缺少自古传下来的学识，没有卓异杰出的才能，但他们能顺其自然，在情感上没有刻意地去粉饰自己的作为。对于世间的人来说，天性深厚，四肢勤劳，竭尽其力辅佐君主，竭尽自己的爱敬之心去对待父母，很满足地谨守在父母身边，得父母之欢心，就算是忘却官位爵禄以及显贵也这样去做。这种不用言语的教化，人和神灵都是可以相互感应的。世间有的人显贵，以至于达到了三公宰辅的高度，爵位列于王侯之中，俸禄达到万钟，马匹超过一千驷，可是死的那一天，竟不能和那些具有孝行的人相并列，这是多么让人感叹的事情，因此，孝这种德行之大，不就是这个样子吗？为此记述孝子的作为，作《孝义传》。

史臣曰：昔者弘爱敬之理，必藉王公大人。近古敦孝友之情，多茅屋之下。而彦师、道赜，或家传缨冕，或身誓山河，遂乃负土成坟，致毁灭性。虽乖先王之制，亦观过以知仁矣。郎贵昆弟，争死而身全，田翼夫妻俱丧而名立，德饶仁怀群盗，俏义感兴王，亦足称也。纽回、刘俊之伦，翟林、华秋之辈，或茂草嘉树荣枯于庭宇，或走兽翔禽驯狎于庐墓，非夫孝悌之至，通于神明者乎！

《隋书·列传第三七·孝义》

【译文】史臣说：以往国家想要宣扬孝敬父母、亲爱兄弟的道理，一定要借于王公大臣奏请，国家才会颁行教化的法令。近代以来敦勉孝敬父母，友爱兄弟这样的事情多出于平民之中。而彦师、道赜这类人，有的世代为官，有的自身对着山河发誓，于是他们背着泥土去建造坟墓，乃至为这些失去了性命。他们的这种方法虽然是违背了先王的旧制，但是当我们察看他们为什么去违背规制时，就能明白和了解他们的仁义。郎贵兄弟相争着赴死却保全了自身；田翼夫妇因为父母居丧而树立了美名；德饶的孝义甚至感动了勤于王业的君主，这些都是值得称颂的。纽回、刘俊这类人，翟林、华秋这样的人，有的将好草、好树植于门庭之中，以显示兴盛干枯，有的因为孝行使得飞禽走兽在他庐墓的茅棚中徘徊以表示驯服，这难道不是孝敬父母、友爱兄弟达到了极致，以至于通达于神灵的原因吗？

《南北朝杂记》一则

北宋刘敞著。刘敞（1019—1068），字原父，新喻（今江西新余）人，北宋史学家、经学家、散文家，宋仁宗庆历六年与弟刘攽同科登进士第，仕至集贤院学士。学识渊博，欧阳修说他"自六经百氏古今传记，下至天文、地理、卜医、数术、浮图、老庄之说，无所不通；其为文章尤敏赡"，与弟刘攽合称"北宋二刘"，金石之学方面有深湛造诣，是我国金石学的开山之人。有《公是集》《春秋权衡》《春秋传》《七经小传》《春秋传说例》《春秋意林》《南北朝杂记》等传世。

（刘）敞之^①曰："立身虽百行殊途，准之四科^②，要以德行为首。子若能入孝出悌，忠信仁让，不待出户，天下自知。倘不能然，虽复下帷针股，蹑屦从师，止可博闻强识，不过为土龙乞雨，眩惑将来，其于立身之道，何益乎！孔门之徒，初亦未悟，见吾丘之叹，方乃归而养亲。呜呼！先达之^③人，何自觉之晚也！"

《南北朝杂记·刘献之》

【简注】①刘献之：南北朝时博陵饶阳人，少好诗书，精于《春秋》《毛诗》，师从于渤海程玄。有《三礼大义》四卷，《三传略例》三卷，《注毛诗序义》一卷等传世。　②四科：语出《论语·先进》，指德行、言语、政事、文学。　③先达：学界的前辈。

【译文】刘献之说："立身处世虽然说有各种各样的行为方式，但其标准却是以孔子所倡导的四科为准，而这四科当中又以德行科为首。为人子女如果能在家中孝敬自己的父母，处世能恭谨地对待世事人情，具有忠诚、信实、仁德、礼让这样的品行，就算是居于家中，天下也都会知道他的德行。如果做不到，就算是悬梁刺股般地学习，小心翼翼地跟从老师学习，也只是可以博闻强识，其行为表现不过能蛊惑世人，使人们为将来所惑。这样的立身处世之道，有什么益处呀！孔子的门徒，初始的时候并未醒悟这一道理，看到孔子的感叹，他们细细体悟之后才明白，方才极力奉养父母亲人。哎呀！那些学界里的前辈，为何自我觉醒得这么晚呀！"

《历代名臣奏议》二则

明杨士奇修。

夫化者，贵能扇之以淳风，浸之以太和，被之以道德，示之以朴素。使百姓矗矗中迁于善，邪伪之心、嗜欲之性潜以消化，而不知其所以然，此之谓化也。然后教之以孝悌使民慈爱，教之以仁顺使民和睦，教之以礼义使民敬让，慈爱则不遗其亲。和睦则无怨于人，敬让则不竞于物。三者既备，则王道成矣！此之谓教也。（此文节录西魏文帝大统十一年大行台度支尚书苏绰上疏）

《历代名臣奏议·卷二十六·治道》

【译文】感化百姓，最重要的是向百姓宣扬淳厚朴实的风气，使百姓浸漫在和顺的环境之中，要向百姓施予仁爱，向百姓展示朴素的生活方式，使百姓在不知不觉中实现迁恶向善，让那些邪恶虚伪之心，贪财嗜欲之性，在不知不觉中被消化掉。至此，百姓仍然不知道到底是怎么回事，是怎么变成这个样子的，这就是所谓的化育。然后再教育百姓要行孝悌，使百姓做到慈爱，教百姓要行仁爱顺从，使百姓做到和睦，教百姓行礼义，使百姓做到敬让。百姓做到慈爱，就不会不孝敬父母，做到和睦，就不会遭人怨恨，做到敬让，就不会沉溺于利益的争夺。如能做到这三者，王道政治就能实现。这就是所谓的教。

后魏孝文帝时秘书令李彪上封事①曰：

礼云：臣有大丧，君三年不呼其门。此圣人缘情制礼以终孝子之情也。……至（汉）宣帝，人当从军屯者，遭大父母、父母死，未满三月皆弗徭役。其朝臣丧制，未有定闻。至后汉元初（汉安帝年号）中，大臣有重忧，始得去官终服。暨魏武孙刘之世日寻干戈，前世礼制复废不行。晋时，鸿胪郑默丧亲，固请终服，武帝感其孝诚，遂着令以为常。圣魏之初，拔乱反正，未遑建终丧之制。今四方无虞百姓安逸，诚是孝慈道洽礼教兴行之日也。然愚臣所怀窃有未尽，伏见朝臣丁大忧者，假满赴职，衣锦乘轩，从郊庙之祀，鸣玉垂绶，同节庆之燕，伤人子之道，亏天地之经。愚谓如有遭父母丧者，皆得终服。若无其人有旷官者，则优旨慰喻，起令视事。但综理所司出纳敷奏而已。国之吉庆，一令无预，其军戎之警，墨绶②从役，虽愆于礼，事所宜行也。

帝览而善之，寻皆施行。

《历代名臣奏议·卷一百二十二·礼乐·丧礼》

【简注】①上封事：古代臣下上书言事时，将奏章用皂囊缄封呈进，以防泄露，谓之"上封事"。　②墨绶：结在印钮上的黑色丝带。《汉书·百官公卿表上》："县令、长，皆秦官，掌治其县。万户以上为令，秩千石至六百石；减万户为长，秩五百石至三百石……秩比六百石以上，皆铜印黑绶。"《后汉书·蔡邕传》："墨绶长吏，职典理人。"后以"墨绶"作为县官及其职权的象征。

【译文】后魏孝文帝时秘书令李彪上封事说：

《礼》云："臣子遇上父母之丧，君王三年之内不能召唤他出门做事。"这是圣人依据人情制定的礼仪，以成全孝子对父母的感情。……到汉宣帝时，朝廷规定，人应当服役军屯的，如遇到祖父母、父母的丧事，未满三月的，不用服徭役。而对于朝臣的服丧制度则未有明确规定。到后汉安帝元初年间，规定朝臣只有遭遇重忧时，才能离职去服丧。等到魏武、孙、刘时期，国家处于割据混战，前世传下来的礼制都被废止不行。晋时，鸿胪郑默遭遇父母丧事，坚决请求离职服丧。晋武帝深为其孝心所感动，同意了他的请求，并下令以此为常法。在我们大魏初期，国家处于拨乱反正之中，局面混乱，还没来得及创建丧礼。而现今四方无事，百姓生活安逸，自然到了应该推行孝慈之道、兴发礼教的时候了。当然，我的见闻或有不足，仍发现当今朝臣丁忧假满后，就立即换上华服乘坐好车，参与郊庙祭祀时，就佩玉戴冠，如同参加节庆的宴会。这些行为都是在伤害为人子的孝道，亏欠天地间的大道。我建议，如有朝臣遭遇父母丧事，都应该服完丧才能回到职位。若是实在没有合适的替代者而需要留职的，君王应该下旨慰问，命令他继续做事，但他们只要完成自己的职责，做好上传下达的工作即可，参与的活动应该有所节制。国家的节庆吉事，他们都不能参加。如遇军事危急时刻，他们需要服役，此举虽有违礼制要求，却是便宜行事，是可以的。

孝文帝览阅后，十分赞同，不久就加以施行。

三、释家

《佛说进学经》一则

南北朝时南朝高僧沮渠京声译。沮渠京声（？—约464），先祖为甘肃天水临城匈奴人，幼时即受五戒，少年时西度流沙至于阗向印度著名学者佛陀斯那请教道义。回河西后，得《观世音》《弥勒》各一卷，译出《禅要》。后居于南朝刘宋钟山定林上寺等寺院译经。《开无释教录》中记载沮渠京声译经二十八部，二十八卷。

佛告诸比丘："有四雅行，智者常遵，丈夫所修，达士①恒奉，不才愚夫所不好乐。何等为四？孝事父母，悦色养足；守仁行慈，终始不杀；惠施济乏，未曾吝逆；遭值圣世，捐荣履道。是四道，是四雅行。智者所遵，丈夫所修，达士恒奉，不才愚夫所不好乐。"

《佛说进学经》

【简注】①达士：心胸豁达的人，通达事理的人，不同凡俗的人。

【译文】佛对比丘说："世间有四种雅行，具有智慧的人要常遵其行，世间的男子要修持，通达事理的人要用恒心去奉行，只有那些愚夫愚妇不好奉行。是哪四种雅行呢？其一是要孝敬、侍奉父母，要和颜悦色地奉养他们；其二是要守持信仁德，常具慈悲之心，终生不要杀生；其三是要惠施众生济困救乏，不要有吝啬、背逆的行为；其四是处于盛世之时，要捐弃荣华履行大道。这是四种道行，也是四种雅行，对于智者来说是要遵行的，对于世间的男子来说是要修持的，对于通达事理的人来说是要用恒心去奉行的，只有那些愚夫愚妇不好行此道。"

《佛说父母恩重难报经》一则

南北朝时姚秦高僧鸠摩罗什译。鸠摩罗什（344—413），音译为鸠摩罗耆婆，又可作鸠摩罗什婆，简称罗什，南北朝时后（姚）秦高僧。原籍天竺，生于西域龟兹国。自幼习学小乘，后又遍习大乘，精于梵文、汉文。公元383年被前秦大将吕光破龟兹时所俘，后秦姚兴时被迎至长安，始译经文。共译《摩诃般若波罗蜜多心经》《妙法莲华经》《维摩诘经》《佛说阿弥陀经》《金刚经》等七十四部，三百八十四卷。与南北朝时高僧真谛、唐代高僧玄奘并称为中国佛教三大翻译家。

如是我闻，一时佛在舍卫国只树给孤独园，与大比丘二千五百人，菩萨摩诃萨三万八千人俱。

尔时，世尊引领大众，直往南行，忽见路边聚骨一堆。尔时，如来向彼枯骨，五体投地，恭敬礼拜。

阿难合掌白言："世尊！如来是三界大师，四生慈父，众人归敬，以何因缘，礼拜枯骨？"

佛告阿难："汝等虽是吾上首弟子，出家日久，知事未广。此一堆枯骨，或是我前世祖先，多生父母。以是因缘，我今礼拜。"

佛告阿难："汝今将此一堆枯骨分做二分，若是男骨，色白且重；若是女骨，色黑且轻。"

阿难白言："世尊，男人在世，衫带鞋帽，装束严好，一望知为男子之身。女人在世，多涂脂粉，或薰兰麝，如是装饰，即得知是女流之身。而今死侯，白骨一般，教弟子等，如何认得。"

佛告阿难："若是男子，在世之时，入于伽蓝，听讲经律，礼拜三宝，念佛名号；所以其骨，色白且重。世间女人，短于智力，易溺于情，生男育女，认为天职；每生一孩，赖乳养命，乳由血变，每孩饮母八斛四斗甚多白乳，所以憔悴，骨现黑色，其量亦轻。"

阿难闻语，痛割于心，垂泪悲泣，白言："世尊！母之恩德，云何报答？"

佛告阿难：

"汝今谛听，我当为汝，分别解说：母胎怀子，凡经十月，甚为辛苦。在母胎时，第一月中，如草上珠，朝不保暮，晨聚将来，午消散去。母怀胎时，第二月中，恰如凝酥。母怀胎时，第三月中，犹如凝血。母怀胎时，第四月中，稍作人形。母怀胎时，第五月中，儿在母腹，生有五胞。何者为五？头为一胞，两肘两膝，各为一胞，共成五胞。母怀胎时，第六月中，儿在母腹，六精齐开，何者为六？眼为一精，耳为二精，鼻为三精，口为四精，舌为五精，意为六精。母怀胎时，第七月中，儿在母腹，生成骨节，三百六十，及生毛乳，八万四千。母怀胎时，第八月中，生出意智，以及九窍。母怀胎时，第九月中，儿在母腹，吸收食物，所出各质，桃梨蒜果，五谷精华。其母身中，生脏向下，熟脏向上，喻如地面，有山耸出，山有三名，一号须弥，二号业山，三号血山。此设喻山，一度崩来，化为一条，母血凝成胎儿食料。母怀胎时，第十月中，孩儿全体一一完成，方乃降生。若是决为孝顺之子，擎拳合掌，安详出生，不损伤母，母无所苦。倘儿决为五逆之子，破损母胎，扯母心肝，踏母跨骨，如千刀搅，又仿佛似万刃攒心。如斯重苦，出生此儿，更分晰言，尚有十恩：

第一，怀胎守护恩；第二，临产受苦恩；第三，生子忘忧恩；第四，咽苦吐甘恩；第五，回干就湿恩；第六，哺乳养育恩；第七，洗濯不净恩；第八，远行忆念恩；第九，深加体恤恩；第十，究竟怜愍恩。

第一，怀胎守护恩。颂曰：'累劫因缘重，今来托母胎，月逾生五脏，七七六精开。体重如山岳，动止劫风灾，罗衣都不挂，装镜惹尘埃。'

第二，临产受苦恩。颂曰：'怀经十个月，难产将欲临，朝朝如重病，日日似昏沈。

难将惶怖述，愁泪满胸襟，含悲告亲族，惟惧死来侵。'

第三，生子忘忧恩。颂曰：'慈母生儿日，五脏总张开，身心俱闷绝，血流似屠羊。生已闻儿健，欢喜倍加常，喜定悲还至，痛苦彻心肠。'

第四，咽苦吐甘恩。颂曰：'父母恩深重，顾怜没失时，吐甘无稍息，咽苦不颦眉。爱重情难忍，恩深复倍悲，但令孩儿饱，慈母不辞饥。'

第五，回干就湿恩。颂曰：'母愿身投湿，将儿移就干，两乳充饥渴，罗袖掩风寒。恩怜恒废枕，宠弄才能欢，但令孩儿稳，慈母不求安。'

第六，哺乳养育恩。颂曰：'慈母像大地，严父配于天，覆载恩同等，父娘恩亦然。不憎无怒目，不嫌手足挛，诞腹亲生子，终日惜兼怜。'

第七，洗涤不净恩。颂曰：'本是芙蓉质，精神健且丰，眉分新柳碧，脸色夺莲红。恩深摧玉貌，洗濯损盘龙，只为怜男女，慈母改颜容。'

第八，远行忆念恩。颂曰：'死别诚难忍，生离实亦伤，子出关山外，母忆在他乡。日夜心相随，流泪数千行，如猿泣爱子，寸寸断肝肠。'

第九，深加体恤恩。颂曰：'父母恩情重，恩深报实难，子苦愿代受，儿

劳母不安。闻道远行去，怜儿夜卧寒，男女暂辛苦，长使母心酸。'

第十，究竟怜愍恩。颂曰：'父母恩深重，恩怜无歇时，起坐心相逐，近遥意与随。母年一百岁，长忧八十儿，欲知恩爱断，命尽始分离。'"

佛告阿难："我观众生，虽绍人品，心行愚蒙，不思爹娘，有大恩德，不生恭敬，忘恩背义，无有仁慈，不孝不顺。阿娘怀子，十月之中，起坐不安，如擎重担，饮食不下，如长病人。月满生时，受诸痛苦，须臾产出，恐已无常，如杀猪羊，血流遍地。受如是苦，生得儿身，咽苦吐甘，抱持养育，洗濯不净，不惮劬劳，忍寒忍热，不辞辛苦，干处儿卧，湿处母眠。三年之中，饮母白血，婴孩童子，乃至成年，教导礼义，婚嫁营谋，备求资业，携荷艰辛，懃苦百倍，不言恩惠。

男女有病，父母惊忧，忧极生病，视同常事。子若病除，母病方愈。如斯养育，愿早成人。及其长成，反为不孝。尊亲与言，不知顺从，应对无礼，恶眼相视。

欺凌伯叔，打骂兄弟，毁辱亲情，无有礼义。虽曾从学，不遵范训，父母教令，多不依从，兄弟共言，每相违戾。出入来往，不启尊堂，言行高傲，擅意为事。父母训罚，伯叔语非，童幼怜愍，尊人遮护，渐渐成长，狠戾不调，不伏亏违，反生瞋恨。弃诸亲友，朋附恶人，习久成性，认非为是。或被人诱，逃往他乡，违背爹娘，离家别眷。或因经纪，或为政行，茌苒因循，便为婚娶，由斯留碍，久不还家。或在他乡，不能谨慎，被人谋害，横事钩牵，枉被刑责，牢狱枷锁。或遭病患，厄难萦缠，囚苦饥赢，无人看待，被人嫌贱，委弃街衢。因此命终，无人救治，膨胀烂坏，日暴风吹，白骨飘零。寄他乡土，便与亲族，欢会长乖，违背慈恩，不知二老，永怀忧念，或因啼泣，眼暗目盲；或因悲哀，气咽成病；或缘忆子，衰变死亡，作鬼抱魂，不曾割舍。

或复闻子，不崇学业，朋逐异端，无赖粗顽，好习无益，斗打窃盗，触犯乡闾，饮酒樗蒲，奸非过失，带累兄弟，恼乱爹娘，晨去暮还，不问尊亲，动止寒温，晦朔朝暮，永乖扶侍，安床荐枕，并不知闻，参问起居，从此间断，父母年迈，形貌衰赢，羞耻见人，忍受欺抑。

或有父孤母寡，独守空堂，犹若客人，寄居他舍，寒冻饥渴，曾不知闻。昼夜常啼，自嗟自叹，应奉甘旨，供养尊亲。若辈妄人，了无是事，每作羞惭，畏人怪笑。

或持财食，供养妻儿，忘厥疲劳，无避羞耻；妻妾约束，每事依从，尊长瞋呵，全无畏惧。

或复是女，适配他人，未嫁之时，咸皆孝顺；婚嫁已讫，不孝遂增。父母微瞋，即生怨恨；夫婿打骂，忍受甘心，异姓他宗，情深眷重，自家骨肉，却以为疏。或随夫婿，外郡他乡，离别爹娘，无心恋慕，断绝消息，音信不通，遂使爹娘，悬肠挂肚，刻不能安，宛若倒悬，每思见面，如渴思浆，慈念后人，无有休息。

父母恩德，无量无边，不孝之愆，卒难陈报。”

尔时，大众闻佛所说父母重恩，举身投地，搥胸自扑，身毛孔中，悉皆流血，闷绝躄地，良久乃苏，高声唱言：“苦哉！苦哉！痛哉，痛哉！我等今者深是罪人，从来未觉，冥若夜游，今悟知非，心胆俱碎，惟愿世尊哀愍救援，云何报得父母深恩？”

尔时，如来即以八种深重梵音，告诸大众：“汝等当知，我今为汝分别解说：假使有人，左肩担父，右肩担母，研皮至骨，穿骨至髓，绕须弥山，经百千劫，血流决踝，犹不能报父母深恩；假使有人，遭饥馑劫，为于爹娘，尽其己身，脔割碎坏，犹如微尘，经百千劫，犹不能报父母深恩；假使有人，为于爹娘，手执利刀，剜其眼睛，献于如来，经百千劫，犹不能报父母深恩；假使有人，为于爹娘，亦以利刀，割其心肝，血流遍地，不辞痛苦，经百千劫，犹不能报父母深恩；假使有人，为于爹娘，百千刀戟，一时刺身，于自身中，左右出入，经百千劫，犹不能报父母深恩；假使有人，为于爹娘，打骨出髓，经百千劫，犹不能报父母深恩；假使有人，为于爹娘，吞热铁丸，经百千劫，遍身焦烂，犹不能报父母深恩。”

尔时，大众闻佛所说父母恩德，垂泪悲泣，痛割于心，谛思无计，同发声言，深生惭愧，共白佛言：“世尊！我等今者深是罪人，云何报得父母深恩？”

佛告弟子：“欲得报恩，为于父母书写此经，为于父母读诵此经，为于父母忏悔罪愆，为于父母供养三宝，为于父母受持斋戒，为于父母布施修福，若能如是，则得名为孝顺之子；不做此行，是地狱人。”

佛告阿难：“不孝之人，身坏命终，堕于阿鼻无间地狱。此大地狱，纵广八万由旬，四面铁城，周围罗网。其地亦铁，盛火洞然，猛烈火烧，雷奔电烁。烊铜铁汁，浇灌罪人，铜狗铁蛇，恒吐烟火，焚烧煮炙，脂膏焦燃，苦痛哀哉，难堪难忍，钩竿枪槊，铁锵铁串，铁槌铁戟，剑树刀轮，如雨如云，空中而下，或斩或刺，苦罚罪人，历劫受殃，无时暂歇，又令更入余诸地狱，头戴火盆，铁车碾身，纵横驶过，肠肚分裂，骨肉焦烂，一日之中，千生万死。受如是苦，皆因前身五逆不孝，故获斯罪。"

尔时，大众闻佛所说父母恩德，垂泪悲泣，告于如来："我等今者，云何报得父母深恩？"

佛告弟子："欲得报恩，为于父母造此经典，是真报得父母恩也。能造一卷，得见一佛；能造十卷，得见十佛；能造百卷，得见百佛；能造千卷，得见千佛；能造万卷，得见万佛。是等善人，造经力故，是诸佛等，常来慈护，立使其人，生身父母，得生天上，受诸快乐，离地狱苦。

尔时，阿难及诸大众、阿修罗①、迦楼罗②、紧那罗③、摩侯罗伽④、人、非人等、天、龙、夜叉、乾闼婆⑤及诸小王，转轮圣王，是诸大众闻佛所言，身毛皆竖，悲泣哽咽，不能自裁，各发愿言：我等从今尽未来际，宁碎此身犹如微尘，经百千劫，誓不违于如来圣教；宁以铁钩拔出其舌，长有由旬，铁犁耕之，血流成河，经百千劫，誓不违于如来圣教；宁以百千刀轮，于自身中，自由出入，誓不违于如来圣教；宁以铁网周匝缠身，经百千劫，誓不违于如来圣教；宁以锉碓斩碎其身，百千万段，皮肉筋骨悉皆零落，经百千劫，终不违于如来圣教。"

尔时，阿难从于坐中安详而起，白佛言："世尊，此经当何名之？云何奉持？"

佛告阿难："此经名为《父母恩重难报经》，以是名字，汝当奉持！"

尔时，大众、天人、阿修罗等，闻佛所说，皆大欢喜，信受奉行，作礼而退。

《佛说父母恩重难报经》

【简注】①阿修罗：梵语译文为"非天"，意为"果报"，佛教六道之一，也是佛教护法神之一。　②迦楼罗：佛教和印度神话传说中的神鸟，佛教八部众之一。　③紧那罗：又名"乐天"，是佛教护法八部众之一。　④摩侯罗伽：梵语译文为地龙、大蟒神。佛教护法八部众之一。　⑤乾闼婆：印度神话中的半人半神的乐师，东方的守护神，也是观音二十八部众之一。

【译文】有一天，释迦牟尼佛在舍卫国的孤独园里的一株大树下说法，在场的有佛陀的常随弟子，出家的僧众有两千五百人，这些人与大菩萨摩诃萨三万八千人在一起听法。

这时，世尊引导并带领大众弟子，一直往南方行走，忽然看见路边聚集枯骨一堆。那时候，如来就对那些枯骨行大礼，以五体投地的方式，恭恭敬敬地顶礼膜拜。

阿难尊者合掌向佛陀禀告说："世上最尊贵的圣者！您是世间欲界、色界、无色界这三界里的大导师，是母胎、蛋卵、潮湿、变化（胎、卵、湿、化）四类众生的慈父，是世间众人所皈依敬仰的圣者，是出于什么因缘，世尊您竟然顶礼膜拜这些枯骨呢？"

佛陀告诉阿难尊者说："你们虽然是我的上座首要弟子，出家修行的时日也很久了，但是所知道的事情还未广博。这一堆枯骨，或者是我前世祖先的骨骸，或者是多生累世父母的遗骸。出于这个缘故，我今天才对着它们顶礼膜拜。"

佛陀又告诉阿难尊者说："你现今就将这一堆枯骨分为二份，如果是男人的骨骸，颜色会比较白而且比较重；如果是女人的骨骸，颜色则会比较黑而且比较轻。"

阿难尊者禀白佛陀说："世尊！男人活着的时候，身上的衫裤、腰带、鞋子、帽子等，装束严整完好，一望就知道是一位男子汉的身份；女人活着的时候，大多涂脂抹粉，或是熏染兰香麝香，像这样的装饰打扮，立即就能够知道那是女子的身份。而现今他们死了以后，男女白骨都是一种样子，你教我们弟子等如何认得出是男是女呢？"

佛陀告诉阿难尊者说："如果是男子，在世的时候，大多进出伽蓝佛寺，听讲佛经戒律，礼拜佛陀、佛法、僧众三宝，口念佛的名号，所以他的骨骸颜色比较白而且比较重；世间的女人，大多短缺理智与脑力，容易沉溺于感情之中，把生男育女的事情，当作是她的天赋职责。每生一个小孩，都要依赖母乳来养活这婴孩的生命，乳汁是由血液变成的，每一个小孩都吸吮了母体中比八斛四斗还要多的白乳，所以母体憔悴消瘦，死后骨骸现出黑色，它的重量也比较轻。"

阿难尊者听闻了佛陀的话，心里痛楚得有如刀割一般，垂下眼泪悲伤哭泣地禀白佛陀说："世尊呀！母亲的大恩大德，应该怎样才能报答呢？"

佛陀告诉阿难尊者说：

你现在仔细听着，我会为你们分别说明清楚：母亲怀胎，多数要经过十个月，是很辛苦的。胎儿在母腹的时候，第一个月里，就像草上的露珠，清早出现，不一定能够保存到晚上；早晨聚集而来，中午就消失散去。母亲怀胎的时候，到第二个月，恰如凝聚的酥油。母亲怀胎的时候，在第三个月，胎儿犹如凝聚的血团。母亲怀胎的时候，到第四个月，胎儿稍微长成人形。母亲怀胎的时候，到第五个月，胎儿在母亲腹里，已经生成有五部分的胞体，是哪五部分呢？就是头为一种胞体，两只手肘和两条腿膝各为一种胞体，一共成为五种胞体。母亲怀胎的时候，到第六个月，胎儿在母亲的腹里，六种精气都已经齐全开通。是哪六种呢？眼睛是第一种，耳朵是第二种，鼻子是第三种，口嘴是第四种，舌头是第五种，心意是第六种。母亲怀胎的时候，到第七个月，胎儿在母亲的腹里，已经生成了筋骨关节，数目三百六十，并且生长毛孔，数目约在八万四千。母亲怀胎的时候，到第八个月，胎儿就生成意识脑智，以及两个瞳孔、两个耳孔、两个鼻孔、一个口腔、尿道和肛门等九个窍孔。母亲怀胎的时候，到第九个月，胎儿在母亲的腹里，已经能够吸收食物，所吸收的都是出自各种物质，像桃子、梨子、葱蒜、水果、五谷等的精华。在母亲的身体里，生脏向下面，熟脏向上面，譬如在地面上，有山耸然突出，山有三个名号，第一个名号叫作须弥山，第二个名号叫作业山，第三个名号叫作血山。这些譬喻的山，一次崩塌下来，就化为一条，母亲体内的血就凝集成了胎儿的食物。母亲怀胎的时候，到第十个月，孩儿的全部器官肢体都一一生长完成，方才降生下来。如果是决定作为孝顺的孩子，出胎的时候会擎起拳头做合拢手掌的状态，而安祥顺利地出生，不会损伤母亲的身体，母亲没有太大痛苦。如果这孩儿决定做五逆不孝的孩子，出胎的时候就会破坏损伤母亲的胎腹，双手抓扯母亲的心肝五脏，双脚踏踢母亲的胯下骨，使母亲痛苦得像千把刀在搅动宰割，又仿佛万把利刃集中刺进母亲的心。像这样受尽极大的痛苦，才出胎生下这孩儿。如果更进一步分类明白地说，母亲还有十大恩德。

第一是母亲怀胎的时候对胎儿守卫爱护的恩德；第二是临盆生产受尽苦楚的恩德；第三是生下孩子就忘记所有痛苦的恩德；第四是自己咽下苦涩，吐出甘甜给予爱儿的恩德；第五是回施干净给予孩儿而自己将就污湿的恩德；第六是哺喂乳奶和抚养教育的恩德；第七是替孩儿洗濯屎尿不净的恩德；第八是孩儿外出远行，慈母在家挂心忆念的恩德；第九是对孩儿深深加以体谅抚恤的恩德；第十是终生直到永远都没有穷尽对孩儿怜爱愍念的恩德。

第一，怀胎时守卫爱护的恩德。偈颂说："累世长劫造因结缘深重，今生才来寄托母亲怀胎；一个月又一个月逾过才生五脏，再过七个七天六精才开。胎儿体重压力就像山岳，胎一动一止像坏劫风灾；母为胎儿罗衣都不想穿挂，化妆镜台也惹盖了尘埃。"

第二，临盆生产受苦楚的恩德。偈颂说："母亲怀胎经过满十个月，苦难的生产即将要来临；早晨起床就像生了重病，天天神情闷重好似昏沉。难将惶恐怖畏心情诉述，哀愁眼泪流满胸前衣襟；语调含悲告诉亲族家人，唯独惧怕死神夺儿来侵。"

第三，生了儿子忘记忧苦的恩德。偈颂说："当慈母生产儿子的日子，五脏总像要破裂撕开；身体心神几乎要闷绝欲死，鲜血直流好似屠宰猪羊。生下以后听闻爱儿安健的声音，心情欢喜更是加倍于往常；欢喜暂歇然而悲痛又到，难忍的痛苦又在贯穿心肠。"

第四，咽下苦味吐出甘甜给予爱儿的恩德。偈颂说："父母恩德高深且又重大，照顾怜爱子女从不疏忽失时；吐甘喂儿没有稍作停息，自己咽下苦涩从不皱眉。爱重为儿女心情愁苦难忍，恩情深厚忧心子女又加倍伤悲；但望能令孩儿吃饱满足，慈母甘愿挨饿受饥。"

第五，回儿于干净自己就湿的恩德。偈颂说："母亲甘愿自身投于污湿，而将爱儿移就到既干且净的地方；两个母乳专为儿充饥充渴，用轻罗衣袖为儿女摭掩风寒。恩爱怜惜常常废枕不眠，宠爱逗弄才能感到心欢；但愿能令孩儿获得安稳，慈母总不为己寻求平安。"

第六，哺喂乳奶抚养教育的恩德。偈颂说："慈母让儿依靠就像大地，严父养育儿女可配于天；天覆地载养育万物的恩情相同，父母养儿恩德也是一样。不厌子女丑陋更无怨恨怒目，不弃孩儿手足罹患痉挛，对从母腹诞生亲生子女，好坏都是整天珍惜爱怜。"

第七，洗濯孩儿屎尿不净的恩德。偈颂说："母体本来就像荷花芙蓉一般洁净，精神气色原本健壮且丰；两眉分开就像新柳翠碧，红颜脸色胜夺莲花粉红。对儿女的恩爱深深摧残母亲的玉貌，洗濯不净损伤了手中五龙，只为怜爱男孩以及女儿，慈母手粗脸皱改变颜容。"

第八，儿女远行深重忆念的恩德。偈颂说："与子女死亡永别母心实在难忍，生离着实亦感悲伤；儿子远行渡出关隘山之外，母忆挂念担心遥远他乡。母心日夜相随离家的游子，其心担忧流泪已数千行；如同猿猴哭泣离别爱子，伤心难过寸寸哭断肝肠。"

第九，深加体贴和抚恤的恩德。偈颂说："父母对儿恩情极其重大，恩德深重报恩实在困难；子受苦难父母愿代替受，孩儿辛劳母心疼惜不安。听闻子女就要远行出去，怜爱儿心夜卧深觉孤寒；男孩女孩短暂受到辛苦，都会长时间使得父母心酸。"

第十，究竟无穷怜愍的恩德。偈颂说："父母恩德高深且又重大，给儿恩惠怜爱无停歇时；起立坐下母心都相跟相逐，接近或是遥远总是挂念共随。老母年龄即使已一百岁，仍然常常担忧八十岁的儿女；想知道母亲对儿女的恩爱何时断绝，只有生命走到了尽头没有了恩爱心才会分离。"

佛陀又告诉阿难尊者说："我观察到世间众生，许多人虽然传承了作为人子的品格，良心善行却受愚痴蒙蔽，不思念父母爹娘，生育儿女对自己有大恩德，心中产生不了对父母恭敬的心，忘记了父母的恩德又违背了人子的道义，没有仁爱慈悲的心肠，忤逆不孝不顺从父母。做母亲的怀孕生子，在十月怀胎期间，起立坐下都感到不安，像擎负着重担，三餐饮食也吃不下，就像患了长期疾病的人。十月期满临盆生产的时候，受尽诸般的痛苦，在片刻间已产出婴儿，心又恐惧无常死神又要来侵夺。这时就像宰杀了猪羊，母体血流遍满地面。受了这样的苦楚，才生产得到孩儿身体，从此自己吞咽苦涩而吐出甘味来喂食爱儿，怀抱扶持养育婴儿。为儿洗濯屎尿等不干净的秽物，不惮畏辛劳。自己忍受着寒冷忍受着炎热，不推辞任何辛苦。干净的地方让爱儿睡卧，尿湿污秽的地方慈母自己躺着睡眠。哺乳喂奶的三年期间，孩子都是喝饮母体白色鲜血的乳汁。将子女从婴孩抚养成少年童子，乃至成年壮大，教导子女处世的礼节义理，为儿女完成婚姻嫁娶，帮助孩子经营事业谋生，多方谋求资财和业务，提携子女并荷负重担是非常艰难辛苦，虽然自己宁愿殷勤受苦几百倍，也不说起自己对儿女的恩惠。

男孩女孩有了病，父母心里就惊慌担忧，常为儿女担忧至极而生病，却把自己的病视同很平常的事情。子女如果病患去除身体渐好，父母因为担忧所引起的病才会痊愈。像这样辛苦的养育，但愿儿女早日长大成人。可是有些儿女等到他们长大成人，不但不报答父母恩德反而忤逆不孝，本应受到尊敬的父母双亲对他说话，都不知道应该顺从父母的意思，面对父母应答对话毫无礼貌，甚至用凶恶的眼光相向仇视。

有些人在家族中欺负凌辱上辈的伯父叔父，打骂同胞的兄弟，毁伤侮辱亲族情谊，言行丝毫没有礼貌仁义。虽然曾经跟从老师读书学习，可是不遵守道德规范、老师训诲，父母的教训命令，多不依从去做；兄弟共同劝勉，却每每相互违逆敌对；出外入内朋友来往，都不会启禀告知父母。言语行为自傲自大，擅出主意胡作非为。（有些父母教育子女，子女）从小做了错事，应受父母教训处罚，或伯父叔父说他的不对，由于孩童年幼使人怜爱愍惜，长辈们就遮掩袒护他，孩子渐渐成年长大，变得凶狠暴戾而不能调伏，不承认自己所犯下的亏心违法的罪行，反而心生瞋怒怨恨，弃绝那些亲人益友，而去交结依附歹徒恶人，习惯久了成了恶性，颠倒是非认为非法犯罪才是对的。有的人或者被人拐骗诱惑，逃往遥远的他乡，背弃自己的爹娘而不顾，离了家人别了眷属。或者因为经商买卖，或为官府政事远行，时光荏苒而过因循耽误未归，便不经父母同意在外结婚娶妻，于是就这样停留在外阻碍归程，长久不能回家照顾父母。或在他乡异国，自己不能够小心谨慎，被坏人用计谋陷害，横祸官事钩缠牵连，被官府冤枉而用刑责罚，或被关入牢狱用木枷套住颈项，用手铐脚镣锁住手脚。或遭遇疾病祸患，被灾厄苦难萦系缠身，成了囚犯被人拘禁受苦饥饿消瘦羸弱，没有亲人看顾招待，被人嫌弃秽贱，抛弃于街头道路。因此直到命终气绝，都没有亲人去救助治疗，而且死在野外，身体膨胀臭烂腐坏，一直受到太阳暴晒雨打风吹，终于白骨飘零没有人收埋，寄魂他乡异土，便和亲人家族永远长别乖违，而且违背辜负父母慈爱养育的恩德和寄望。在外的游子不知道父母二位老人在家，对游子永远怀着担忧和思念。父母或因思念子女长期啼哭悲泣，眼睛渐暗而目盲失明；或因伤心悲哀过度，闷气呜咽而成疾病；或缘于忆念爱子，万念俱灰无心事业，从而家道衰落导致灾变而死亡，虽然死了做鬼，但仍然不曾割断舍弃爱儿之心。

父母或又听闻儿子，不崇尚学问事业，追随坏朋友惹生异端，成了无赖的游民，粗野顽劣，喜好学习有害无益的坏事，整天斗殴、打架、偷窃或做抢劫的强盗，触恼侵犯乡里百姓，饮酒赌博，作奸犯科为非作歹，犯了很多罪恶过失，连带拖累了同胞兄弟，恼怒扰乱了父母的心。早晨出去游荡，暮晚半夜才归还，从不关心过问父母双亲的起居、行动或寒冻温暖。月尾月初朝晨暮晚，永远乖违了作为人子扶持侍奉年老双亲的义务。父母安眠的床铺草席枕头，也都不去过问、不知关怀，进而不再去参谒问候父母的饮食起居，关心、孝敬从此间断消失。父母年迈老病，形体容貌衰老，消瘦羸弱，家中出了不孝子女，父母羞耻不敢出门见人，而忍受着旁人的耻笑指责与欺负。

或者有的母亲已死父独居，或父已死母孤单，孤独寂寞地守着空堂冷室，在子女家中，子女对他犹如不认识的外来客人，寄居在别人的屋舍，受着寒冷冰冻饥饿口渴，儿女都不曾去听闻，不去过问。可怜的老人在白天夜晚常常悲伤啼哭，自己感慨命不好而独自叹息。儿女本应奉上甘旨美味，供给侍养父母双亲，可是像这种妄动不孝的人，到头终了却没做半件孝顺事。父母为此每每想起就羞耻惭愧而感叹，羞于别人责怪耻笑而不敢见人。

有的子女拿着钱财美食，只想着供给养育自己的妻子儿女，忘了父母的疲倦辛劳，冷落了父母，没有畏避被人羞骂耻笑不孝的心。妻子美妾所约束的话，大小每一件事情都必定依照顺从；而对父母或长辈的瞋怒呵责，完全没有一点儿畏惧、尊重之心。

或者又有女儿，嫁到夫家，在还未嫁出去的时候，都很孝顺亲生父母；结婚嫁出去以后，不孝之心逐日增加。父母稍微瞋怒责骂，女儿心里即刻产生怨恨；她的丈夫再怎么打骂她，她都能甘心忍受。对丈夫家不同姓氏的别家宗亲，眷属情爱深重，而对自己的亲生父母，却疏远忘掉。有的女儿或跟随她的夫婿，住到遥远的外郡他乡，离别了亲生的父母，却毫不依恋思慕亲生父母，从此断绝了消息，一点儿音信都不通报。遂使父母爹娘，日夜思念而牵肠挂肚，每一时刻都不能够安下心来，那日子的难过就像身体被颠倒悬挂着。每天思念想要见面，就像喉咙干渴在思念水浆。父母慈心思念儿女，永远没有休止。父母的大恩大德，无法计量没有边际；儿女不孝的罪愆，最终都很难陈述报告得了。

那时候，大众弟子听闻了佛陀所说的父母的深重恩德，感动得全身投伏地面，有的用手搥打着胸部自己扑打自责，身体的毛孔里，都流出了鲜血，闷绝晕倒于地，脚跛不能行动，过了很久才苏醒，于是高声喊叫说："苦恼呀！苦恼呀！痛心呀！痛心呀！我们今天都是罪孽深重的人了！从来未曾发觉父母恩德，心里愚暗得像一个夜游的人；今天才觉悟、知道了过去不孝的错误，痛苦难过得心脏肝胆都要碎裂。唯一的祈愿是请世尊哀怜愍念拯救援助我们，指示我们怎样才能报答父母深重的恩德呢？"

这时候，如来就用极好的声音、柔美的声音、和气安适的声音、尊贵智慧的声音、不带女人音的声音、不误言的声音、深远洪亮的声音、不哑竭的声音等八种佛所证得深远隆重的清净梵音，告诉诸位大众弟子说："你们应当知道，我今天就为你们分门别类来解说：假使有一个人，左边的肩膀上挑着父亲，右边的肩膀上又挑着母亲，两肩重担研破皮肉以至见骨，甚至磨穿肩骨见到骨髓，绕着须弥山行走，这样经过几百几千个长劫时间，即使血流满地，淹没了脚跟足踝，还是不能报答父母深重的恩德。如果有一个人，遭遇荒年受着饥馑挨饿的灾劫，唯恐父母饿死，将自己全身切割成碎块的肉酱，就像微细尘埃那么细碎来让父母充饥，像这样经过几百几千个长劫时间，还是不能报答父母深重的恩德。如果有一个人，想要布施供佛为父母求福添寿，手里执着锐利的刀剑，剜挖自己的眼睛，奉献给如来，生生世世都这样做，经过了几百几千个长劫时间，还是不能报答父母深重的恩德。如果有一个人，为了自己的父母，也用锐利的刀刃割下他自己的心脏肝脏，血流满地，都不会畏怯推辞痛苦，生生世世都这样做，经过了几百几千个长劫时间，还是不能报答父母深重的恩德。如果有一个人，为了自己的父母，受到百千把刀剑或枪戟，同一时刻刺进身体，并在自己的身体里，从左右两边出入刺杀，这样经过几百几千个长劫时间，还是不能报答父母深重的恩德。如果有一个人，为了自己的父母爹娘，打断筋骨流出骨髓，生生世世都这样做，经过几百几千个长劫时间，还是不能报答父母深重的恩德。如果有一个人，为了自己的父母，吞下烧热的铁丸，经过几百几千个长劫时间，全身都烧焦腐烂，还是不能报答父母深重的恩德。"

这时候，大众弟子听闻了佛陀所说的父母的大恩大德，都垂下眼泪悲伤地哭泣，痛心疾首就像利刀割心。详细思考都想不出报答父母深恩的好计策，于是共同发出声音说不出话，心里深深地生起惭愧心，大家共同禀白佛陀说："世上最尊的圣者！我们今天都是不孝之人、罪行很深的人，究竟要怎样才能报答父母深重的恩德呢？"

佛陀告诉弟子们说："想要报答父母的深恩，应该为自己的父母书写这一本经典，为父母诵读这一本经典，在佛前为父母忏悔一切罪愆，为父母去佛寺奉献供养代表佛教的佛陀、佛法、僧众等三宝，为父母皈依素食持斋受戒，为父母布施行善救济孤苦贫困，以修增父母福寿。如果能够像这样去做，就可以叫作孝顺的子女；不做这些善行的人，就是不孝子，将来必定是堕入地狱的人。"

佛陀告诉阿难尊者说："忤逆不孝父母的人，命终体坏时，就堕入阿鼻无间地狱去饱受苦刑。这一个大地狱，纵横长广有八万由旬那么大，四面围着很高的铁城，四周都围着牢固的罗网。那地面上也是铁质，盛大的猛火上下通彻地燃烧着，猛烈的火焰到处焚烧着，霹雳的雷声遍地奔跑，闪电不断地闪烁着。地狱里的夜叉鬼烊化了铜铁的红汁、浇灌着受苦刑的罪人，铜狗铁蛇不断吐出烟和火，或焚烧或煮炙着罪人，使罪人身体的脂肪膏油焦烂而燃烧起来，苦痛哀哭，难以堪当难以忍受。半空中有挂钩的大钩竿，又有尖枪长矛飞下来刺杀罪人，满狱铁声铿锵，铁器连串，铁锤和尖枪铁戟，剑树和轮刀利器，满空飞驰，多得像下雨又像云霖，由空中射下来，或用刀斩或用矛刺，苦惨地惩罚着罪人，这样经历了很多长劫的时间还在受着苦刑的灾殃，而且没有片刻可以暂时休歇。接着又令这些罪人进入其余的各种地狱继续受苦刑，或头上戴着燃烧的火盆，或用铁车碾压罪人的身体，或南北或东西纵横碾压而过，使罪人的肠肚都分开碎裂，骨头和皮肉都烧焦腐烂，在一天的时间里，就经过几千万次的苦刑，死去了，忽然经过风吹水淋而又苏醒活来。他们之所以会受到如此凄惨的苦刑，都是因为前生在世的时候犯了杀害父亲、杀害母亲、杀害阿罗汉果的圣者、破坏佛寺和合的僧众、损伤佛身使佛流血等五种大逆不道和不孝的罪行，所以获得这么重的罪苦。"

这时候，大众弟子听闻了佛陀所说的父母的大恩大德，都垂下眼泪悲伤地哭泣，请示如来说："我们现今，应该怎样做才能报答父母深重的恩德呢？"

佛陀告诉弟子们说："想要真正报答父母的大恩，最好就是为父母书写印造这一部经典，这才真正能够报答父母养育的大恩呀！能够印造这部经典一本，就能遇见一位佛；能够印造十本，就能遇见十位佛；能够印造一百本，就能遇见一百位佛；能够印造一千本，就能遇见一千位佛；能够印造一万本，就能遇见一万位佛。这些孝顺而善心的人，因为印造佛经所得功德力量的缘故，这些诸佛们，都会恒常来用慈光照护，立即使这些人和生育他们的父母，都能生到天上，享受着各种快乐而脱离地狱的罪苦。"

这时候，阿难尊者以及诸位大众弟子，乃至阿修罗、迦楼罗金翅鸟、歌神紧那罗、地龙摩侯罗伽、似人非人等、天神、龙众、夜叉鬼、乐神乾闼婆，以及诸位小国王、转轮圣王等等，广大的群众听闻了佛陀所说的话，身体的毛发都竖立起来，内心愧疚而悲伤哭泣哽咽，不能自止，于是在佛前的众人发出誓愿说："我们从今天起以至穷尽未来时世的边际，宁可粉碎这个身体就像微细尘埃那样细碎，这样经过几百几千个长劫时间，都立誓决不违背如来神圣的教诲而行不孝之事；宁可被铁钩拔出舌头，拉得有一由旬那么长，再被铁犁在舌上耕犁，鲜血流成一条河，像这样经过几百几千个长劫时间，也立誓决不违背如来神圣的教诲而行不孝之事；宁可被几百几千个转动的刀轮，在自己的身体中自由出入刺砍，也立誓决不违背如来神圣的教诲而行不孝之事；宁可被铁网从四周匝绕缠绞着身体，经过几百几千个长劫时间，也立誓不违背如来神圣的教诲而行不孝之事；宁可被锉刀斩磨捣碎身体成百千万段，皮肉筋骨都零散脱落，像这样经过几百几千个长劫时间，到最终仍然立誓决不违背如来神圣的教诲而行不孝之事。"

这时候，阿难尊者从座位当中安祥地起立，请示佛陀说："世尊！这一本经典应当用什么名字来称呼呢？应该怎样去奉行和受持呢？"

佛陀告诉阿难尊者说："这一本经典名字叫作《父母恩重难报经》，就用这个名字，你们应当依照此经奉行和受持！"

这时候，大众弟子们、天人以及阿修罗等天龙八部众，听闻了佛陀所说的话，都生起很大的欢喜心，信仰接受，遵奉实行，一一行礼而退去。

《弘明集》二则

南北朝时南朝刘宋释僧祐撰。释僧祐（455—518），俗姓俞氏，南北朝时刘宋建康人，南北朝齐梁时律学大师，南朝僧人，杰出的佛教文史学家。有《出三藏记集》十五卷、《萨婆多部相承传》、《十诵义记》、《释迦谱》五卷、《世界记》五卷、《法苑集》十卷、《弘明集》十四卷、《法集杂记传铭》十卷等书，大多散佚，《释迦谱》《出三藏记集》《弘明集》三部尚存。

问曰："《孝经》言：'身体发肤受之父母，不敢毁伤。'①曾子临没，启予手，启予足，今沙门②剃头，何其违圣人之语，不合孝子之道也，吾子常好论是非平曲直，而反善之乎？"

牟子③曰："夫训圣贤不仁，平不中不智也，不仁不智何以树德。德将不树顽嚚④之俦也，论何容易乎。昔齐人乘舡渡江，其父堕水，其子攘臂捽头，颠倒使水从口出，而父命得苏。夫捽头颠倒，不孝莫大，然以全父之身，若拱手修孝子之常，父命绝于水矣。孔子曰：'可与适道，未可与权。'⑤所谓时宜施者也。且《孝经》曰：'先王有至德要道。'而泰伯⑥祝发文身，自从吴越之俗，违于身体发肤之义，然孔子称之，其可谓至德矣。仲尼不以其祝发毁之也。由是而观，苟有大德，不拘于小，沙门捐家财弃妻子，不听音视色，可谓让之。"

《弘明集·卷一·正诬论》

【简注】①"身体发肤"句：语出《孝经·开宗明义章第一》。　②牟子，即牟融（170—？），名融，字子博，东汉末苍梧郡广信人，东汉末三国初佛学家，是广西最早研究佛学的人，所著《理惑论》，糅合了儒、道各家学说，是中国第一部佛学专著。　　③沙门：又作娑门、桑门，起源于列国时代，意为勤息、息心、净志。原指不论是否出家外道佛徒，总为出家者名。④嚚：愚蠢并且顽固的意思。　　⑤"可与适道"句：语出《论语·子罕》，原句为："可与共学，未可与适道；可与适道，未可与立；可与立，未可与权。"　　⑥泰伯，又作太伯。吴国第一代君主，姬姓，商朝末年周部落古公亶父长子，古公亶父欲传位给其三弟季历，于是泰伯及其二弟仲雍出逃至荆蛮一带。其人被后世奉为吴文化鼻祖。

【译文】有人问道："《孝经》中说：'人的身体四肢、毛发皮肤，都是由父母给予的，作为子女不敢损毁伤残，这是孝的开始。'曾子临去世的时候，看看自己的手，看看自己的足，现在释家的弟子出家要剃发，这个做法是违背圣人的要求的，是不合孝子之道的，佛陀常常喜欢评论世间的是非曲直，为什么反而称其为善呢？"

牟融说："讥刺圣贤是不仁德的事情，评论事物说不到点上是不智的表现，不具备仁德、不拥有智慧如何树立德行，德行树立不起来只不过是愚蠢、顽固的人，你所说的这个问题是十分容易回答的。以往齐国，有人乘着空舡渡江，他的父亲落入水中，儿子抓住父亲的胳臂，抓住父亲的头发将其救上来，将父亲头下脚上地倒置，让水从口中流出，于是让父亲活了下来，这种抓住头发让其倒置的方法，可以说是大不孝的行为，然而却使父亲的生命得以保全，如果拱手只是以孝子的行事方法，那么父亲也就绝命在水中了。孔子说：'一人的行为是要适合于道，这样的人却不一定能随机应变。'这就是所谓的做事情的时候，要根据不同的情况选择不同的方法处理。而且《孝经》中也说道：'先代的君王具有至高无上的品行和至为重要的道德。'可是上古时的泰伯却削发纹身，自愿跟从吴越地区部族的风俗，违反了身体发肤这一要求，然而孔子却称赞他，认为他的行为称得上是至德。从这个方面来说，只要具有高尚的德行就可以了，是不用拘于小节的。释家弟子捐弃家庭弃绝妻子，不被世间声色所困扰，可以说是具有了这种德行。"

问曰："夫福莫逾于继嗣，不孝莫过于无后。沙门弃妻子捐财货，或终身不娶，何其违福孝之行也，自苦而无奇，自极而无异矣。"

牟子曰："夫长左者必短右，大前者必狭后，孟公绰①为赵魏老则优，不可以为滕薛大夫。妻子财物世之余也，清躬无为道之妙也。老子曰：'名与身孰亲？身与货孰多？"又曰，"观三代之遗风，览乎儒墨之道术，诵诗书修礼节，崇仁义视清洁，乡人传业名誉洋溢，此中土所施行，恬惔者所不恤。故前有随珠②，后有虓虎③，见之走而不敢取何也？先其命而后其利也。许由④栖巢木，夷齐饿首阳，舜孔称其贤曰，求仁得仁者也，不闻讥其无后无货也。沙门修道德，以易游世之乐，反淑贤，以背妻子之欢，是不为奇，孰与为奇？是不为异，孰与为异哉？"

《弘明集·卷一·正诬论》

【简注】①"孟公绰"句：语出《论语·宪问》。②随珠：即悬珠、夜明珠。③虓虎：咆哮的老虎。④许由：尧舜时代的贤人，尧曾想禅位于他，坚辞不就，隐居山林。

【译文】有人问："人世间最大的福气莫过于有后嗣以承继血脉，最大的不孝是断绝祖先血脉的承嗣，释家的弟子弃绝妻子，抛弃家财，或者终身不娶，这样的教义是违反福、孝规则的行为，自己孤苦且无所倚靠，这种教义可以说是不当到极处，已经是没有什么疑问了！"

牟融说："对于世间的人来说，善于使用左边肢体的，右边的肢体必定不及左边灵活，具有勇往直前品性的人必定对后方的防护不足。因此，春秋时代的孟公绰担任赵魏的家老是优秀的，却不能担任滕、薛这样的小国的大夫。妻子财物是世之余物，对于世人来说清心躬行，修习无为之道才是妙处。因此，老子问道：'声名与身体哪一个更为亲近，身体与货物哪一个更多？'"牟融又说："观察上古三代的遗风，无外乎儒、墨之类的道术，人们诵读诗书修习礼节，崇尚仁义洁身以自好，邻里之间传颂着他的美名，这是中原地区的人们修习的要求，这种修习的方法为性格恬淡的人所不喜。因此，人走在世间，如果前面有夜明珠之类的宝物，后面有咆哮的老虎，世人看到夜明珠不敢去取用，这是为什么呢？这是因为要先顾及性命再求其利。许由这位贤人栖居于巢木，伯夷、叔齐这样的贤人饿死在首阳山，像大舜、孔子这样的圣人称他们为贤人，这是因为求仁得仁，却没有听说有人讥刺他们无后、无财物。释家弟子修道、修德，以此代替世间之乐，去追求淑、贤之类的德行，因而背弃妻子之欢，这种事情不奇，什么事情奇？这类事情不异，又有什么事情令人惊异哪？"

《小止观》一则

隋初高僧智觊著。一说二卷，一说一卷，又名《修习止观坐禅法要》，所记的是天台宗智觊大师对其兄所讲述的内容。智觊（538—597），字德安，俗姓陈，原籍颍川，为中国佛教第一个宗派天台宗的创始人。师从于南朝释家大师慧思，主习《法华经》。隋文帝开皇十五年入主天台山。其人宏盛佛教三十年，与南朝的陈和统一的隋两朝帝王深相结纳，有"陈、隋两帝，师为国宝"之称。

外善根①发相，所谓布施②、持戒③、孝顺父母尊长。供养三宝、及诸听学等善根开发，此是外事。

《小止观·善根发第七》

【简注】①善根：释家语，又称为善本、德本，意为产生诸善的根本。　②布施：大乘佛法六度中的第一项，即将金钱、实物布散施舍给别人。　③持戒：释家的戒意为解脱。持戒有四种，即一怖望戒、二恐怖戒、三顺觉支戒、四清净戒。

【译文】要将善根表露于外面。所谓的布施、持戒、孝顺父母、尊长，这些都是外在的表露。供养三宝，听闻诸大德的宣讲以培养德行，是开发善根的方法，这是应当对外表露出来的。

四、道家

《正一法文天师教戒科经》二则

作者不详，明代《正统道藏·正一部》收其底本，此书约出于南北朝时期。

道以冲和①为德，以不知相克，是以天地合和，万物萌生，华英熟成。国家合和，天下太平，万姓安宁。室家合和，父慈子孝，天垂福庆。贤者深思念焉，岂可不知！

天地不合，阴阳失度，冬雷夏霜，水旱不调，万物干陆，华叶焦枯。国家不和，君臣相诈，强弱相陵，夷狄侵境，兵锋交错，天下扰攘，民不安居。室家不合，父不慈爱，子无孝心，大小忿错，更相怨望，积怨含毒，鬼乱神错，家致败伤。此三事之怨，皆由不和。

《正一法文天师教戒科经》

【简注】①冲和：语出《老子》："冲气以为和。"即指真气、元气。

【译文】道法以天地间的真气、元气相调和为德，以不知、不遵世间的真气、元气相克。因此，天地出现合和，世间万物萌生，世间万物就会繁生、就会生长成熟。国家合和，天下就会出现太平景象，百姓就会生活安宁。室家合和，就会出现父慈子孝的现象，就会天降福庆于家中。这些道理都是为贤能的人所深思、深念的，岂能不被人所知呀！

天地之间如果出现不和，那么阴阳就会失调，冬天打雷、夏天霜降，就会出现水旱不调的现象，世间的万物就会遭受水旱等灾害，万物就会出现焦枯等现象。国家如果出现不和，君臣之间就会相互欺诈，就会出现强弱相凌的现象，外族就会侵略国家，世间就会出现兵戈争斗之事，天下就会陷入扰攘离乱之中，百姓就不会得到安居。室家之中出现不和，就会出现父母不慈爱子女，子女无孝敬父母之心，长幼之间、大小之间就会因为家中琐事，相互怨望，亲人之间就会积存怨气，就会导致许多不好的事情发生，家庭也会因之衰败、受到伤害。这三种怨望之事，其源头都在于不和。

诸欲奉道，不可不勤；事师，不可不敬；事亲，不可不孝……

《正一法文天师教戒科经》

【译文】欲尊奉道教的人，不可以不勤习道法，侍奉师长不可以不敬，侍奉父母亲人，不可以不孝……

《洞玄灵宝五感文》一则

南北朝时刘宋道士陆静修撰。

一感父母生我育我，鞠我养我，出怀入抱，嘯含摩抚，劳心损体，辛苦忧勤。我或不夷，时有疾病，则愁我念我，心如炙焚，夙夜怵惕，忘金失眠，增感憔悴……我得如今。念此重恩，不可称量，誓心上答，昊天罔极。

《洞玄灵宝五感文》

【译文】一是要感念父母生我、育我之情，抚我、养我的恩德，要感念父母在我从小到大的成长过程中对我出怀入抱，含辛茹苦，劳心损体，辛苦忧勤地抚育我的恩情。要感念他们在我身体不适时，或者有疾病时，忧我念我，心急如焚，夙夜担心，以至于做事忘金，生活失眠，身心憔悴……才使我生长至今。要时常感念这一不可称量的重恩，立誓报答他们昊天罔极的恩情。

五、其他各家

《荆楚岁时记》二则

南北朝时萧梁宗懔撰。是记录中国魏晋南北朝前，以江汉为中心的地区岁时节令风物故事的笔记体文集。全书共三十七篇，记载了自元旦至除夕的二十四节令和时俗。宗懔（499—563），字元懔，南北朝萧齐荆州人，后迁居江陵。其人幼年聪敏好学，被当时的人誉为"小儿学士"。曾仕为临汝、建城、广晋县令。荆州别驾兼江陵令。有文集二十卷，多已散佚，今存诗四首及《荆楚岁时记》辑本传世。

鸡鸣而起。

鸡阳鸟也，以为人候，四时^①使人得以翘首结带正衣裳也。注云《礼·内则》云：子事父母，妇事舅姑。鸡初鸣，咸盥漱栉缡笄^②，则惟其常，非独此日。

《荆楚岁时记·第一部》

【简注】①四时：有春、秋、冬四季，一天中的朝、昼、夕、夜，汉文帝所作的乐舞名三种意思，此处指一天中的朝、昼、夕、夜。　②栉缡笄：栉是梳子和篦子的总称，此处为梳头的意思；缡，束发用的帛，后代指为戴冠；笄，古时的簪子，是用来插住挽起的头发，或插住帽子的物件。

【译文】早上公鸡打鸣的时候就起来开始一天的生活。

鸡是阳鸟，是为人世间报时的一种生灵，一天的朝、昼、夕、夜各个时间段，可以让人们知道何时正结衣带去做适当的事情。《礼记·内则》的注释上说：子女侍奉父母，媳妇侍奉公婆，在鸡刚刚打鸣的时候，就要起身侍奉他们盥口、洗漱、梳头、束发、戴冠，这种事情是日常生活中都要去做的，并不是特定为哪一天去做。

七月十五日，僧、尼、道、俗，悉营盆供诸仙。

　　《盂兰盆经》云：有七叶①功德，并幡花歌鼓果食送之，盖由此也。

　　《经》又云：目莲见其亡母生饿鬼中，即以钵盛饭，往饷其母。食未入口，化成火炭，遂不得食，目莲②大叫，驰还白佛。佛言汝母罪重，非汝一人所奈何，当须十方③众僧威神之力。至七月十五日，当为七代父母厄难中者，具百味五果，以著盆中，供养十方大德④，佛敕众僧，皆为施主，祝愿七代父母，行禅⑤定意，然后受食。是时目莲母，得脱一切饿鬼之苦。目连白佛，未来世佛弟子，行孝顺者，亦应奉盂兰盆供养，佛言大善。故后人因此广为华饰，乃至刻木割竹，饴蜡剪彩，模花叶之形，极工妙之巧。

《荆楚岁时记·第一部》

　　【简注】①七叶：指七代，这里引申为现世中人的上七世父母。　　②目莲：释家人物，传为佛陀的大弟子。　　③十方：释家指十大方向，即上天、下地、东、西、南、北、生门、死位、过去、未来。　　④大德：佛家对年长的高僧或佛，或菩萨的敬称。　　⑤行禅：释家语。以步行的姿势来做禅修，所采用的方式有直线来回或环形来回。直线来回是沿着一条长而直的道路行走，行走一般为十米左右，从一端走到另一端。环形来回是沿着一个直径大的圆形道路从容步行，行禅时双眼要张开，目视前下方。双手自然放在胸前，调节好身体使身体平稳自然。

　　【译文】七月十五，僧、尼、道、俗，都要经营盂兰盆，以供奉诸仙。

　　《盂兰盆经》中说：要为七世父母祈福，积累功德，并将各种味道的果实盛装在各式各样的盆器之中，要用香油、金锭、火烛，要在床上铺上卧具，去供养十方的大德众僧。《盂兰盆经》中还说道：目莲见到自己的亡母身处于饿鬼之中，于是用钵盛饭，以奉侍母亲，可是他的母亲尚未吃到食物时，食物就化成了火炭，不能食用。于是目莲大叫，将这件事情告诉了佛陀，佛陀说你的母亲罪责深重，你一个人的功德并不能让你的母亲脱离苦海，须要十方的僧众共用神佛之力方可为你的母亲脱罪。你应当在每年的七月十五，为七世困于厄难中的父母积福，要陈列各种水果，用盆盛装，去供奉十方大德高僧，佛家的众僧，皆会以主人为施主，都会祝愿主人的七世父母，他们会以步行的方式去禅修为主人的父母祈福，然后再去进食。目莲照这个方法去做了，他的母亲脱离了饿鬼之苦，目莲将这件事告诉了佛陀。目莲是佛陀的弟子，他主张世间行孝顺之道的人，也应当供奉盂兰盆以供养十方僧众，佛陀认为这是大的善行。因此，后世的人这一天在自己的家中广为装饰，以至于刻木割竹做各种器具用蜡剪彩，模仿各种花的形状，做出各种各样的花，可以说是极工极巧。

《通极论》一则

南北朝时北朝高僧释彦琮撰。释彦琮（？—610），俗姓李，北朝时齐国赵郡柏人。初名道江，齐后主武平年间曾为齐国的都讲。周灭齐后，更名为彦琮。隋文帝开皇中，主持大兴善寺，又改住持日严寺。隋炀帝大业六年圆寂。

杀身以成仁，饿死而存义，此并有违于大孝，然犹盛美于群书。吾养性栖玄①，立身行道，方欲广济六趣②，高希万德。岂学子拘之于小节，顾在肤发之间哉？

《通极论》

【简注】①玄：这里的玄指"玄门"。佛家用语，是对佛家的一种称呼，又可称之为释门、法门、缁门、真门等。玄门即指玄妙法门、深奥妙理，是佛法之总称。　②六趣：佛教用语。指的是众生由业因之差别而出现的趣向，这些趣向有六所，谓之六趣，也称为六道或六凡，即地狱趣、饿鬼趣、畜生趣、阿修罗趣、人趣、六天趣。

【译文】杀身以成就仁义，饿死以求取信义，这种做法是有违于孝这种德行的，然而世间许多书中却对这样的事情加以盛赞。我们玄门修养心性，讲求立身行道，想的是能广济于六道之中，以成就各种各样的善行。这样的教义岂会如那些迂腐的学子拘泥于小节，只考虑身体发肤之间的事情呢？

第五卷　唐五代卷

一、儒家

《北堂书钞》二则

　　唐虞世南撰。一百六十卷，北堂是隋代秘书省的后堂。此书是虞世南在隋为秘书郎时所作，多已散佚无存。《唐志》作一百七十三卷，晁公武《读书志》因之。《中兴书目》作一百六十卷。虞世南（558—638），字伯施，南北朝时陈朝余姚人。性格沉静寡欲，精思读书。文章婉缛，见称于仆射徐陵，由是有名。隋灭陈后，仕为秘书郎，十年没有升迁。唐初，初为秦王府的记室参军，后迁为太子中舍人。唐太宗即位后，历仕弘文馆学士、秘书监。卒谥"文懿"。唐太宗称其德行、忠直、博学、文词、书翰为五绝。手诏魏王泰曰："世南当代名臣，人伦准的，今其云亡，石渠、东观中无复人矣。"集三十卷，今编诗一卷。

　　克谐以孝，永言孝思；孝子不匮。永锡尔类；惟余小子夙夜敬止；富有天下不足解忧；舜大孝；禹致孝；孝友闻于四方；仁孝闻于天下；履大舜之孝；至孝恻隐。

《北堂书钞·卷六·帝王部·孝德十四》

　　【译文】孝敬父母、敬奉长辈可以使家庭和谐；子女在心中要始终存有孝敬父母、敬奉长辈的念头；作为孝子供养父母不要出现匮乏，要永久地保持住孝敬之道；作为后辈不管是白天还是夜晚都要以尊奉的心去敬奉长辈；对子女而言即使富甲天下，如果不孝敬也不能为父母解除忧患；立身处世要如同大舜那样孝敬父母；做人要如同禹那样移孝为忠；要使自己孝友的声名，通过自己的孝行广达于四方；修养自己的品性，要让自己仁德、孝义的名声广布于天下；要履行如同舜那样的孝思；孝达到了极致就会有恻隐之心。

　　惇叙九族①；以亲九族；亲睦九族；笃厚亲戚爱乐诸弟；以为首命；立爱惟亲立敬惟长；兄及弟矣式相好矣；宜兄宜弟令德寿恺。

《北堂书钞·卷六·帝王部·睦亲十五》

【简注】①九族：《书·尧典》中记："克明俊德，以亲九族。"以自己为基准，上推至四世至高祖，下推至四世至玄孙为九族。另一说法为：父族四、母族三、妻族二，称之为九族。

【译文】立身处世要以敦厚的心态去和睦九族；要用亲和的态度去友好九族中的亲人；要亲近九族的亲人；要用笃厚的品行去对待亲戚，要让自己的兄弟姊妹快乐；要听从长者的言语；要树立亲爱父母亲人的思维，要敬奉年纪长的人、年老的人；兄长以及兄弟之间要和睦相处，要敬爱兄长、疼爱幼弟，要让老人都以快乐的心情达到寿龄。

《谏山陵厚葬书》一则

唐虞世南撰。

臣闻古之圣帝明王所以薄葬者，非不欲崇高光饰珍宝具物以厚其亲。然审而言之，高坟厚陇珍物毕备，此适所以为亲之累，非曰孝也。是以深思远虑，安于菲薄以为长久万代之计，割其常情以定之耳。

《谏山陵厚葬书》

【译文】臣听说古时候圣明的君主、贤德的帝王之所以采用薄葬的制度，并不是不想用那些高贵、明亮的装饰、珍宝、器物以厚葬自己的亲人。人们认真地去想一下就可以知道，那些高大的坟丘、厚重墓陇、珍奇的物品都具备了，这种陵墓一定会拖累已经逝去的亲人，这不是"孝"的表现啊！因此他们深思远虑，让亲人们安息于菲薄的地方是为了长久，这是为了存之万代而考虑的。因此，才减省其仪法，以常情来对待罢了。

《王子安集》二则

唐王勃撰，十六卷。《唐书·文苑传》称其文集三十卷，《杨炯集序》则谓分为二十卷，洪迈《容斋随笔》亦称今存者二十卷。明以来其集已佚，原目已不可考。明崇祯中期闽人张燮搜辑《文苑英华》诸书，汇编成一十六卷。王勃（649—676），唐代诗人，字子安，唐代绛州龙门（今山西河津）人，与杨炯、卢照邻、骆宾王齐称"初唐四杰"。十四岁应举及第，唐高宗咸亨三年补虢州参军，上元二年或三年，王勃南下探亲，渡海溺水，惊悸而死。其诗力求摆脱齐梁的绮靡诗风，著名的《滕王阁序》就出自他之手。今存有《王子安集》。

人子不知医，古人以为不孝。

《王子安集·卷四·序》

【译文】为人子女，古时候认为不通晓医道，不懂得医治父病是一种不孝的表现。

论曰：昔之列桐珪^①建茅土^②者非一君焉，至于孝思可称仁风茂著存乎缃牒^③十一而已，岂非生于深宫之中，长于妇人之手？膏肓积乎骄慢，情奔沦乎嗜令人欲。呜呼！有国有家者可不诚乎？

《王子安集·卷十·孝行一》

【简注】①桐珪：指帝王封拜的符信。《史记·晋世家》载："成王与叔虞戏，削桐叶为珪以与叔虞　曰：'以此封若。'……于是遂封叔虞于唐。"②茅土：指代王、侯的封爵。古时天子分封王、侯时，用代表方位的五色土筑坛，按封地所在方向取一色土，表示臣子的功绩可以列土封疆。　　③缃牒：代指书、册。

【译文】议论说：古时候的国家中,臣子们的功绩能够让君主裂土分茅的不止一位，至于心怀孝思称得上仁德，且具有仁义之风的人，在典籍之中十不存一，这岂不是生于深宫之中，长于没有远见的妇人之手吗？这些膏肓之人长久以来积存了骄横和傲慢，只知纵情奔号，又有着各种各样的欲望。哎呀！有国有家的人能不以此为诫吗？

《陈拾遗集》一则

唐陈子昂撰，《四库》收存有十卷。陈子昂（659—700），字伯玉，唐代梓州射洪（今四川射洪）人，唐代文学家，初唐诗文革新人物之一。其诗风骨峥嵘，寓意深远，苍劲有力，有《陈伯玉集》传世。唐睿宗文明元年登进士第，后升为右拾遗。而后随武攸宜东征契丹，多次进谏，未被采纳，却被斥降职。唐武则天圣历元年因父老解官回乡，不久父死。居丧期间，权臣武三思指使射洪县令段简罗织罪名，加以迫害，冤死狱中。

陛下遂躬籍田，亲蚕以劝天下之农桑，养三老五更以教天下之孝悌，明讼恤狱以息天下之淫刑，除害去暴以正天下之仁寿，修文尚德以止天下之干戈，察孝兴廉以除天下之贪吏，矜寡孤独疲癃赢老，不能自存者赈恤之。

《陈拾遗集·附录》

【译文】陛下治理国家要躬耕田地行藉田礼，亲自种桑养蚕，并以此为模范去劝导天下百姓勤于农桑；行养老礼奉养三老五更于太学之中，以教化天下的百姓要有孝与悌的品行；辨明讼言，恤怜刑罚这类事情，以去除那些不合适的刑罚；要去除天下之害、去除暴行，以使天下的百姓体会到国家的仁政，以拥有长久的寿元；要修养天下的文风、德教，崇尚德行，让德义广布于天下以止息干戈；要在国家之中察举孝廉，任用那些品行优异的人担任各种官职，以去除贪吏；要怜恤那些矜寡、孤独、疲癃、赢老之人，对那些不能自存于世的人要赈恤他们。

《经典释文》二则

唐陆元朗撰，三十卷。是解释儒家经典文字音义的书。计有《序录》一卷，次《周易》一卷、《古文尚书》二卷、《毛诗》三卷、《周礼》二卷、《仪礼》一卷、《礼记》四卷、《春秋左氏》六卷、《公羊》一卷、《穀梁》一卷、《孝经》一卷、《论语》一卷、《老子》一卷、《庄子》三卷、《尔雅》二卷。全书共收录汉魏六朝二百三十余家的各种音切和诸家训诂。因绝大多数音训原书都已失传，故本书保存的资料弥足珍贵，后世治文字、音韵、训诂之学者，均崇此书。陆元朗（550—630），字德明，以字行，南北朝时陈朝苏州吴（今江苏苏州）人。初为秦王府文学馆学士，后补为太学博士，唐太宗贞观初迁国子博士，封吴县男。

虽与《春秋》俱是夫子述作，然《春秋》周公垂训史书旧章，《孝经》专述夫子之意，故宜在《春秋》之后，七志以《孝经》居《易》之首，今所不同。

《经典释文·卷一·孝经》

【译文】（《孝经》一书）虽然与《春秋》都是记述孔夫子述说的作品，然而《春秋》一书，是为了宣扬周公所垂训的礼法而记述事件的史书，《孝经》则是专门记述孔夫子做人的意旨的经书，故此书成书的时间应该在《春秋》一书之后，七志中将《孝经》一书的成书时间放在《易》的前面，现在论证则与从前不同。

《孝经》者，孔子为弟子曾参说孝道。因明天子、庶人五等之孝、事亲之法。

《经典释文·卷一·孝经》

【译文】《孝经》这本书，是孔子给他的弟子讲说孝道而修成的书。这部书向天下人说明了，天子直至庶人五个等阶如何做事，才符合孝道，才是正确的侍奉亲人的方法。

《盈川集》二则

唐杨炯撰。杨炯（650—约693），唐代弘农华阴（今陕西华阴）人。与唐代诗人王勃、卢照邻、骆宾王齐名，并称"初唐四杰"。唐高宗显庆四年举神童试。高宗上元三年应制举及第。补为校书郎，曾仕为崇文馆学士、詹事、司直等职。今存诗三十三首，另存赋、序、表、碑、铭、志、状等五十篇。《旧唐书》称有文集三十卷，《郡斋读书志》著录其有《盈川集》二十卷，今均已不传。明万历中期童佩搜辑汇编有《盈川集》十卷，附录一卷。崇祯间张燮重辑为十三卷。

发深心、展诚敬，刑于四海、加于百姓，孝之终也。夫孝，始于显亲，中于礼神，终于法轮。

《盈川集·卷一·盂兰盆赋》

【译文】对于君主来说，治理国家要在心中包含着天下，向天下展示自己诚敬之心，以礼法加刑于四海之中，以仁德施加于百姓之间，这样就可以说是做到孝的终极之处了。"孝"这一德行最初的展现，在于让自己的父母显扬于世，高一个层次是礼敬神灵、祖先，最终的体现在于将这一德行传承于后辈子孙。

善父母为孝，善兄弟为友，居家可移之道也。利者义之和，贞者事之干，元亨日新之德也。

《盈川集·卷九·从弟去溢墓志铭》

【译文】子女善于侍奉父母可以称之为孝敬，兄弟之间能够做到相互关爱可以称之为友悌，在家中修养成这种德行的人，立身于世是可以移孝于忠的。人与人相处、人与物相对时，要恰到好处地相合和，只有这样才能得到真正的利；只有端正自己、正视自己，才能成为立身处世的主干，能通达于世，处世时无违，才是日新之德。

《孝经注》七则

唐李隆基注。李隆基（685—762），即唐玄宗，亦称唐明皇。712年至756年在位。

朕闻上古其风朴略，虽因心之孝已萌，而资敬之礼犹简，及乎仁义既有，亲誉益著。圣人知孝之可以教人也，故因严以教敬，因亲以教爱，于是以顺移忠之道昭矣，立身扬名之义彰矣。子曰："吾志在《春秋》，行在《孝经》。"是知孝者，德之本欤！

《孝经注·序》

【译文】朕听说上古的时候民风淳朴、人心简约，没有什么不好的心思，虽然说孝这种天性已经在人的心中萌发，但是在对待父母敬奉上其礼法是十分简略的。（等到尧、舜、禹等圣人出世之后，）仁义之德、之政、之风在世上推行开来，对父母的亲情、敬奉便日益显著。那些上古时的圣人知道可以用孝这种德行去教化世人，故此便借以严父如天、慈母若地这一道德规范教导世人要敬奉父母，借以血脉间的亲情教导世人要爱自己的亲人，于是顺承父母、移孝于忠之道便昭显于世了！子女立身扬名之义便彰显于世了。孔子说："我的志向可以在《春秋》一书中体现出来，我立身处世的准则可以在《孝经》一书中体现出来。"由此可以知道孝这样的品性，是世间道德教化的根本呀！

能立身行此孝道，自然名扬后世、光显其亲。故行孝以不毁为先，扬名为后。

《孝经注·开宗明义章第一》

【译文】能立身处世行孝道的子孙，自然能将自己的名声扬于后世，自然能光显自己的父祖，因此行孝道以不毁伤自己的身体为第一要务，扬名于后世则在其后。

君行博爱广敬之道，使人皆不慢恶其亲，则德教加被天下，当为四夷之所法则也。

《孝经注·天子章第二》

【译文】世间的君主，立身于世要有博爱广敬的品行，具有了这些品行，世人就都不会怠慢、恶憎他的亲友。这样的话，君主的德行、教化就可以广施于天下，就可以成为天下四方所遵循的法则了。

身恭谨则远耻辱，用节省则免饥寒，公赋既充则私养不阙。

《孝经注·庶人章第六》

【译文】子女处世恭谨，就会减少灾祸的发生，使父母远离耻辱；家用节省，就不会浪费，就可以使父母免于饥寒；按时足量地交纳公赋，国家的钱粮丰足了，对于一个家庭来说，奉养父母的物品也就不会缺乏。

圣人因其亲严之心，敦以爱敬之教。故出以就傅，趋而过庭，以教敬也；抑搔痒痛，悬衾箧枕，以教爱也。

《孝经注·圣治章第九》

【译文】圣人认为，为人父的人应严格教育子女之心，谆谆教导子女，让他们生出爱敬之心。因此，外出时要有师、有傅去教导，穿过庭堂的时候要小步快走，这是教子女处世时要有恭敬的态度。给父母搔痒止痛，悬衾箧枕，这是教导子女要爱自己的父母。

教不必家到户至，日见而语之，但行孝于内，其化自流于外。

《孝经注·广至德第十三》

【译文】教导人们孝这种德行，不必做到每家每户都去宣教，倡导人们在每日相见的时候都说有关孝的事情，这样人们自然就会行孝于家中，其教化自然也就流播于天下。

不食三日，哀毁过情，灭性而死，皆亏孝道。故圣人制礼施教，不令至于殒灭。

《孝经注·丧亲章第十八》

【译文】父母去世后，子女三日不吃东西，因为情感无法宣泄，哀伤、损毁自己的身体，灭绝自己的性命随父母而死，这些行为都是有亏孝道的行为。因此圣人制定了礼法去教化天下的百姓，在这种情况下不至于人伤殒、绝灭。

《请致仕侍亲表》一则

唐拓跋兴宗撰。拓跋兴宗，生卒年、事迹不详，唐玄宗时人。

臣闻怀禄者耻于冒进，事亲者贵在及时，苟贪非份之荣，何报所生之德。

《请致仕侍亲表》

【译文】臣听说身具福禄的人在处理问题时耻于冒进，侍奉父母亲人贵在能及时地奉养他们。这是不贪图非分荣耀的表现，这种做法也是报答父母生养之德的表现。

《张燕公集》九则

唐张说著。张说（667—730），字道济，原籍范阳（今河北涿县），后徙家于洛阳。唐代政治家、文学家、诗人。武则天执政时以对策贤良方正入仕，累官至凤阁舍人。唐睿宗仕为同中书门下平章事。唐玄宗开元初，因不阿附太平公主，罢知政事。复拜中书令，封燕国公。后召还为兵部尚书、同中书门下三品，迁中书令，俄授右丞相，至尚书左仆射。辛谥"文贞"。有文名，掌朝廷制诰著作，人称"燕许大手笔"，是开元前期一代文宗，品评文苑，奖掖后进，深孚众望。有文集三十卷传世。今通行武英殿聚珍本《张燕公集》二十五卷。

《诗》云："哀哀父母，生我劬劳。欲报之德，昊天罔极。"是伤不可止也，恋而怀无所及之感。其有饰圣以资亲，修法以展慕，岂非孝子持明之心！

《张燕公集·卷十二·卢舍郍①像赞》

【简注】①卢舍郍：即"卢舍那"的音译。释家之中佛有三身，即毗卢遮那佛、卢舍那佛和释迦牟尼佛。其中的"卢舍那佛"又称为"报身佛"。

【译文】《诗经·小雅·蓼莪》篇中说："我可怜的父母啊！为了养育我受尽了辛劳！我想报答他们对我的恩德，那恩德犹如苍天一样无穷无尽。"这是子女为无法报答父母的恩德伤怀不已的表述，依恋父母、怀念父母却无法报答父母恩情的感怀。其中包含着子女欲以成圣、成才的理想去显扬父母，有修习术法以展慕父母恩情的意思在里面，这岂不正是孝子持正、明达之心的一种表述吗！

　　古者天子，上法天心，下极私情，不违众欲。以顺人理国为孝，以克己制心为礼，是故凡圣异礼公私，殊制私心，独展凡人之孝。万姓感善，圣人之孝也！

《张燕公集·卷十四·百官请不从驾表》

　　【译文】古时候的天子，上体上天抚育天下之心，下极世间百姓的性情，不做违反世上众生欲望的事情。以顺承世人的需求、治理国家为自己的孝德，以克制自己心中不合适的欲望作为尊重礼法的原则，因此，凡是圣明的天子一定会在公、私两个方面分辨清楚，去扼制私心的泛滥，向天下人展现自己的孝行。于是天下的百姓都感念他的善行，这是天子之孝呀！

　　夫孝者，法象乎天地，感通乎鬼神，故爱敬之中又有真报，哀戚之外更追冥福。

《张燕公集·卷十八·玄识阇庐墓碑》

　　【译文】孝这一德行，是天地之间运行的法则，可以感通鬼神，因此爱敬父母的人就会有真心的回报，哀戚的心情更能通达至九天，得到上天的祝福。

　　孝为人极，忠为令德，神之听之，始枉终直，信矣！

《张燕公集·卷十九·唐故夏州都督太原王公神道碑》

　　【译文】孝是世人立身处世时根本的德行，忠可以成为所称颂的美德，就算是神明也称颂这样的美德。就算是开始受到冤屈，终究也会被世人所认可，这是可以让人相信的呀！

　　夫积德垂裕之谓仁，追远扬名之谓孝。仁则爱钟厥后，孝则荣及其亲。

《张燕公集·卷十九·赠广州大都督冯府君神道碑》

　　【译文】对于世人来说，修养、积累德行，惠施于人可以称之为仁；能谨慎地修养自己，追述先人的德行，显扬父母的声名，可以称之为孝。具有仁德的的人是可以惠及后人的，具有孝德的人是可以显荣其身、扬名其亲的。

仁以度心施物，义以由道利贞，孝以养志安亲，慈以教忠有后。举四行之尤善，成百代之余庆。

《张燕公集·卷二十一·赠吏部尚书萧公神道碑》

【译文】要用仁德之心去揣度世人的心意以惠施万物；要用信义的品行去与人和合相处，并端正自己；要用孝这一品行去修养自己的心志，进而安乐父母亲人；要用慈爱的心性去教育、培养子孙具有忠诚于国家的品性。有这四种善的品性，可以使子孙绵延，留给后代子孙余庆。

夫孝尽爱敬之衷，悌包友顺之节，仁协返身之恕，义适成物之和，四者礼之善物。

《张燕公集·卷二十三·岐州刺史平泉男陆君墓志》

【译文】孝这种德行可以极尽爱敬之衷情；悌这种德行可以包含友爱、恭顺之节；仁这种德行可以惠施于人，让人拥有恕让的品性；义这种德行可以和合世间万物，这四个方面是礼法规范之中善的德行。

慈以遗后，孝以扬亲，忠能合圣，惠足昭仁。

《张燕公集·卷二十三·冯潘州墓志》

【译文】慈可以遗爱于后人，孝可以显扬亲人，忠能和合圣人之道，惠中以昭显仁德。

我闻立人之道曰仁与义，仁者孝之先，义者忠之主。

《张燕公集·卷二十五·祭殷仲堪羊叔子文》

【译文】我听说育人成才之道是培养人们的仁德和信义，仁德这一品行是孝道中首先要做到的，信义这一品行可以说是忠诚这一德行的中心。

《曲江集》三则

唐张九龄撰。张九龄（678—740），字子寿，一名博物，唐代韶州曲江（今广东韶关）人。唐代著名政治家、文学家、诗人、名相。唐中宗景龙年间以进士第二登第，仕至中书侍郎同中书门下平章事。有《曲江集》传世。

凡人岂不仁于父母、兄弟，不欲于饮食衣服乎！而卒被无孝友之名，不被温饱之困，其故何哉？盖未闻义方不识善道，或任小智而为诈，或见小利而敬得致远。

《曲江集·卷七·敕岁初分书》

【译文】对于世人来说，岂能不以仁孝对待父母、兄弟，不想着用美好的饮食、美丽的衣服去奉养他们呀！（有些人却因此）被人披上了不具备孝友的名声，以致使父母亲人不能衣食温饱，这是为什么呢？我从未听说过，为人处世遵循规矩法度的人，不知道什么是善道，或者耍小聪明、讽刺、欺诈他的人，见小利而忘义的人，能让人敬奉以达至久远的。

古者诸侯贡士、司徒论士，必讲礼观能、乡举里选。故十五、十八之岁，大学、小学之节，诵习以时，教化以礼，则孝悌之行可知于乡，曲政事之业可升于国。

《曲江集·卷十六·对嗣鲁王道坚所举道侔伊吕科》

【译文】古时候诸侯向国家贡举士人、司徒选用士人，必定要讲习乡饮酒礼等礼法以观士子贤能与否，依照乡里的举荐选士人。因此，人们在十五、十八岁成人的时候，都要在大学、小学之中学习，诵习依照时令，教化遵照礼法，这样孝悌之行就可通达至乡间，军、政之类的事业就可以通达至国。

夫天下之达道有五，所以行之者三，曰忠孝、仁安、君忠也，荣亲孝也，周物仁也。此三者有一于身鲜矣！

《曲江集·卷十九·大唐金紫光禄大夫行侍中兼吏部尚书宏文馆学士赠
太师正平忠献公裴公碑》

【译文】通达于天下的至高德行有五种，世间的人所行的有三种，这三种德行是：忠诚孝敬、仁惠安民、忠诚君主和国家。使自己的父母显荣于世是孝的表现，能惠施于万物是仁的表现，可是将这三种德行集于一身的人，实在是很少见呀！

《高常侍集》一则

唐高适撰。高适（700—765），字达夫、仲武，唐代沧州（今河北衡水）人，唐代边塞诗人。唐玄宗天宝八年（749），经睢阳太守张九皋推荐，应举中第，授封丘尉仕至蜀州刺史、剑南节度使等职，封渤海县侯。卒赠礼部尚书，谥号"忠"，世称"高常侍"。有《高常侍集》等传世。

夫莫大者孝也，不泯者善也，惟孝与善可以导达幽冥。

《高常侍集·卷九·绣阿育王像赞》

【译文】天下没有什么德行比得过孝行，能够不泯灭于世的是善行，只有孝行和善行才可以通达于幽远冥明之处。

《次山集》三则

唐元结撰。元结（719—772），字次山，号漫郎、聱叟，曾避难入猗玗洞，自号为"猗玗子"，唐代河南（今河南洛阳）人，唐文学家。唐玄宗天宝年间登进士第。曾仕为道州刺史、容州都督充本管经略守捉使。原有著作多部，均佚。现存的文集常见的有明郭勋刻本《唐元次山文集》、明陈继儒鉴定本《唐元次山文集》、淮南黄氏刊本《元次山集》。元结所编诗选《箧中集》尚存。

凡人心若清惠而必忠孝，守方直终不惑也。

《次山集·卷六·七泉铭》

【译文】凡是人心清明惠达，其品行必定忠诚、孝敬，具有方正、刚直的品行必定不会被世事所迷惑。

沄沄浯泉①，流清源深，堪劝人子奉亲之心，时世相薄而日忘圣教，欲将斯泉，裨助纯孝。

《次山集·卷六·浯泉铭》

【简注】①浯泉：泉水名。在湖南省道县境内。

【译文】源远流长的浯泉水，清洌地流淌，它的品行可以劝化人们，让人们具备奉养亲人的心思。现在的时代世情浇薄，许多人已经忘却了圣人的教诲，期望用这一泉名中的意蕴，去裨补教化百姓，让人们达到纯孝。

夫孝而仁者可与言忠信，而忠信者可以全义勇。岂有现其忠信使之义勇，而不劝之孝慈恤以仁惠？

《次山集·卷十·请给将士父母粮状》

【译文】一个具有孝敬品行且心怀仁德的人，是可以与他谈论忠诚和信义的，身具忠信品行的人，是可全于忠义和武勇的。岂有要求人们身怀忠信，要求人们忠义、武勇，却不劝导、教化人们养成孝敬、慈爱、怜悯这些品行，以至达到仁德惠让的境地的事情啊！

《颜鲁公文集》三则

唐颜真卿撰。颜真卿（709—785），字清臣，唐代京兆万年（今陕西西安）人，祖籍琅琊临沂，唐代中期杰出书法家。唐玄宗开元时登进士第。安史之乱时，因抗安禄山有功，入京历任吏部尚书，太子太师，封"鲁郡开国公"，故世称"颜鲁公"。唐德宗时，李希烈叛乱，他以社稷为重，亲赴敌营，晓以大义，终为李希烈缢杀，终年77岁。秉性正直，笃实纯厚，有正义感，从不阿于权贵，屈意媚上，以义烈名于时。他因创立"颜体"楷书与赵孟頫、柳公权、欧阳询并称"楷书四大家"，和柳公权并称"颜筋柳骨"。 著有《颜鲁公文集》三十卷附一卷，及《吴兴集》《卢州集》《临川集》。

君子曰："夫孝弟之至，絜矩①之道，文章之绝，周旋之仪，可谓成人矣！"

《颜鲁公文集·卷五·河南府参军赠秘书丞郭君神道碑铭》

【简注】①絜矩：指行为端正，符合法度。

【译文】君子说："孝悌这种品行达到了极致，其品行就会端正，行止就会符合法度，所写出的文章就会为天下人所传唱，就可以周旋于各种礼仪之中而不失礼，这样的人就可以说是成人了！"

德有三，孝弟称其至；常有五，仁道原其终。

《颜鲁公文集·卷五·东莞臧氏纠宗碑铭》

【译文】世间好的德行有三种，孝悌这样的德行是最为重要的；施于世间的常政有五种，仁道可以通达始终。

善父母之谓孝，睦昆友之谓悌，孝悌也者其仁之本欤！经天纬地之谓文，博古知今之谓学，文学也者其德之蕴欤！

《颜鲁公文集·卷十·曹州司法参军秘书省丽正殿二学士殷君墓碣铭》

【译文】善于奉养父母可以称之为孝，能够和睦友悌兄弟姊妹的可以称之为悌。孝与悌是仁德的根本呀！写出的文章能够贯通天地就称得上文，学识能够博古通今可以称之为学，善于文学的人一定是能将德行蕴于心中的人。

《封氏闻见记》一则

唐封演撰，共十卷。封演，生卒年不详，唐代渤海蓨（今河北景县）人。唐玄宗天宝中期为太学诸生，天宝十五年登进士第。唐肃宗至德后为相卫节度使薛嵩从事，检校屯田郎中。唐代宗大历时曾任权邢州刺史。贞元中仍在魏博佐田氏，检校吏部郎中兼御史中丞。唐德宗十六年（800）尚在世，约卒于贞元末。撰有《封氏闻见记》。

天地之性人为贵，人之行莫先于孝。孝于家则忠于国，爱于父则敬于君，脱爱敬齐焉则忠孝一矣！

《封氏闻见记·卷四·定谥》

【译文】在天地之间最为贵重的是人，人们的德行最先应该遵守的是孝行。能够孝于家的人则会忠诚于国家，能够爱敬自己父亲的人则会爱敬自己的君主。如果"爱"与"敬"这两种品行都齐备，则"忠"与"孝"之间就会统一了！

《李遐叔文集》三则

唐李华撰。李华（约715—774），字遐叔，唐代赵郡赞皇人，唐代散文家、诗人。唐玄宗开元二十三年登进士第，天宝二年登博学宏词科，玄宗朝官至监察御史、右补阙。安禄山陷长安时，被迫任凤阁舍人。"安史之乱"平定后，被贬为杭州司户参军。后人辑有《李遐叔文集》四卷。

厥初生人，有君有亲。孝于亲者为子，忠于君者为臣。兆自天命，降及人伦。背死不义，忘生不仁。

《李遐叔文集·卷一》

【译文】自有人类以来，便出现了君主和父母亲人这种关系。孝敬父母双亲的人可以称之为人子，能够忠诚于国家、君主的人可以称之为臣。自天命以降，世间的人伦道德都是这个样子，违背死者的意愿是不义的行为，忘却生者是不仁的行为。

和尚^①与人子言，依于孝；与人臣言，依于忠；与上人言，依于敬。佛教儒行，合而为一，虑学者流误，故亲教经论；延来者听受，故大起僧坊^②。

《李遐叔文集·卷二·扬州龙兴寺经律院和尚碑》

【简注】①和尚：梵文中的意思是"师"。"和"字在佛教中是三界通称，"尚"字在佛教中有至高无上的意思。佛教的教义中，在华藏世界只有释迦才能称之为和尚。佛教中已皈依、有智慧功德、能为人师的人才可以称之为和尚，这种称呼不是随便一个皈依佛教的人都可以称谓的，也不是只对男性，女众有智慧功德能为人师也可称为和尚。　②僧坊：指僧舍，这里代指碑院。

【译文】和尚对世间的人说，子女的行为要依从孝这一根本，对世间的臣子们说，对待君主、国家要忠诚，对居于持戒严格且精于佛家教义的僧侣说，其行为要对世间万物持有恭敬的心态。从这个方面说，佛家、儒家的思想、行为，就可以说是和合且一致的。考虑到世间诸多学者为世间的许多流言所误导，所以和尚亲自来教授佛家的经论，为此建起了这座碑院。

忠于而国，孝于而家，洁而不滓，瑜而不瑕，仁胡不寿？为善者何君不幸耶？

《李遐叔文集·卷三·著作郎赠秘书少监权君墓表》

【译文】忠诚于自己的国家，孝敬于自己的家庭，品行高洁没有不好的习性，犹如美玉那样没有瑕疵，像这样仁德的人如何能不长寿？为善的人又如何会遭遇不幸？

《权载之文集》一则

唐权德舆撰，又名《权文公集》。权德舆（759—818），字载之，唐代天水略阳（今甘肃秦安）人。年未弱冠以文章称于世，被唐德宗征召为太常博士，唐宪宗元和初年，历仕为兵部、吏部侍郎，太常卿，吏部、刑部尚书，山南道节度，卒赠左仆射，谥"文"。存世有《文集》五十卷，《今编诗》十卷。

种德考祥，贤人积厚之业；尊仁安义，君子扬名之孝。其敬养也，谕之于道；其贻庆也，教之以忠[1]。

《权载之文集》

【简注】①此文的篇名为《故中散大夫守尚书右仆射上柱国赐紫金鱼袋赠太子太保姚公神道碑铭》。

【译文】广布恩德以求达到天下祥和，是一个贤德的人积蓄丰厚德业的办法；尊奉仁德安于道义，对一个君子来说其根本是宣扬孝德。这一品行中敬奉父母、长辈的行止，是可以谕之于道的；这一品行中所推衍的其他好的德行，是可以教化忠义的。

《昌黎先生集》二则

唐韩愈撰，有四十卷，外集十卷，遗文一卷，朱子校《昌黎先生集传》一卷。韩愈（768—826），字退之，唐代河阳（今河南孟州）人，唐代文学家、哲学家、思想家。祖籍河北昌黎，世称韩昌黎。晚年曾任吏部侍郎，又称韩吏部。谥号为"文"，又称韩文公。他与柳宗元同为唐代古文运动的倡导者，主张学习先秦两汉的散文语言，破骈为散，扩大文言文的表达功能。宋代苏轼称他"文起八代之衰"，明代始推他为唐宋八大家之首，与柳宗元并称"韩柳"，有"文章巨公"和"百代文宗"之名。作品都收在《昌黎先生集》里。

孔子曰："道之以政，齐之以刑，则民免而无耻。"[1]不如以德礼为先，而辅以政刑也。夫欲用德礼，未有不由学校师弟子者。此州学废日久，进士、明经[2]，百十年间，不闻有业成贡于王庭。试于有司者，人吏目不识乡饮酒之礼，耳未尝闻《鹿鸣》之歌，忠孝之行不劝，亦县之耻也！

夫十室之邑，必有忠信[3]，今此州户万有余，岂无庶几者耶？刺史县令不躬为之师，里闾后生无所从学。尔赵德秀才：沉雅专静，颇通经，有文章，能知先王之道，论说且排异端而宗孔氏，可以为师矣。请摄海阳县尉，为衙推官，专勾当州学，以督生徒，兴恺悌④之风。

《昌黎先生集·潮州请置乡校牒》

【简注】①语出《论语·为政》。　　②进士、明经：隋炀帝科举设置明经、进士二科，以经义被选取者称为明经，以诗赋被选取者称为进士。　　③语出《论语·公冶长》。　　④恺悌：意为和乐平易。

【译文】孔子曾经说："道之以政，齐之以刑，则民免而无耻。"这种行政的方法不如先用道德、礼法对百姓进行教化，同时辅之以政令、刑法对其进行约束。要用道德、礼法去教化百姓，从来没有不通过学校去教育子弟的。此州（即潮州）的学校荒废已经很久，进士、明经等科举人才，百十年间，没有听说过学业有成出仕任职的。曾经询问州里的相关司衙，这里的百姓甚至吏目等人不知道何为乡饮酒之礼，耳边没有听闻过《鹿鸣》之类的乐曲，忠诚、孝义之类美好的品行不知道如何推行、如何劝化，这是州、县里的耻辱呀！

我听圣人曾说"十室之邑，必有忠信"，现在此州的民户有一万余户，难道就没有这样的人才吗？刺史和县令不躬行德化和礼法，为州、县百姓的师表，乡里、间巷之中后生晚辈也就没有可以学习、效法的人。州里有一位名叫赵德的书生，人姿隽秀、才气可称，其性格沉雅专静，对于经文研习颇深，能写一手好的文章，能知晓先王所倡导的道德，他的文章论说清楚，排斥异端，宗法孔氏文章道德，可以成为众人的师表。请允许他代理海阳县的县尉，并且在县衙之中担任推官，专门司职州里的学校，以督促州学之中的学生、生员，兴隆和乐平易的风气。

鄂①有以孝为旌门者，乃本其自于鄂人，曰："彼自剔股以奉母，疾瘳。大夫②以闻其令尹③，令尹以闻其上，上俾聚土以旌其门，使勿输赋，以为后劝。"

大夫常曰："他邑有是人乎？"

愈曰："母疾，则止于烹粉药石以为是，未闻毁伤支体以为养，在教未闻有如此者。苟不伤于义，则圣贤当先众而为之也。是不幸因而致死，则毁伤灭绝之罪有归矣，其为不孝，得无甚乎！苟有合孝之道，又不当旌门，盖生人之所宜为，曷足为异乎？既以一家为孝，是辩一邑里皆无孝矣；以一身为孝，是辨其祖父皆无孝矣。然或陷于危难，能固其忠孝……旌表门间，爵禄其子孙，斯为劝己，矧非是而希免输者乎！曾不以毁伤为罪，灭绝为忧，不腰于市而黩于政，况复旌其门？"

《昌黎先生集·鄂人对》

【简注】①鄠：秦汉时的县名，在今陕西省户县北。　②大夫：爵位名。秦汉时爵位有公士、上造等二十级，其中大夫是第五级，官大夫为第六级，公大夫为第七级，五大夫为第九级。　③令尹：泛称县、府等地方行政长官。

【译文】鄠县这个地方有因为孝敬父母而被旌表门间的人家，此户人家本来便是鄠县这个地方的人。有人说："这个人割下自己臀部上的肉敬奉给自己的母亲治病，不久他的母亲病情痊愈。当地的官员听说以后，将这件事情上报给上级行政长官，行政长官接到呈报后奏呈给皇帝，皇帝听说后下旨旌表了这户人家，不让他再交纳税赋，并宣告天下以这户人家作为表率去劝化孝行。"

当地的官员经常询问他人："别的地方有这样的人吗？"

韩愈说："母亲生病，奉养她给她治病，只需要给她请医生、用药就可以了，没有听说过毁伤子女的肢体，就可以让老人的病痊愈的事情，这种事情在道德教化之中是没有听说过的。如果这种行为是不损伤伦理行义的行为，那么圣贤就会当众赞赏并且亲力亲行了。如果因为毁伤自己肢体而不幸致死，那么毁伤、灭绝这样的罪行就会归结到老人身上，这样的不孝行为，没有比这更严重的了！割肉奉亲这种行为不合乎孝养之道，旌表其家更是不合适，同时也只有愚昧的人才会去做的事情，有什么值得称奇的？既然以这个人的行为为孝，那么全城的人都可以说是不孝了；以自己的这种愚昧的行为去行孝，就会显得自己的祖先都没有孝行。国家一旦陷入危难，有这种行为的人，一定能忠孝于国家吗？旌表这种人的门间，用爵禄去荣显这种人的子孙，以这种行为去劝化天下，不过是让天下人效法这种行为以免于税赋罢了！曾子所主张的孝行以毁伤自己的肢体为罪，以灭绝性命为忧，作为子女不能正常地生活在世间，却被不合适的政令所影响（是不合适的），何况旌表其门间的这种行为呢？

《论语笔解》一则

唐韩愈、李翱撰。李翱（772—836），字习之，唐陇西成纪（今甘肃秦安东）人，唐代思想家、文学家。唐德宗贞元年间登进士第，唐宪宗元和年，仕为国子博士、史馆修撰。迁考功员外郎，除朗、庐刺史，入为谏议大夫。知制诰，改中书舍人。唐武宗会昌中期，卒于山南东道节度使任，谥为"文"。李翱哲学上受佛教影响颇深，著有《复性书》。学术思想上，李翱受韩愈的影响非常深，积极协助韩愈推行古文运动。主张文章要义、理、文三者并重，"文以载道"是他文学主体的核心。他的文章素与韩愈齐名。别有《李文公集》一百零四篇。

韩（愈）曰："孝悌为百行之本，无以上之者。"

……

李（翱）曰："请以四科^①校量次第，则孝悌当德行科上也；使四方不辱君命，当言语科次也；言必信行必果，当政事科又其次；以推文学可知焉。"

《论语笔解·卷下》

【简注】①四科：语出《论语·先进》："德行：颜渊，闵子骞，冉伯牛，仲弓；言语：宰我，子贡；政事：冉有，季路；文学：子游，子夏。"

【译文】韩愈说："孝悌这种德行是天下各种品行的根本，没有任何一种品行能超过这种德行。"

……

李翱说："对孔门四科进行比较，孝悌这一品行在德行科是居于首位的；出使四方不辱国家的使命，言语科应排于其次；言必信行必果，政事科排在其次；至于文学一科它的排列位置不说也就知道了。"

《欧阳行周文集》二则

唐欧阳詹撰。欧阳詹（755—800），字行周，中唐时福建晋江潘湖欧厝人，诗人。唐德宗贞元八年登进士第，曾仕为国子监四门助教。有《欧阳行周文集》八卷传世。

"玉不琢，不成器。人不学，不知道"，器者隐于不琢，而见于琢者也；诚者隐于不明，而见乎明者也。无有琢玉而不成器，用明而不至诚焉。呜呼！既明且诚，施之身可以正百行而通神明，处之家可以事父母而亲兄弟，游于乡可以睦闾里而宁诤争……

《欧阳行周文集·卷六·自明诚论》

【译文】"玉不琢，不成器。人不学，不知道"这句话是说，要想让物品的原胎成为有用的器物，不琢不磨是不能够达成的，只有琢磨才能将物品原胎打造成有用的器物；要想让不明世事的人成为诚信之人，不去教育他让其明世事是不可以的，只有让他通明世事、礼法才能使其成为诚信、明达之人。因此说玉不琢是不可以成器的，人不去教育是不能养成其诚信、明达之风的。哎呀！既能明达世事又能诚信待人，这样美好的德行，加于自己身上就可以端正自己的各种行止，以至于通于神明。将其用于家中则可真诚地侍奉父母，进而亲爱兄弟，身处乡中则可以和睦乡邻、止息争论……

今之高悬爵禄、广设名位实大乎德行，与乎能事也？德行也者，孝悌也、忠信也，不可于公堂斯须而得试也，须渐乎父母昆弟之言，沿乎州闾乡曲之誉。

《欧阳行周文集·卷八·上郑相公书》

【译文】现在君主高悬爵禄、广设名位的现象实在是大于对人们德行的注重，这样做对国家能有所帮助吗？德行这样的事情，是指孝悌、忠信这样的品行，这些品行是不可以通过公堂的设置得到检验的，这些品行是可以从世间父母、兄弟的言语之中知道的，是可以从州闾乡曲之间对他的评价中知道的。

《李元宾文编》二则

唐李观撰。李观（766—794），字元宾，先为陇西人，后家居江东。唐德宗贞元五年登进士第，贞元八年中博学宏词，仕为太子校书郎。十年，病卒。晚唐昭宗大顺二年陆希声集李观遗文，编成《李元宾文编》十卷，《全唐文》录存文四卷，《全唐诗》录存诗一卷。

夫忠本孝而生，信载义而行。三者既亏，予生非生，行可行也。

《李元宾文编·卷二·哀吾丘子文》

【译文】忠这种品行的根本是孝这种德行，信这种品行是在义这种品行的基础上才会拥有的。忠、孝、信、义这些品行缺失了，我生活在这个世上又有什么乐趣，行为上也就没有什么可称之处了。

客有言曰："仲尼圣人也，曾参孝子也，十哲①皆仲尼门人也。察其能孝于家，能忠于君，能友于兄弟，能信于友朋，可以临事，可以成章，故加其美目也。而曾参虽不闻兼此数者，乃其近斯小者，而仲尼区别四科、前后十哲，曾参不与者何也？"

　　主人对之曰："噫！非仲尼一截此异也。四科十哲之名，乃一时之言也，非燕居之时，门人尽在而言也。于时仲尼围于陈，畏于匡，曾参不在从行之中，故仲尼言在左右者，扬其德行、言语、政事、文学，皆可邀时之遇，行已之材不得者，是以美而类之，伤而叹之，非曾参不当此数子也。使曾子于时得与数子从行，则仲尼之圣，不遗参之孝，之后冉伯牛、仲弓之目也必矣。"客于是称谢而退。

　　或者止之曰："客之问知其一未知其二，主人对得其细未得其大。且仲尼抱至圣之德，值多难之代，周游栖迟，不遇天下：仕鲁不终聘，过宋伐树，之卫不用，适楚逢患。而四科之徒，未尝离其起居，阙其弦诵，不以师道穷而日妨已之进，不以身之私而越去，终日温温孜孜，提携负荷，从其行止，如手足羽翼。时仲尼有仁思德虑未言者，颜回辄发之，故谓之德行矣；仲尼言有所陈未达，而端木赐辄达之，故谓之言语矣；子路勇毅果正之士也，侍仲尼而不善之道不得入焉，故谓之政事矣，子游、子夏之文，《春秋》之外，得与仲尼论之，故谓之文学矣。故数子居则讲仲尼之道，行役则任仲尼之事，而曾参安则在焉？患难则未尝有用焉。且夫孝者，人性常然也，不至者非人也，参苟至之，乃得为人矣，夫何异也？且十哲之徒，孰有非孝乎？而曾参独以有孝之名，加其数子之长，故不得与之同目也。何谓不在从行之中而遗之也？夫孝者不止于家也，事君慎其事，忠其命，乃孝也；事师聘其道，敬其事，乃孝也；不去危即安，不冒利背谊，乃孝也……"[2]

　　　　　　　　　　《李元宾文编·卷三·辨曾参不为孔门十哲论》

　　【简注】①十哲：孔子的十个弟子：颜回、闵子骞、冉伯牛、仲弓、宰我、子贡、冉有、子路、子游、子夏。唐制，此十人从祀于孔庙。　　②此文原载于北宋·姚铉《唐文粹·卷三十五》。

　　【译文】客人说："孔子是圣人，曾参是孝子，孔门弟子中的十哲都是孔子的弟子。考察这十个人的品行，他们能在家中孝养父母，能够忠于国家，能够友爱于兄弟，能够以信义的行为对待朋友，处理问题可以见机行事，自身的文学素养可以著述文章，因此国家对他们给予重视、赞美。而曾参却没有听说身兼这几种品行，只是因为他和孔子亲近，而且相对于孔子而言年龄小，孔子在区别出孔门四科弟子、前后十哲时，曾参为什么没有列名其上呢？"

　　主人回答说："哎呀！这并不是孔子对曾参另眼相看。四科、十哲这些名号，只是孔子一时的言语，并不是孔子在燕居讲学时，门人弟子都在的时候所说的话。当时孔子在陈蔡这个地方被困，在匡地这个地方被围，曾参并不在从行的孔门弟子之中，故此孔子所言只是对左右从行的弟子而言的，对从行弟子的德行、言语、政事、文学进行表扬，说他们都可以适合这个时代，有才能却不去发展而跟从着孔子，因此赞美他们同时对弟子们的特点进行了归类，为此感伤而叹息，这并不是说曾参不如这些弟子。假使曾参当时跟从孔子与其他的弟子一起侍从于孔子身旁，则以孔子的圣明是不会遗下曾子这样的弟子的，之后冉伯牛、仲弓这样的弟子也必然不会遗漏。"客人于是谢而退。

有人辩论说："客人的问题只知其一不知其二，主人的对答在细节上回答得清楚，但其中关键的地方没有回答出来。孔子有至圣的德操，却生逢多难时代，周游列国，恓惶不已，胸中有奇才却不被当政者所接受。孔子仕鲁没有完成理想，周游列国时遇到宋人伐树的困境，到达卫国不被任用，来到楚国时逢战乱兵患。而跟从他周游列国的四科弟子，没有离开他，一直侍奉着他起居，一有空闲即与孔子一起弦诵不止。他们不以老师实现理想的道路困难而妨害自己的进步为意，没有因为自己的私情而离去，终日在老师的身边温温孜孜，提携负荷，跟从老师的脚步，犹如手足羽翼一样。当孔子有仁思德虑没有说出的时候，颜回就替老师说出，所以说他在"德行"一科当中；当孔子有言语没有表达出来时，端木赐就将其言语表述出来，所以说他在"言语"科之中；子路是勇毅果正道德之士，他侍奉孔子使不好的言语不入夫子的耳中，所以他在"政事"一科中；子游、子夏精于文学，《春秋》之外的典籍，能够与仲尼谈论，所以他们在"文学"一科中。正因为这样几位贤人在居住的时候宣讲孔子之道，行走时处理孔子所交办的事情，而这时候曾参在那里哪？没有经过共同的患难是不会知道他的才能的。而且孝这种品行，是人性之中的常道，没有这一品行的人是不能称之为人的，曾参做到了这件事，才得以成人，有什么特异之处呢？而且孔门的十哲弟子中，难道有不孝的人在吗？曾参独自因"孝"而闻名于世，只是在这个方面比其他的弟子做得好，因此不与孔门的十哲弟子共同排列。又怎么能说他只是因为没有跟从孔子周游便遗落了他呢？孝这一品行的表现不仅仅是在家中，恭敬地侍奉君主，谨慎地对待国家政事，忠诚于使命，是孝的表现；侍奉老师、传习老师的道义，敬奉其事，是孝的表现；不去危险的地方、平平安安，不因利益背叛友谊，也是孝的表现……"

《李文公集》三则

唐李翱撰。

人既富乐其生，重犯法而易为善。教其父母使之慈，教其子弟使之孝，教其在乡党使之敬让。羸老者得其安，幼弱者得其养，鳏寡孤独有不人疾者皆乐其生，屋宇相邻、烟火相接于百里之内。与之居则乐，而有礼与之守，则人皆固其业，虽有强暴之兵不敢陵自百里之内。推而布之千里，自千里而被乎四海，其孰能当之？是故善为政者，百姓各自保。

《李文公集·卷三·平赋书》

【译文】人们生活富足了就会以生活为乐，这时要注重的是不去触犯礼法，要改恶向善。对于国家来说，要教育为人父母的人，让他们慈爱子女；教育为人子女的人，要他们孝敬父母亲人；教育人们在居住地要处理好与乡邻的关系，要知道并遵行敬让之道。做到了这些，年纪老迈、身体羸弱的人就能够安适地生活，幼小、孱弱的人就能够得到抚养，鳏寡孤独以及那些身患疾病的人就会快乐地生活，就会出现屋宇相邻、烟火相接于百里之内的太平景象。与人相邻而居能相处快乐，能守之以礼，人们都做到了，则会出现人人固守其业的现象，就算是有强暴的军队也不敢侵凌这样的地方百里之内。将这种教化方法推行广布千里，由千里推至天下，又有什么力量能阻止国家的繁荣昌盛呢？因此说善于执政的人，所统御的百姓能自保其身。

善理其家者亲父子、殊贵贱，别妻妾、男女、高下、内外之位，正其名而已矣！古之善治其国者先齐其家，言自家之刑于国也。欲其家之治先正其名，而辨其位之等级。名位正而家不治者有之矣，名位不正而能治其家者未之有也！

《李文公集·卷四·正位》

【译文】善于处理家庭事务的人家父子相亲，知道贵贱的区别，在家中妻妾、男女、高下、内外之类要分辨得十分清楚，这只是端正其名就可以做到了！古时候善于治理国家的人必定先修治齐整自己的家庭，自言家中的规范可以比拟国家的规范。要想修治齐整自己的家庭必定要先端正其名，分辨清楚家庭成员的位置。家中名位端正了，有些家庭依然不能大治，这样的事情是有的，但是名位没有端正，却能修治齐整好家庭的现象是没有的呀！

百姓之所不乐其业，而父子夫妇或有不能相养矣！父子夫妇不能相养，而望太平之兴，虽妇人女子皆知其未可也。

《李文公集·卷九·疏绝进献》

【译文】百姓之所以不能安居乐业，父子、夫妇不能够相养，生活不下去，是其中的一个重要原因！父子、夫妇不能相养，国家却指望出现太平之世，就算是妇人、女子之类的人也知道这是不可能实现的。

《吕衡州集》三则

唐吕温撰。吕温（771—811），字和叔，又字化光，唐河中（今山西永济）人。唐德宗贞元十四年登进士第，次年中博学宏词科，授集贤殿校书郎。曾仕为衡州刺史，世称"吕衡州"。其文俊拔赡逸，颇有文采，与柳宗元、元稹等相厚。辛后，刘禹锡将其诗文辑为《吕衡州集》二十卷，后有《吕和叔文集》行世，《全唐诗》收其诗二卷百余首。

夫教者，岂徒博文字而已，盖必本之以忠孝，申之以礼义，敦之以信让，激之以廉耻，过则匡之，失则更之。如切如磋，如琢如磨①，以至乎无瑕。

《吕衡州集·卷三·书序·与族兄皋请学春秋书》

【简注】①如切如磋，如琢如磨：语出《诗经·卫风·淇奥》。

【译文】对于教化这样的事情，岂止是教人认识文字、会写文章之类。对世间的教化来说，必定要以教化人们养成忠孝这样的德行作为育人培德的根本，向人们申明礼法、道义，培养人们具备信实、礼让的行为规范，激起人们的廉耻之心，有过错就要匡正，有失误就要更正，就如同《诗经》所说的"如切如磋，如琢如磨"那样，通过教化让人们的品行达到无瑕。

夫立人之道，本乎性情。生而知曰性，感而动曰情，性虽生情，情或灭性，是以圣人患其然而为之节。诚而明之，中而庸之，建以大伦，统以至顺。伦莫极于父子，顺莫先于慈孝，然而全之者正也。慈不得其正则失子，孝不得其正则失亲，救失之术存乎善教。

《吕衡州集·卷八·望思台铭》

【译文】成就一个人、让一个人成才的途径，其根本在于知晓这个人的性格情趣。一个人生下来被人知晓的品行是性，被事物所感动而产生情绪的变化是情，人的性格可以产生不同的情感，被情感所左右有可能灭绝自己的品性，因此圣人忧患是为这种情况，从而制定了礼法、道德，对人的性情加以节制。用真诚的品行去明了世事，用持正中和的态度去调节世事，建立了世间的理法伦常，统御天下使天下出现大顺的景象。人伦道德没有比父子之间的恩义更大的，敬顺父母是先从父母慈爱子女、子女孝敬父母开始的，只要做到这些、做全面了这些，那么人伦道德也就会正常。父母慈爱子女如果没有正确的方法，就会让子女心中产生不好的情绪；子女孝养父母没有正确的方法，就会让父母失望。要想让这种情况得到改善，其方法就是善于用正确的道德、礼法去教化、劝导百姓。

夫一二相生，大钧①造物，百化②交错，六气③节宣，或阴阖而阳开，或天经而地纪，有圣作则实为人文。若乃夫以刚克，妻以柔立，父慈而教，子孝而箴父母，此室家之文也。

《吕衡州集·卷十·人文成化论》

【简注】①大钧：代指天或者自然。　　②百化：代指万物生长发育。③六气：自然气候变化的六种现象，一般指阴、阳、风、雨、晦、明。

【译文】天地之间阴阳相生，自然孕育生成万物，天地万物交错相连，阴、阳、风、雨、晦、明等自然气候变化的六种现象循环出现。或者阴气止息阳气开合，或者因日月推行而四季变化，有圣明的人述作这些现象，这些述作便成了人们的行为准则。就如同在一个家庭之中丈夫以刚正的性格持家，妻子以柔顺的态度相补，父亲慈爱子女、教育子女，子女孝敬、规整父母的过失，这正是家庭之中的行为规则。

《刘宾客文集》六则

唐刘禹锡撰。刘禹锡（772—842），字梦得，唐代洛阳人，自称是汉中山靖王后裔。唐朝文学家、哲学家、诗人，有"诗豪"之称。唐德宗贞元九年登进士第。曾任监察御史，是王叔文政治改革集团的一员。死后，被追赠为户部尚书。有《刘宾客文集》《刘梦得文集》等传世。

求忠臣于孝子，求良妇于笃己，食子尽节也……若谓其孝于亲未必能忠，专于夫未必能贞，忍于子未必能忍于其他，仁于兽未必能仁于其类，则是天下之人尽不可信，而尽可诬，固不然也！

《刘宾客文集·卷十·上杜司徒书》

【译文】求忠臣于孝子之门，求良妇于敢于端正自己和丈夫过失的人家，享受子女奉养以尽自己的节操……如果说能孝敬父母亲人的人未必能忠诚于国家，能够指正自己过失的女子不能成为贞妇，能够忍受子女谏正的人未必能忍受其他人的指正，能够以仁心对待世上动物的人未必能以仁德之心对待兽类，那么天下之人就都不可信了，都可以被诬、被构陷。世间的事实在不是这种样子呀！

示人以孝，得礼之中，既观秩秩①之容，必降穰穰②之福。

《刘宾客文集·卷十三·京兆李尹贺迁献懿二祖表》

【简注】①秩秩：顺序之貌。《荀子·仲尼》篇："贵贱长少秩秩焉。"　②穰穰：穰的意思为众多的样子。穰穰代指五谷丰饶。

【译文】示人以孝，就可以明白在世间的礼法之中如何做到持中，既能让人感到自己落落大方、循规蹈矩、持中守身的容姿，上天必定会降下丰饶的福气。

忠、廉、孝、友，爱才与物，合是粹美，以将之邪，可谓全德矣！

《刘宾客文集·卷十九·唐故相国赠司空令狐公集纪》

【译文】忠、廉、孝、友这些德行，爱才与爱物这些品行，和合起来就会成为粹美的德行。如果人们拥有了这些德行，就可以说是具备全方位的德行了。

《礼》曰："士依于德，游于艺。"①

"德者何？曰至，曰敏，曰孝之谓。"

"艺者何？礼、乐、射、御、书、数之谓。是则艺居三德②之后，而士必游之也。书居数之上而六艺之一也。《语》曰：'饱食终日，无所用心，难矣哉！'③"

《刘宾客文集·卷二十·论书》

【简注】①士依于德，游于艺：语出《礼记·少仪》。　②三德：即三种品德。《尚书·洪范》中称："三德，一曰正直，二曰刚克，三曰柔克。"孔颖达的《注疏》中称："一曰正直，言能正人之曲使直；二曰刚克，言刚强而能立事；三曰柔克，言和柔而能治。"《周礼·地官·师氏》中答："以三德教国子，一曰至德，以为道本；二曰敏德，以为行本；三曰孝德，以知逆恶。"　③"饱食终日，无所用心，难矣哉！"：语出《论语·阳货》。

【译文】《礼记》中说："士子的行止要以良好的道德为标准，学习各种技艺。"

"什么是德？指的是尽善尽美的品行，指的是勤勉的学习态度，指的是具有孝敬父母、长辈等道德行为。"

"什么是技艺？指的是礼、乐、射、御、书、数这六艺。这是因为技艺是居于三种良好的德行之后的，而士子学习技艺必须先具备德行。六艺中的书居于数之上，是六艺之中的一项。《论语》中说'饱食终日，无所用心，难矣哉！'就是这个道理。"

夫忠孝之于人如食与衣，不可斯须离也，岂俟余勖哉？仁义道德非训所及可勉而企者，故存乎名。

《刘宾客文集·卷二十·名子说》

【译文】忠诚、孝义这些品行对于人们来说，就犹如人们日常吃的食物、穿的衣服一样，一刻也离不开，又怎么用得上我去劝勉人们？仁义、道德这种品行并不是通过训诫就可以让他人达到的，而是通过自己的努力才能达到，因为这些品行是存于名教之中的。

人子之孝在乎扬其先德以耀于远。

《刘宾客文集·外集卷九·唐故监察御史赠尚书右仆射王公神道碑》

【译文】为人子女孝敬自己的父母、长辈的关键，在于能够宣扬祖先的德行，并且以自己的行动让后世的子孙以为楷模。

《白氏长庆集》八则

唐白居易撰。白居易（772—846），字乐天，晚年又号香山居士，中唐时河南新郑（今河南新郑）人，中国文学史上负有盛名且影响深远的唐代诗人和文学家，有"诗魔"和"诗王"之称。唐德宗贞元十六年登进士第，历仕中唐时期德、顺、宪、穆、敬、文诸朝，先后仕为秘书省校书郎、盩至尉、翰林学士、左拾遗、杭州刺史、苏州刺史。晚年以太子宾客分司东都，官至太子少傅，谥号"文"。有《白氏长庆集》七十一卷传世。

大凡恭之义有三：以孝保身子之恭，以正承命臣之恭，以道守嗣君之恭。若弃嗣以非礼不可谓道，受命于非义不可谓正，杀身以非罪不可谓孝，三者率非恭也。

《白氏长庆集·卷四十六·晋谥恭世子议》

【译文】 "恭"的表现有三个方面：以孝行、孝德保全自己是恭的表现，以端正的态度、清正的行止承奉君命是恭的表现，以天地运行的规则保全嗣君是恭的表现。如果违反礼法废弃嗣君，是不符合天地之道的；受命于非义，这样的行为不可以称之为正；犯杀身之罪不能保全身体的人，不可以称之为孝。这三种情况都不是恭的表现。

读书者以五代典谟①为旨，不专于章句诂训之文也；习礼者以上下长幼为节，不专于俎豆之数，禓②袭之容也；学乐者以中和孝友为德，不专于节奏之变缀。

《白氏长庆集·卷六十五·救学者之失礼乐诗书》

【简注】①典谟：是《尚书》中《尧典》《舜典》和《大禹谟》《皋陶谟》等篇的合称，也可单指《尚书》，一般意为历代经典。 ②禓：古时驱逐鬼魅的一种祭祀。

【译文】 读书人要以历代经典中的思想作为立身处世的宗旨，不要只是专注于训诂、考据文字之类的事情；学习礼法，要以通晓上下长幼之序作为节制自己行为的方法，不要只是专于祭礼、驱鬼之类的事情；学习乐的人要体会、修养乐中的中、和、孝、友这些德行，不要只是专注于节奏的变化。

臣闻祭祀之义，大率有三：禋于天地，所以示人报本也；祠于圣贤，所以训人崇德也；享于祖考，所以教人追孝也。三者行于天下，则万人顺、百神和，此先王所以重祭祀者也。

《白氏长庆集·卷六十五·议祭祀》

【译文】 臣听说祭祀的意义，大约有三个方面：用洁白的酒水去祭祀天地，是为了向天地呈报以示不忘根本；祠祭圣贤，是为了教育子孙做人行事要崇尚仁德；祭祀祖先，是为了让人们不要忘记孝这种德行。这三方面的内容行之于天下，就会出现民风顺遂、百神和合的景象，因此先王崇尚祭祀。

臣闻昔者西伯善养老而天下归心。善养者，非家至户见衣而食之也，盖能为其立田里之制以安其业，导树畜之产以厚其生，使生有所养，老有所终，死有所送也。近代之主，以为老者非帛不暖，非肉不饱，而特颁其布、帛、肉、粟之赐，则谓养老之道尽于是矣。臣以为此小惠也，非大德也，何则？赐之以布帛，仁则仁矣，不若劝其桑麻之业，使天下五十者可以衣帛矣；赐之以肉粟，惠则惠矣，不若教其鸡豚之畜，使天下七十者可以食肉矣。然后牧以仁贤，慎其刑罚，虽不与之年，而老者得以寿矣；不夺其力，不扰其时，虽不与之财，而老者得以富矣；使幼者事长，少者敬老，虽不与之爵，而老者得以贵矣。此三代盛王所以不遗年而兴孝者，用此道也。

《白氏长庆集·卷六十五·养老在使之寿富贵》

【译文】臣听说上古周文王因善于奉养老年人而使天下百姓归心。善于养老，并不是到每户人家见到老人就给他们衣服、食物，而是能为百姓树立田亩制度，使他们安居乐业，引导百姓从事种植、畜牧，使其有优厚的生活物质，使百姓生下来就能被养育，老年之时有所依靠，去世的时候能有人送别他们。近古时的一些君主，认为老年人没有帛做成的衣服就不会暖和，没有肉食吃就不会有饱的感觉，因而特别颁布诏旨，赐予老年人布、帛、肉、粟，他们认为这样就是养老之道，做到这些就可以了。臣认为这些都是对老年人所施的小惠，并不是大德，为什么呢？赐给老年人布、帛，是体现了国家对老年人的仁政，不如劝导百姓种植桑麻，兴起纺织，使天下五十岁以上的老人都可以有衣穿、有帛用；赐给老年人肉、粟，的确也体现了国家对老年人的惠政，不如让百姓养鸡、养猪，兴起畜牧业，使天下七十岁以上的老人可以吃到肉食。然后让贤能的人担任地方的牧守，用仁德去施政，再谨慎地使用刑罚，虽然这样做不一定能增加老人们的寿命，老年人（心情愉悦）也可以得到长寿；不去侵夺老年人的气力、不在不合适的时间去扰乱老年人，就算不赐予老年人财物，老年人也可以得到富足；让年幼的人侍奉长者，让年少的人去敬奉老人，就算不赐给老年人爵位，老年人的地位也会得到提高。这正是上古三代盛世时，贤德的君主不遗弃老年人而兴起孝行的原因，他们正是采用的这种方法。

子道贵恭，当从理命，交游重义，盖恤哀情。孝不在于诡随，仁岂忘于恻隐。

《白氏长庆集·卷六十三·判》

【译文】子女侍奉父母亲人之道在于恭敬，应当遵从父母合理的令旨，交游的时候要重信义，对那些被怜恤的人要有同情心。孝这种德行不要不论事情的好坏都去听从，仁德又岂能遗失恻隐之心。

法师所难："十哲四科，先标德行。然则曾参至孝，孝者百行之先，何故曾参独不列于四科者。"

对："曾参不列四科者，非为德行才业不及诸人也，盖系于一时之事耳，请为终始言之。昔者仲尼有圣人之德，无圣人之位，栖栖应聘七十余国，与时竟不偶，知道终不行，感凤①泣麟②，慨然有"吾已矣夫"之叹。然后自卫反鲁，删《诗》《书》，定《礼》《乐》，修《春秋》，立一王之法，为万代之教。其次则叙十哲，论四科，以垂示将来。当此之时，颜、闵、游、夏之徒，适在左右前后，目击指顾，列入四科，亦一时也。《孝经》云："仲尼居，曾子侍。"此言仲尼闲居之时，曾参则多侍从。曾参至孝，不忍一日离其亲，及仲尼旅游历聘，自卫反鲁之时，曾参或归养于家，不从门人之列，伦拟之际，偶尔见遗。由此明之，非曾参德行才业不及诸门人也，所以不列四科者，盖一时之阙耳。因一时之阙，为万代之疑，从此辨之，又无可疑矣。"

《白氏长庆集·卷六十八·三教论衡·僧问》

【简注】①感凤：典出《论语·子罕》，子曰："凤鸟不至，河不出图，吾已矣夫！" ②泣麟：典出《春秋左氏传·哀公》"十四年，春。西狩于大野，叔孙氏之车子钮商获麟，以为不祥，以赐虞人。仲尼观之曰：'麟也'，然后取之。"

【译文】法师责难说："孔门弟子有十哲，分四科，先标定了德行科。然而曾参至孝，（儒家认为）孝行是天下百行之中最先应遵守的行为准则，为何曾参独不列于四科之中？"

回答说："曾参不列于孔门四科之中，并不是德行不如其他的弟子，只是因为孔子所说四科弟子时只是一时之事，请听我认真地分析这些言语。以往孔子有圣人的德行，却没有得到圣人应有的地位，恓恓惶惶地周游列国，直至年近七十的时候，其学识、德行在那个时代竟没有遇到知遇之君。他知道他所提倡的大道，不能施行于那个时代，感叹祥鸟凤凰的离去，悲泣麒麟的丧亡，慨然而叹'我这一生就要结束了'，之后从卫国回到鲁国，删定《诗经》《书经》，审定《礼经》《乐经》，修正《春秋》，确立天下一统之后的礼法，成为历代所遵行之法。其次则是论叙十哲弟子，将弟子们分为四科，以垂示将来。在那个时候，颜回、闵损、言偃、卜商这些弟子，都在孔子左右，夫子指着周围看到的弟子，将他们列入四科，这只是一时之事罢了。《孝经》中说：'仲尼闲居、读书、讲学时，曾子在一旁侍奉。'这句话是说仲尼闲居的时候，曾参在一旁侍从。曾参至孝，不忍一日离开自己的亲人，在孔子周游列国直至从卫国回鲁国之时，曾参有时归养于家，不在从行的孔门弟子当中，孔子议论弟子们的德行学业的时候，偶然遗漏。由此就可以明白，并不是曾参的德行、才业不及孔门弟子里的其他诸人，之所以不列于四科之中，只是一时之阙漏罢了。因一时的阙漏，为历代学者所疑惑，以此分辩之后，就不会有所疑问了。"

　　法师所问："《孝经》云：'敬一人则千万人悦。'其义如何者？"
　　对："谨按《孝经·广要道章》云：'敬者礼之本也，敬其君则臣悦，敬一人则千万人悦，所敬者寡而悦者众，此之谓要道也。'夫敬者谓忠敬，尽礼之义也；悦者谓悦怿，欢心之义也；要道者谓施少报多，简要之义也。如此之义明白，各见于经文，其间别有所疑……"

《白氏长庆集·卷六十八·三教论衡·道士问》

　　【译文】法师问道："《孝经》中说：'敬奉一个人则千万人心中欢悦。'这句话如何理解？"
　　回答说："谨按《孝经·广要道章》中说：'敬奉长者是礼仪的根本，敬奉君主臣子就会欢悦，敬奉一个人则千万人心中欢悦，所以敬奉的人少而欢悦的人多，这才可以体现出孝这一德行是天下德行的根本之处。''敬'这个字可以理解为忠诚、敬养，这里有极尽礼法的意思；'悦'这个字可以理解为欣悦，是欢喜、高兴的意思；'要道'指的是施行的少回报的多，有简要指出根本之处的意思。这样这句话的意思就会很明白，此句在经文之中经常见到，其间很少有什么疑问……"

　　夫忠于上者，教有所自；仁于下者，恩有所延。孝理之风，实繇此作。

《白氏长庆集·张植李翱等二十人亡母追赠郡县夫人制》

　　【译文】能忠诚地对待居于上位的人，他的教育修养自然是达到了极处；

对于以仁德对待下属的人来说，可以说是恩德的延续。国家教化百姓要拥有孝行这种风气，正是由此而产生的。

《柳河东集》六则

唐柳宗元撰。柳宗元（773—819），字子厚，唐代河东郡（今山西永济）人，世称"柳河东"，因官终柳州刺史，又称"柳柳州"。唐代文学家、哲学家、散文家和思想家，与韩愈共同倡导唐代古文运动，并称为"韩柳"，唐宋散文八大家之一。唐德宗贞元九年登进士第，十四年登博学宏词科，授集贤殿正字。唐顺宗永贞元年九月，革新失败，贬邵州刺史，十一月柳宗元加贬永州司马。唐宪宗元和十年春回京师，又出为柳州刺史，元和十四年十一月初八卒于柳州任所。柳宗元一生留诗文作品600余篇，其文的成就大于诗。骈文有近百篇，散文论说性强，笔锋犀利，讽刺辛辣。哲学著作有《天说》《天时》《封建论》等。柳宗元的作品由唐代刘禹锡保存下来，并编成集。有《柳河东集》。

凡士人居家孝悌恭俭，为吏祗①肃。出则信，入则厚。足其家，不以非道；进其身，不以苟得。时退则退，尊老无井臼之劳。和安而益寿，兄弟衎衎②以相友。不谋食而食给，不谋道而道显。

《柳河东集·卷二十四·送从弟谋归江陵序》

【简注】①祗：恭敬的样子。　　　②衎衎：和乐、愉悦、喜爱的样子。

【译文】凡士人居家的时候必定要修养孝、悌、恭这样的德行，拥有了这样的德行，出仕时就能够做到恭敬而且严肃。立身处世要讲求信义，居家之时要待人敦厚。让自己的家庭富足，不要用不正当的手段；谋求上进，不要苟且以不正当的方法获得。时机不对时要知道进退，要尊奉老人，不要让老人去劳作。处世要平和、安静，这样就可以长寿。兄弟之间要和乐、要愉悦、要友爱。做到了这些即便是不主动地去谋求仕禄，仕禄也会到来；不主动去寻求道，道也在自己的行为中显现出来。

事于天地示有尊也，不肃则无以教敬；事于宗庙示广孝也，不肃则无以教爱；事于有功烈者示报德也，不肃则无以劝善。

《柳河东集·卷二十六·监祭使壁记》

【译文】君主侍奉上天是向天下的百姓表示，即便是君主也有尊奉的对象，这种时候不肃穆是不足以教化天下敬恭的；侍奉宗庙是向天下的百姓表示，国家推广孝道的决心，不肃穆是不足以教化天下敬爱父母亲人的；尊祀有功的烈士是向天下表示，国家不会忘记这些人为国建功的德行，不肃穆是不足以教化天下人遵从善行的。

孟子称"不孝有三，无后为大"①，今之汲汲于世者，唯惧此而已矣！天若不弃先君之德使有世祀，或者犹望延寿命以及大宥，得归乡闾立家室则子道毕矣！过是而犹竞于宠利者，天厌之！天厌之！

《柳河东集·卷三十·与杨京兆凭书》

【简注】①　"不孝有三，无后为大"句：语出《孟子·离娄上》。

【译文】孟子称"不孝有三，无后为大"，现在世间许多人，唯惧此事而已！上天如果不弃先辈的德行，使先辈能得到奉祀，或许有可能在孙辈有罪责时，延续子孙的生命，甚至得到国家赦免。这样的人回归家乡之后成家立室，可以说是完成了子道中所要求的事情！只是如果依然如同以往那样竞名、逐利，上天也会厌弃他！上天也会厌弃他！

夫伪孝以奸利，诚仁者不忍摘过，恐伤于教也。然使伪可为而利可冒，则教益坏，若然者勿与知焉可也！伏而不出之可也！

《柳河东集·卷三十一·与吕恭论墓中石书书》

【译文】假的孝行，是为了获得某种利益，那些诚信仁德之人不忍指摘这种人的过失，这是因为如果这样做了，恐怕有伤于教化。然而如果纵容假的为谋利而生的行为，使其冒滥，那么世间的教化就会败坏。如果出现了这种情况，人与人之间也就不会相知了！贤良之人也就会伏而不出了！

今之世，为人师者众笑之，举世不师，故道益离；为人反者，不以道而以利，举世无友，故道益弃。呜呼！生于是病矣！歌以为箴。既以儆己，又以诚人。

《柳河东集·师友箴》

【译文】现今这个世道，为人师的人会被众人所笑，在这个时代中不尊敬老师，于是人们的行止便渐渐背离于大道；人与人之间交往，不以道德行为为标准，而以利益来衡量，这就使得世间很少会出现德行相交、相互为友的人，于是天下的大道日益被离弃。哎呀！这种情况就算是生存于世，也是有病患呀！写出这些语句去劝导世人，既是警醒自己，又可以劝诫他人。

夫人与仁孝偕生，以礼顺偕长，始于家，纯如也；终于夫族，穆如也。其为子道也，孝以和，恭以惠，取与承顺，必称所欲。

《柳河东集·亡姊前京兆府参军裴君夫人墓志》

【译文】亡姊是与仁孝这样的德行相伴而生的，以礼和顺这样的品行相伴而成长的，她的这种德行在未嫁前就已经修养而成，其品性纯如朝霞；嫁于夫家后亦保持了这种品行，举止雍穆。在行子道的时候以孝使家庭和睦，恭敬地对待公婆、慈惠地对待子侄，无论是做什么样的事情，必定能做到令家人满意。

《元氏长庆集》二则

唐元稹撰。元稹（779—831），字微之，中唐时河南洛阳人。唐德宗贞元九年明两经擢第。曾仕为秘书省校书郎、左拾遗、监察御史、祠部郎中、知制诰、中书舍人，充翰林院承旨。唐穆宗时居相位三个月，卒赠尚书右仆射。与白居易友善，其倡和诗文被称为"元和体"。有《元氏长庆集》六十卷，补遗六卷，存诗八百三十余首。

孝子之于事亲也，贫则有啜菽之欢，仕则有捧檄之庆，离则有陟屺①之叹，殁则有累茵②之悲，推而言之，其揆一也。不有追锡③，何以达情？

《元氏长庆集·追封李逢吉母王氏等制》

【简注】①陟屺：语出《诗经·魏风·陟岵》，后因以"陟屺"作为思念母亲的典故。　②累茵：语出《孔子家语·致思》："昔者由也事二亲之时，常食藜藿之实，为亲负米百里之外。亲殁之后，南游于楚，从车百乘，积粟万钟，累茵而坐，列鼎而食，愿欲食藜藿，为亲负米不可复得也。"这里的累茵，指多层垫褥。后以"累茵之悲"作为悲念已故父母的典故。　③追锡：即追赐，追加封赠。

【译文】孝子在侍奉父母双亲这件事情上，贫穷的时候尽自己的能力奉养父母，出仕之后要让父母得到国家升赏这样喜庆的事，让父母为自己感到骄傲，出门离开家时要有依恋，为不能侍奉于父母跟前而叹息，父母去世时要为父母的去世而伤悲，推而言之，其道理是一样的。子女做出功绩，不能对父母有所封赠，如何才能表达国家对孝道的推崇，子女如何才能表达对父母恩情的回报呢？

德之至者有二，政之大者有三。三政：一曰仁，为惠政；二曰法，为善政；三曰谦，为和政。二德：一曰忠，为令德；二曰孝，为吉德。

《元氏长庆集·卷五十二·沂国公魏博德政碑》

【译文】道德达至极致有两种表现，好的施政方法有三种。三政指的是：一是仁，这是施惠于天下的政令；二是法令，是让天下从善的政令；三是谦，这是让天下和合的政令。道德的两种极致的表现：一是忠，是一种至高的美德；二是孝，这是一种高尚的品德。

《会昌一品集》一则

唐李德裕撰。李德裕（787—849），字文饶，唐代赵郡赞皇（今河北赞皇）人，晚唐名相。幼有壮志，苦心力学，尤精《汉书》《左氏春秋》。卒追赠太子少保、卫国公，又赠尚书左仆射。有《会昌一品集》《左岸书城》《次柳氏旧闻》等传世。

欲知将相之贤不肖，视其货殖之厚薄。彼货殖厚者，可以回天机，斡河岳，使左右贵幸，役当世奸人，若孝子之养父母矣。阴阳不能为其寇，寒暑不能成其疾，鬼神不能促其数，雷霆不能震其邪。是以危而不困，老而不死，纵人生之大欲，处将相之极位，兄弟光华，子孙安乐。

《会昌一品集·李卫公外集卷四·衣服史·货殖论》

【译文】要想知道将相是贤能还是不肖，观察他们施政时所施行的发展经济的策略就可以知道。经济发展好的，可以回转天机，可以为河岳增色，可以让身边的人富贵上进，可以役使那些品行不正的人，不让他们有什么不好的心思和行为，这就如同孝子奉养父母一样。无论是白天还是黑夜，都不让父母处于危险之中，无论是热天还是冷天，都不让父母生病，做到了这些就算是鬼神也不能减却父母的寿数，雷霆也不能击打出奸邪。人们富足了，就算处于危难之中也不会为之困顿，年纪老了也不会横死，贤能的将相做到这种境地，才能体现出人生的大欲，才可以处于将相的极位，才可以使兄弟们显扬于世，才可以使子孙安乐。

《续孟子》一则

唐林慎思著。林慎思（844—880），字虔中，号伸蒙子，世居长乐县（今福建长乐）。唐懿宗咸通年间状元及第，其兄弟五人俱中进士，为福建历史上第一家兄弟五进士，时称"五子登科"。唐僖宗广明元年黄巢攻占长安时，领兵迎战，力尽被擒杀。林慎思的思想博采儒、道、法诸家，而独成一家之言。施政理民方面，主张施政须用"恩刑"两手。科举上，他主张唯贤是举。是福建历史上第一位思想家，开宋代理学崛起的先声。著有《伸蒙子》三卷、《续孟子》二卷。

庄暴问孟子曰："鲧遭舜殛①，禹受舜禅，其为孝乎？"

孟子曰："禹之孝在乎天下，不在乎一家也。夫鲧遭舜殛公也，禹受舜禅亦公也，舜不以禹德可立而不殛鲧是无私于禹也，禹不以父仇可报而不受禅是无私于舜也。且舜哀天下之民于垫溺也，命禹治之，禹能不私一家之仇而出天下之患也，此非禹之孝在乎天下，而不在乎一家欤？苟私一家之仇，而忘天下之患，则何以为禹之孝？故孔子曰：'禹吾无间然矣！'②其是之谓乎。"

《续孟子·卷下·庄暴十二》

【简注】①殛：即殛刑，指处死的刑罚，汉代这一刑罚也有流放、放逐一说。东汉蔡琰的《胡笳十八拍》中曾说："我不负神兮，神何殛我越荒州？"②"禹吾无间然矣"句：语出《论语·泰伯》。

【译文】庄暴问孟子说："鲧被舜处以殛刑，禹接受了舜的禅让，禹的行为算得上孝吗？"

孟子说："禹的孝行是对天下而言的，不只是对一家而言。而且鲧被舜处以殛刑是舜以公心处置的，禹接受舜的禅让也是出于公心。舜帝没有因为禹的德行可以立于天下而不处以鲧殛刑，正是向禹展现处理国家大事时要大公无私于天下。禹不因为一家之仇可以报而不接受舜的禅让，也是向舜展示自己心中无私。而且舜哀怜天下的百姓挣扎于洪水、沟壑之中，命禹治理洪水，禹没有因为一家的私怨而懈怠，带领天下的百姓根治了天下之患，禹的孝行不正是对天下而言，不在乎一家一室的私怨吗？如果禹因为一家一室的私怨而忘却天下的祸患，禹的孝行又如何成为天下的表率？因此孔子说：'对于大禹的德行，我实在是说不出他有什么不足的地方了！'孔子的意思正是这样啊！"

《素履子》三则

　　唐张弧著。张弧，生卒年、籍贯不详，曾为将仕郎试大理寺评事。《宋史·艺文志》载张弧有《素履子》一卷，现三卷本为后人所分析。

　　素履子曰："《经》云：'夫孝，天之经也，地之义也，人之行也。'①兼曰：'夫孝德之本，教之所由生。'②治国治家者立德为先，立德之本，孝之为始。昔舜禹有至德至孝，存身立德而成，皆以孝行，舜让而尊，故云：'先王有至德要道，以顺天下。民用和睦，上下无怨，孝之始也。'孝感天地，应乎神明，天子孝龟龙③负图，庶人孝草木荣茂。昔曾子孝父母，身体发肤不敢毁伤，至于终身跬步之间不忘孝道。一切禽兽草木取之以时，不违天道，竭力尽忠，此为孝子之志也。夫人有百行，不孝者如玉屑盈匣，终无用也。"

《素履子·卷上·履孝》

　　【简注】①②皆出自《孝经》。　　③龟龙：即龟和龙。古人以为二者均是灵物，可通于天地之间。

　　【译文】素履子说："《孝经》中曾说：'人的孝行是天经地义的，是人立身处世的行为准则。'之后又说：'孝这一品行是德行的根本，天下的教化都要从树立人们的孝行开始。'治国、治家都要以树立德行作为首要的事情，树立德行的根本，是从树立人们的孝行开始的。以往大舜、大禹都有至高的德行、至孝的品行，他们的这些品行都是他们拥有了良好的品质之后才能达到的，他们都具有至高的孝行，大舜禅让大禹而显示出了尊贵的品行，所以说：'上古时的先王用至高的德行、施行于天下的大道施政于民，使天下出现大顺的局面。百姓之间出现和睦的景象，上上下下没有什么怨怼之心，这才是孝行施于天下的开始。'孝这一品行可以感通于天地之间，可以通达于神明之中，天子如果有孝行，以龟、龙就会负图而出去褒扬他，百姓有孝行那么天地间的草木就会繁盛丰茂。以往曾子孝敬父母，身体、毛发、肌肤不敢毁伤，以至于终身就算是在行走之间也不忘孝道。取用禽兽、草木的时候不违反天时，不违逆天道，竭力尽忠于国家，这才是孝子的志气所在。人有各种各样的行为，从事各种各样的行业，不孝的人犹如盛满玉石碎屑的匣子，终究是没有用的。"

夫父慈子孝，兄良弟悌，夫义妇听，长惠幼顺，君仁臣忠之道礼之本也。

《素履子·卷中·履礼》

【译文】父亲慈爱，子女孝敬，兄长温良，兄弟友悌，丈夫信义，媳妇柔顺听从，长者惠施，幼小顺从，君主仁德，臣子忠诚之道，是礼的根本所在。

君子当其位行其道，不逾越而奢侈，不俭陋而乖礼，不过淫以声色，不贪暴于货财，绝骄奢、去耽嗜、贬酒阙色、去嫌远疑、济物利人、安民和众，常守谦慎之心，不忘忠孝之志。《道经》云"知足者富"，《孝》曰"高而不危"，所以长守贵，满而不溢，所以长守富。

《素履子·卷下·履富贵》

【译文】君子处于自身的位置上，要行君子之道，不要因为逾越而做奢侈的事情，不要因为俭陋而做乖背礼法的事情，不要因为放纵自己的情欲而纵情声色，不要贪婪、暴虐、贪于财货，要去除骄奢的念头，去除不好的嗜好，不要纵情于酒色之中，要去除他人的嫌隙，远离被人所疑的事物，要做济物利人的事情，要使百姓安乐、和合世人，要常守谦虚之心、慎独之心，不要忘记忠诚、孝敬这样的德行。《道经》中曾说"知足的人才会富足"，《孝经》中也说"拥有高尚的德行，才不会处于危难之地"，因此，要想长守富贵，就要做到满而不溢。

《鄙孝议》二则

唐皮日休撰。皮日休（834—883），字逸少，后改袭美，因曾居于鹿门山，自号为"鹿门子"，又号"醉吟先生"，唐末湖北襄阳竟陵（今湖北天门）人，晚唐著名文学家。唐懿宗咸通八年登进士第，曾仕为苏州刺史从事、太常博士，僖宗乾符五年（878），黄巢军攻下江浙，皮日休为黄巢所得。黄巢入长安称帝，皮日休任翰林学士。存世有《皮子文薮》十卷，诗集一卷，《滑台集》七卷，又著《皮氏鹿门家钞》九十卷。

有天地来，言乎孝者，大曰舜，小曰参。舜承顺父母之道，无不为也。虽
俾食于褒器，寝于厕窦，犹将顺之，况夫修廪浚井哉？然犹避乎大杖也。虽尝
以小杖为顺，则舜修廪可也，浚井可也，设死于大杖，谁养瞽叟哉？参承顺父
母之道，无不至也。锄瓜伤根，曾晳杖之，几至于死。是以仲尼不以为孝也。
何哉？有参则晳安，无参则晳孤。参顺锄瓜之罪，设死于杖，谁养夫晳哉？夫
以二孝之不受重责，恐夫麋骨节躏肢体，有辱于先人也，岂有操其刃于己肉以
为孝哉？夫人之身者父母之遗体也。劓己之肉，由父母之肉也。言一不顺色，
一不怡情，尚以为不孝，况劓父母之肉哉？故乐正子春丧足不下堂，汉景不呓
孝文之痛。二贤卒成大孝，犹伤足不下堂，呓痛有难色，何者？伤己之足，伤
父母之足也。呓父母之痛，呓己之痛也。伤之者不敬，呓之者过媟，是以圣贤
不为也。今之愚民，谓己肉可以愈父母之病，必劓而饲之，大者邀县官之赏，
小者市乡党之誉，讹风习习，扇成厥俗。通儒不以言，执政不以禁……设使虞
舜麋骨节，曾参躏肢体，乐正子春伤足不爱，汉景呓痛无难，今之有是者，吾
犹以为不可，况无是理哉？或执事者严令以禁之，则天下之民保其身，皆父母
之身也，欲民为不孝也难矣哉。

《鄙孝议·上篇》

【译文】自从开天辟地以来，人们所谈论的有至孝之行的人当中，历代
的君主有大舜这样的君主，世间的圣贤中有曾参这样的圣贤。大舜的言行顺
承了父母的意旨，父母的要求他都照着去做，即使自己吃、穿、用粗糙的食
物、简陋器具，睡在不洁的地方，依然顺从父母的意旨，何况是疏通水井这
样的事？（他的这种做法是）为了避免父亲对他给以更大的责罚，既然承受
父母小的责罚可以称为顺，那么父母让他修缮粮仓也就可以去办，浚通水井
同样可以去办。如果舜死于父母的大杖责罚之下，又有谁去奉养他那瞎眼的
父亲哪？曾参顺承父母的行为，他的奉亲行为也可以说是无处不在。他锄瓜
地时伤了瓜秧的根部，曾晳用大杖责罚，几于将他打死，孔子知道后认为曾
参的这一行为是不孝的表现，这是为什么哪？因为如果曾参生活得好，那么
他的父亲曾晳就会有人奉养，如果曾参死去，曾晳就会孤单（就会落下不慈
的名声）。假使曾参死在大杖之下，又有谁去奉养曾晳？这两个人曾经的愚
孝行为没有受到重责，那么这两个人的身体恐怕就会受到损伤、肢体就会出
现残疾，而他们的父亲也会因为自己的行为使祖先蒙羞，落下不慈的名声，
（既然连这种情况都不允许发生），岂有子女自己操刀，割自己身上的肉去

奉养父母以彰显孝行的道理？人的身体是传承于父母的，割自己身上的肉，犹如割父母身上的肉。往往一句话不顺承父母的颜色、一件事没有让父母高兴，就会被人认为是不孝的表现，更何况是割父母的肉？因此，乐正子春患足疾不下堂奉养父母，汉景帝不去吮吸汉文帝的背痈，也成为大孝的典范。像乐正子春这样患足疾暂时不奉养父母，汉景帝不吮吸汉文帝背痈的行为而成大孝的现象，又是为什么呢？子女自己的脚受伤，犹如伤残了父母自己的肢体；吮吸父母身上的背痈犹如吮吸自己的痈疮，让父母心理受到创伤是不敬的表现，吮吸背痈是不恭敬、轻慢的表现，这是圣者和贤人所不为的行为。现在有一些愚昧的百姓，说子女的肉可以治愈父母的疾病，（父母一旦生病）必定会割肉和药侍奉父母，他们的这种行为从大的方面说可以邀当时的官府或朝廷奖赏，从小的方面说可以在乡里之中夸耀自己所谓的孝行，这种不健康的风气传播开来，便渐渐成为一种陋俗，而大多数儒生不去评论这些行为正确与否，执政者也不去禁止这种情况……就算虞舜为了孝养父亲使自己丧身，曾参为了孝养父母使自己损伤肢体，乐正子春足伤不知自爱，汉景帝吮吸文帝背痈没有难色，现在有这种行为的人，我依然认为是不可行的，更何况是以上所说的孝行是没有什么道理的行为呢？执政者如果严令禁止这些行为，就要让天下的百姓都能保全自己的身体，而保全自己的身体就是保全父母的身体，不孝敬父母的行为也就难以出现了。

人之心也，仁者孝有余，凶者暴不足。故圣人之制礼，非所以惩其不足，抑亦戒其有余。由是节之以哀戚，定之以封域，制之以斩衰①。仁者之丧，满其哀也，不足于心，而不能有余于礼。凶者之丧，满其怠也，有余于心，而不能不足于礼。此由民之心必有嗜欲，必知饥渴，自开辟而至于今，未能改也。

鲁人有朝祥②而暮歌者，子路笑之。夫子曰："由，尔责于人，终无已夫？三年之丧，亦已久矣。"又孔子既合葬于防，曰："吾闻之，古也墓而不坟。今某东西南北之人也，不可以弗识矣。"③于是封之，崇四尺。孔子先反，门人后。雨甚至，孔子问焉，曰："尔来何迟也？"曰："防墓崩。"④孔子不应，三，（以其三言之自以非礼不闻也），孔子泫然流涕曰："吾闻之，古不修墓。"以三年之丧，天下之通制也。古不修墓，圣人之格言也。

以朝祥而暮歌，圣人尚不笑之，以经雨而防墓崩，圣人尚泣而修之，况庐之于其侧，朝夕而哭哉？故合葬于防，孔子先反者，尚修虞事也。今之愚民，既合不掩，谓乎不忍也。既掩不虞，谓乎庐墓也。伤者必过毁，甚者必越礼。上者要天子之旌表，次者受诸侯之褒赏。自汉魏以降，厥风逾甚，愚民蚩蚩。过毁者谓得仪，越礼者谓大孝。奸者凭之以避征徭，伪者扇之以收名誉。所在之州鄙，碏石⑤峨然，问所从来，曰有至孝也，庐墓三年，孝感至瑞，郡守闻于天子，天子为之旌表焉。

呜呼！夫古之庐墓，至畜妻子于宅兆⑥之前，其波流弊，至今褒慢焉。有守正者，虽大孝不录，为非者，虽小道必旌。则圣人之制，后何法焉？

或曰："子贡居于夫子墓侧，六年乃去，非庐墓之自耶？"

曰："子贡之罪大矣。口受圣人之言，身违圣人之礼，噫！甚矣！夫子曰：'事师无犯无隐，左右就养无方。服勤至死，心丧三年。'⑦又曰：'师，吾哭诸寝。'⑧是师之丧也，心丧止于三年，哭泣至于寝室，未有倍其年而哭于墓者，斯子贡之罪也。"

今执事者见愚民之有是者，宜责而不贵，鄙而不旌，则民必依礼而行矣。苟若是，则隳教之风息，毁制之道壅。

《鄙孝议·下篇》

【简注】①斩衰：五种丧服中最重的一种。用粗麻布制成，左右和下边不缝，服制三年。此处代指丧礼。　②祥：这里指祥祭，即亲人丧满十三个月或二十五个月的祭祀。　③④⑦皆出自《礼记·檀弓上》。　⑤碏石：碏通垒，即墓前磨制光滑的石碑。　⑥宅兆：即墓地。　⑧语出《孔子家语·曲礼子贡问》。

【译文】世间的人都具有不同的心性，心怀仁德的人，孝敬父母、长上的人好的心性、品行有余，品行有缺点的人往往会暴露出自己品行的不足。因此圣人制定礼法，并不是要惩戒子女、下属对父母、长上丧礼中的不足，而是警戒其过分的逾制、逾礼地行丧礼。这种做法是为了节制子女们对父母的哀戚之心，于是定制了许多规程，定制"斩衰"等礼法去规定不好的行为。那些仁德的人遇到丧事，心中充满了哀痛，他们将那些表达不出来的情绪存之于心，其行止是没有逾越礼法的。性格有缺点的人，在处理丧事的时候，往往过于满足或者出现懈怠，即便是孝思有余的，也往往逾礼或者礼法不足。这是因为每个人都有自己的嗜好和欲望，世上的人必定知道饥和渴，这类心性是自开天辟地以来从来没有改变过的。

春秋时鲁国曾经有一个人，在早上为自己的父母举行完祥祭之后，到了晚上便放声歌唱，子路笑话这个人。孔子说："仲由！你责备别人总是没完没了。人家能够服丧三年，也已经够久的了。"又有孔子将自己的父母合葬于防山后，说："我听说古时候有墓但是没有坟丘，合葬的时候询问过许多人，他们都不知道我父亲的墓在哪里，很难找到父亲的墓。"于是他便在其父母的墓上建了坟丘，高四尺。孔子先返回，弟子后返回。那时候天降大雨，孔子问弟子说："你们为什么回来晚了？"弟子回答说："防山的坟丘塌了。"孔子没有回应，弟子们连着说了三次（以"三"代表多次，这是为表示不听不合礼法的事情），孔子哭着说："我听说，自古以来便没有修墓的礼法。"因此为父母行三年的丧礼，是天下的通制，自古便没有修墓的礼法，是圣人的格言。

早晨祥祭完晚上歌唱，圣人尚且不笑这种行为，因有雨水而使得防山的墓丘崩塌，圣人尚且哭泣着修缮，更何况在父母墓侧修筑草庐守墓，朝夕哭祭这样的事情？因此就有了孔子将父母合葬于防山，先行返回后，有修缮这样的事发生。现在有些愚昧的百姓，父母去世将其盛殓入棺却不掩埋，说是不忍；掩埋后心中却没有忧虑，只是说不忍分别而为父母守墓。表现出来的伤心直至过于哀毁自己的身体，更有甚者逾越礼法。他们的这种做法对上是向朝廷表示自己的孝行，向国家要求旌表，其次是为了得到诸侯的褒扬、赐赏。自汉魏以来这种风气十分盛行，愚昧的百姓争相效仿。过于哀毁以至于伤身、伤体，而这种人却被人称为合乎仪法的人，于是逾越礼法、逾礼而行的人被人称为大孝，而心性奸滑的人便凭借这种行为逃避了国家的税役，性格虚伪的人也凭借这种行为在地方上得到了好的名声，就算是处于偏远的州郡、鄙乡，依然在墓前刻石立碑，问这个人的品行，都说其人至孝的行止，在他庐墓的三年之中，因为他的孝行，于是天地万物出现了祥瑞感应，于是郡守将其事奏闻于天子，天子下旨对其进行旌表。

哎呀！古时候为父母庐墓，以至于和妻子、孩子一起在墓前居住，这种风俗被一些不好的习俗所侵慢，至今庐墓一事已被亵渎和轻慢了。对于那些真正守墓的人，虽然其品性大孝，却没有被记录，而那些重于小道的人，虽然品行不正，居然也受到旌表，那么圣人所定立的礼制，以后又如何取法哪？有人说："子贡居孔子的墓侧为孔子庐墓，六年之后才离去，这不是庐墓吗？"

回答说："子贡的罪行是非常大的，他聆听了夫子的教诲，自己却违反了圣人的礼法。哎呀！的确是太过分了！孔子曾说：'侍奉老师不要侵犯他，不要对他有所隐瞒，侍奉老师左右并没有一定之规，要勤于侍奉他直至他去世，之后心葬三年就可以了。'另外又有人说：'老师去世，我应在内寝里哭他。'对于老师的丧仪，心丧只不过是三年，哭泣只不过是在寝室之中，从来没有为老师守墓六年同时又在老师墓前哭泣的礼法，这种庐墓的形式是子贡的罪责呀！"

现在执政的人看到愚昧的百姓有这种行为的，应该去责备而不是去表彰，应该去鄙薄而不是去旌表，日久天长百姓必然会依礼而行！如果这样去做了，那种废坠礼法教化的风气将会止息，毁损礼制之道将会被壅堵。

《刊误》一则

唐李涪撰。李涪，生卒年不详。旧本和《唐书》中称李涪曾为唐金部郎中、河南少尹、国子祭酒、詹事府丞。书中自序称此书撰成共五十篇。今本有四十九篇，佚一篇。书所记的内容都是考究唐时的典故，引用旧制以正唐末的政治得失，又引用古制以纠唐代制度之误，此书上卷的内容多可以订正唐代礼法中的文字记录。下卷多记一些杂事。

今人之论皆以孝者人之本也，先圣重之，不列四科，所以曾参不列十哲之次，愚谓不然。夫德行之特著莫大孝焉，是以夫子门人推重颜回，及乎讲则曾参侍坐，是知圣人之旨二子莫有后先。曾子不列四科者，先述圣人一时列坐门人弟子耳，岂是舍曾氏之大孝，重宰我之言语，盖不在其席，故不尽举此。如太宗文皇帝使王珪品藻，李靖、魏徵、戴胄、温彦博、房玄龄时则有，若高士廉、杜淹、岑文本、杨师道、刘洎、李大亮、褚遂良才识岂在温戴之下乎？偶不在列，故不偏称，将释众疑，方今以喻。

《刊误·卷上·曾参不列四科》

【译文】现在的人都认为孝这种品行是人立身处世的根本，孔子对这一品行十分看重，因此这种品行不列于孔门四科之中，曾参也不列于孔门的十哲弟子之中，我认为不是这样的。道德、德行之中最为重要的没有大过"孝"的，在孔子的门人之中孔子推重颜回，等到他讲述"孝"这一德行时曾参侍立一旁，因此我们可以知道颜回、曾参传承了圣人的学统，这两个人不分先后。曾子之所以不列于四科之中，只是孔子在述说这一问题时，是对当时环坐在孔子身边的弟子说的，岂能说是舍弃曾参大孝这一品行。而看重宰予那样的言语科的弟子。这是因为当时不在孔子身边的弟子，所举的例子中不包含他们罢了。这就犹如唐太宗让王珪评论当时朝中大臣的品行才能时，李靖、魏徵、戴胄、温彦博、房玄龄当时侍奉于唐太宗身旁，其他的大臣诸如高士廉、杜淹、岑文本、杨师道、刘洎、李大亮、褚遂良的才能岂在温彦博、戴胄之下？只不过是当时他们没有侍奉于唐太宗的身旁，因此没有对他们进行评论。现在我为了向众人解释这种情况，才借当代的事情类比当时的事情。

《黄御史集》四则

唐黄滔撰。黄滔（840—911），字文江，莆田城内前埭（今福建莆田）人，晚唐五代时著名的文学家，被誉为"闽中文章初祖"。唐昭宗乾宁二年中进士。当时国家处于晚唐藩镇割据时期，政局动荡，朝廷无暇授官，及至唐昭宗光化二年，黄滔才被授予"四门博士"，第二年回闽。应主闽政的王审知征聘，官至监察御史、威武军节度推官。存世有《黄御史集》十卷，《唐书·艺文志》载黄滔集十五卷，又《泉山秀句》三卷，已散佚。

金圣人①之教功与德②。鲁圣人之教忠与孝。以忠孝之祈功德莫之大也！

《黄御史集·卷五·大唐福州报恩定光多宝塔碑记》

【简注】①金圣人：指释迦牟尼。　②功与德：指功德，佛教用语。《大乘义章·十功德义三门分别》载："功谓功能，能破生死，能得涅槃，能度众生，名之为功。此功是其善行家德，故云功德。"

【译文】释迦牟尼所创的佛教的教义主张人生在世要力行功、德，孔子所创的儒家主张要教化百姓，让他们在心中常存忠诚、孝敬的品行。（两者结合起来）以忠诚、孝敬的品行祈于功德，对百姓而言是一种最好的方法。

列藩之业有地，有地之职有民，有民之道兴礼乐、惇忠孝以行事，兴礼乐、惇忠孝以行事，然后谋谋者也。

《黄御史集·卷五·灵山塑北方毗沙门天王碑》

【译文】拥有封疆的人占有着土地，拥有土地身具官职的人有所统辖的百姓，治民之道在于兴起礼乐，教化百姓拥有忠诚、孝敬这样的品行，以处理政事，以兴礼乐、惇忠孝的方法施政，然后再谋划其他的事情。

江山之秀钟乎人，纯孝高节并其身。

《黄御史集·卷六·司直陈公墓志铭》

【译文】江山之所以能够秀丽钟秀于国人，纯良的孝行、高尚的节操可以使人拥有良好的德行。

至忠之为人臣，君不之德，怨其为忠乎？至孝之为人子，亲不之德，怨其为孝乎？苟非忠与孝，则介推①莫若枯株，名参悖德，又焉可祠仪忌赫于千春哉？

《黄御史集·卷八·绵上碑》

【简注】①介推：即介之推（？—前636），后人尊为介子，春秋时期周朝晋国人，晋国贤臣。晋文公未登位时曾佐其左右，登位后离开，隐居绵山，晋文公即位后数次相邀不出，文公放火烧山欲迫其出山，抱树而死。

【译文】忠诚这种德行能达到极致的人是可以为人臣子的，但是作为君主如果不具备君主的德行，能怨臣子不忠吗？孝这种德行达到极致可以说是为人子女所应具备的德行，但是父母的举止不合德行的规范，能怨子女不孝吗？如果没有忠和孝这类德行，那么就算是介之推也不过如同林中的枯树，曾参的行为也是一种悖德的行为，如果这个样子又焉能去祭祀他们，传扬他们的名声于千古呢？

《毛诗指说》一则

唐成伯玙撰。成伯玙，生卒年不详，唐代人。《四库全书》收录其《毛诗指说》一书。

夫妇有礼则至性纯和，生子必孝，孝则父子自相亲爱。

《毛诗指说》

【译文】夫妇之间能够相敬，能够以礼相待，那么就可以说夫妇二人都具有至诚的品性，他们的言谈举止也就会纯正平和。这样的夫妇生下的子女必定会具有孝这种品行，具有孝这种品行，那么父子间就会相亲相爱。

《女孝经》十一则

　　唐侯莫陈邈妻郑氏撰。侯莫陈邈妻郑氏，正史无传。《内则衍义》称："郑氏，朝散郎陈邈妻也。博学宏才，作《女孝经》十八章，献于朝。朝廷纳其书，颁行于世。"《四库全书总目》卷九五："《女孝经》一卷，唐郑氏撰。郑氏，朝散郎侯莫陈邈之妻。侯莫陈，三字复姓也。"侯莫陈邈妻郑氏因丈夫的侄女被册为永王妃，故作此文以教其"为妇之道"。

　　妾闻天地之性，贵刚柔焉；夫妇之道，重礼义焉。仁义礼智信者，是谓五常。五常之教，其来远矣！总而为主，实在孝乎！夫孝者，感鬼神，动天地，精神至贯，无所不达。盖以夫妇之道，人伦之始，考其得失，非细务也！

《进女孝经表》

　　【译文】臣妾听说天地之间的规范、性情，贵在刚柔相济；夫妇之道，贵在以礼相待、以义相结。仁、义、礼、智、信这五种，是世间的五常。世间对于五常的教化，可以说是由来已久了！但总的来说，实实在在地是落实到孝这种德行上来呀！孝这种德行，是可以感通于鬼神之间的，是可以通达于天地之中的，一个人的孝行，精诚所至，没有通达不到的地方。对于世间的人来说，夫妇之道，是人伦的始发之处，考察世间夫妇间的得失，这一方面对世间的人来说，不是细节小事呀！

　　曹大家①闲居，诸女侍坐。大家曰："昔者圣帝二女有孝道，降于妫汭②，卑让恭俭，思尽妇道，贤明多智，免人之难，汝闻之乎？"
　　诸女退位而辞曰："女子愚昧，未尝接大人余论，曷得以闻之？"
　　大家曰："夫学以聚之，问以辩之，多闻阙疑，可以为人之宗矣！汝能听其言，行其事，吾为汝陈之。夫孝者，广天地，厚人伦，动鬼神，感禽兽，恭近于礼……"

《女孝经·开宗明义第一章》

　　【简注】①曹大家（音姑）：指东汉初班超的妹妹班昭。班昭（约49—约120），名姬，字惠班，扶风安陵（今陕西咸阳）人。又被人尊称为"曹大姑"，"大家"是汉代关中地区对年长女子的尊称，因其学识渊博颇受宫里人的尊敬，被称为"曹大家"。东汉史学家班固死后，所著《汉书》中的"八表"及《天文志》遗稿未能完成，她奉命与马续共同续撰。另有《东征赋》《女诫》七篇传世。　　②娥汭：指尧帝的两个女儿娥皇、女英。

【译文】曹大家闲居，诸女在她的旁边侍坐，大家说："昔日帝尧的两个女儿身具孝道，尧将他的两个女儿嫁给了舜，这两女卑让恭俭，思尽妇道，同时她们贤明且多智，（经常）解决百姓的困难，你们听说过吗？"

诸女退位回答说："我们见识浅薄，没有从您那里听闻过这一说法，如何会知道呢？"

大家说："你们因为学习知识在一起聚会，询问问题并且进行辩论，多听取一些有疑问的事情，这样就可以宗法先辈所传下来的好东西，你们要听得进这些言语，做事的时候要按照这些方法行事，我给你们说一说'孝'。孝这一德行，可以说是广布于天地之间，这一德行可以敦厚人伦，感天动地，感化禽兽……"

非礼教之法服，不敢服；非诗书之法言，不敢道；非信义之德行，不敢行。欲人不闻，勿若勿言；欲人不知，勿若勿为；欲人勿传，勿若勿行。三者备矣，然后能守其祭祀，盖邦君之孝也。

《女孝经·邦君章第四章》

【译文】不符合礼法、教化的事情，不要去效法，不要去遵从；不是诗书之中所说的言语，不要乱说；不符合诚信、忠义之类德行的事情不要去做。不想让别人听闻（不合礼法的事），就不要说不合礼法的话；不想让别人知道（不合礼法的事），就不要去做不合礼法的事；不想让别人传言自己不好的行为，就不要去做（不合礼法的）行为。三者都齐备，然后才可以守护宗庙、才可以祭祀先人，这就是邦君的孝行呀！

为妇之道，分义之利，先人后己，以事舅姑，纺绩衣裳，社赋蒸献，此庶人妻之孝也。

《女孝经·庶人章第五章》

【译文】为妇之道，要分清什么是义，什么是利，要做到先人后己，要侍奉公婆，在家中要纺绩丝麻、制作衣物，要组织家中所应交纳的赋税、要做饭并组织祭祀的事情，这是百姓家中妻子的孝行呀！

女子之事姑舅也，敬与父同，爱与母同。守之者义也，执之者礼也。

《女孝经·事舅姑章第六》

【译文】女子侍奉公婆，敬奉公公要如同对待自己的父亲一样，敬爱婆婆要如同对待自己的母亲一样。在家中要守持住信义，对待公婆要依礼而行。

君子不忘其孝慈。陈之以德义，君子兴行；先之以敬让，君子不争；道之以礼乐，君子和睦；示之以好恶，君子知禁。

《女孝经·三才章第七》

【译文】对于世间的君子来说，为人处世不要忘记孝敬父母、慈爱后辈。对于自己的丈夫要向他们叙说道德、信义等方面的事情，并劝谏他们，这样君子（即丈夫）就会有良好的品行，要与自己的丈夫互敬互让，这样有助于丈夫养成不争的心性，（经常）对丈夫陈述礼乐方面的事情，那么丈夫就会有和睦家邦的想法；对丈夫说明什么是好、什么是恶，这样丈夫就会知道什么事情应做，什么事情不应做，（这样家庭就会出现孝慈和睦的现象）。

大家曰："古者淑女之以孝治九族也，不敢遗卑幼之妾，而况于娣①侄乎！故得六亲②之欢心以事其舅姑。治家者不敢侮于鸡犬，而况于小人③乎！故得上下之欢心以事其夫。理闺者，不敢失于左右，而况于君子乎！故得人之欢心以事其亲。夫然，故生则亲安之，祭则鬼享之，是以九族④和平，姜菲⑤不生，祸乱不作。故淑女之以孝治上下也如此……"

《女孝经·孝治章第八》

【简注】①娣：古代称丈夫的弟妇，另指古代姐姐对妹妹的称谓。　②六亲：历来说法不一，其一为《老子》："六亲不和有孝慈。"王弼注称："六亲，父、子、兄、弟、夫、妇。"其二为《管子·牧民》记："上服度，则六亲固。"尹知章注称："六亲，谓父母兄弟妻子。"其三为西汉贾谊在《新书·六术》篇中记：以父、昆弟、从父昆弟、从祖昆弟、从曾祖昆弟、族兄弟为"六亲"。其四《史记·管晏列传》记："上服度则六亲固。"张守节《正义》注为："六亲谓外祖父母一，父母二，姊妹三，妻兄弟之子四，从母之子五，女子之子六也。"　③小人：古时多指平民百姓，指被统治者。旧时男子对地位高于己者自称的谦词也可用此语。识见浅狭的人、人格卑鄙的人、小一辈的人都可以用此语。这里指小一辈的人。 ④九族：以自己为本位，上推至四世之高祖，下推至四世之玄孙为九族，《书·尧典》记："克明俊德，以亲九族。"孔传："以睦高祖、玄孙之亲。"另一说法是父族四、母族三、妻族二为九族。 ⑤蓁菲：原意为花纹错杂的样子。后比喻谗言。

【译文】大家说："古时候臣的淑女用孝这一德行治家，以使九族和睦，她们甚至不敢遗落地位低下的卑幼之妾，更何况弟妇和侄辈呢！故此才会使得六亲欢欣，才能用心地去侍奉公婆。治家的时候甚至不敢轻易侮及鸡犬之类的动物，更何况是对小一辈的人呢！因此才会得到家中上上下下的欢心，以侍奉丈夫。闺房里的事，不敢有丝毫的失误，更何况对待自己的丈夫！故此才得到丈夫的欢心以侍奉亲人。正因为如此，古时的淑女对待生者让他们生活得安心，去世后要祭祀他们，这样九族就会出现和睦、平静的现象。做到了这些，家才不会被各种各样的流言蜚语所围绕，就不会有祸乱等事出现。古时候的淑女以孝治家所持守的就是这个样子……"

诸女曰："敢问妇人之德，无以加于智乎？"

大家曰："人有天地，负阴抱阳①，有聪明贤哲之性，习之无不利，而况于用心乎！昔楚庄王晏朝，樊女进曰：'何罢朝之晚也，得无倦乎？'王曰：'今与贤者言乐，不觉日之晚也。'樊女曰：'敢问贤者谁欤？'曰：'虞丘子②'。樊女掩口而笑。王怪问之。对曰：'虞丘子贤则贤矣，然未忠也。妾幸得充后宫，尚汤沐，执巾栉，备扫除，十有一年矣……然不敢以私蔽公，欲王多见博闻也。今虞丘子居相十年，所荐者非其子孙，则宗族昆弟，未尝闻进贤而退不肖，可谓贤哉？'王以告之，虞丘子不知所为，乃避舍露寝，使人迎孙叔敖③而进之，遂立为相。夫以一言之智，诸侯不敢窥兵，终霸其国，樊女之力也。《诗》云：'得人者昌，失人者亡。'……"

《女孝经·贤明章第九》

【简注】①负阴抱阳：语出《老子》："万物负阴而抱阳，冲气以为和。"指万物内含着阴阳两种相反而又相成之气。 ②虞丘子：也写作虞邱子，春秋时曾任楚庄王的令尹（楚相）。 ③孙叔敖（前630—前593），春秋时楚国人。公元前601年，出任楚国令尹（楚相），辅佐楚庄王施教导民，宽刑缓政，发展经济，政绩赫然。他改善了农业生产条件，增强了国力。辅助楚庄王成为春秋时期的霸主。司马迁《史记·循吏列传》列其为第一人。

【译文】诸女问："请问妇人的德行，能不能体现在智慧上？"

大家说："人在天地之中，有阴阳之分，有聪明、贤哲等品性，经常修养身心没有什么坏处，更何况用心去做呢！以往楚庄王下朝后，樊女进谏说：'君王为什么下朝这样晚呢，难道不觉得疲倦吗？'庄王说：'今天和贤良的人交谈甚欢，不觉得时间晚。'樊女说：'敢问是与哪个贤者交谈？'庄王说：'虞丘子。'樊女掩口而笑。庄王十分奇怪，（问樊女为何发笑），樊女回答说：'虞丘子这个人贤能是贤能，但未必忠心。臣妾幸得君王恩宠，列于后宫之中，服侍君王已经有十一年了……却不敢因私情废弃公事，这是想让君王多见博闻。现在虞丘子居相位十年，所举荐的不是其子孙，就是其宗族昆弟，没有听说他向君王举荐贤能退不肖，这样的人可以称为贤德之人吗？'庄王将樊女的话告诉了虞丘子，虞丘子听后不知如何办才好，于是辞去相位退隐避开，让人迎孙叔敖至楚都并举荐他，于是庄王立孙叔敖为相。这正是以一言之智，使诸侯不敢窥国家，终于使庄王称霸。这是樊女的功劳。《诗经》说：'（对于一个国家而言）得到贤才后，亲近信任他就会使国家昌盛，得不到贤才国家政令无行，就会衰亡。'……"

居上不骄，为下不乱，在丑不争。居上而骄则殆，为下而乱则辱，在丑而争则乖。三者不除，虽和如琴瑟，犹为不妇也。

《女孝经·纪德行章第十》

【译文】不要用骄慢的态度对待父母长辈，对待弟妹、晚辈也不可随意，对待其他的姬妾不要争宠。如果用骄慢的态度对待父母长辈，自己的思想就会出现懈怠的情绪，对待弟妹、晚辈任意随便就会被人看不起，与其他的姬妾争宠则会出现乖谬的现象。三种不好的品行如果不在自身中去除，就算是夫妇两人和合如同琴瑟相合一样，也不是合格的妇人。

大家曰："女子之事舅姑也，竭力而尽礼，奉娣姒也，倾心而罄义。抚诸孤以仁，佐君子以智，与娣姒之言信，对宾侣之容敬，临财廉取与让，不为苟得。动必有方，贞顺勤劳，勉其荒怠。然后慎言语，省嗜欲。……"

《女孝经·广要道章第十二》

【译文】大家说："已出嫁的女子侍奉公婆，要竭力地以礼去侍奉他们，和妯娌们相处要用真心，要诚心诚意地对待她们。要用仁爱抚养家族内无父的孤子，要用智慧辅助丈夫处理家中事务，妯娌们之间要讲究诚信，对宾客和朋友注重自己的形象、要敬让他们，面对财货要以廉心去取用和谦让，不可随意取用不合适的财货。去什么地方一定要告知家人（以免家人担心），品行上要忠贞、柔顺、勤劳，要勉励自己不要荒怠。言语之中要谨言慎行，要减省身体感官方面享受的欲望……"

　　大家曰："女子之事父母也孝，故忠可移于舅姑；事姊妹也义，故顺可移于娣姒；居家理，故理可闻于六亲。是以行成于内，而名立于后世矣。"

《女孝经·广扬名章第十四》

　　【译文】大家说："女子侍奉父母要有孝敬的行止，这样嫁人后就可以将这一忠贞品性移于夫家以对待公婆，对待姊妹要有情义，这样就可以将温顺这一品性移于夫家，并与娣姒等人处好关系；在家中要学会处理家务事，这样出嫁后处理家务的能力就可以闻名于六亲之中。因此，女子的品行是体现在家中的，而名声却会显扬于后世。"

《兼明书》二则

　　五代时邱光庭撰，五卷，《宋史·艺文志》作十二卷，《书录解题》作二卷，此本五卷，疑为后人所更定。邱光庭，吴兴（今浙江湖州）人。五代十国时于吴越曾仕为官国子博士。在哲学上，坚持元气论，并据此解释潮汐成因及世界的物质统一性。著有《海潮论》等。

　　有子曰："其为人也孝悌，而好犯上者鲜矣。"[①]
　　皇侃曰："犯上谓犯颜而谏，言孝悌之人，必不犯颜而谏。"
　　明曰："犯上谓干犯君上之法令也。言人事父母能孝，事长兄能悌，即事君上能遵法令，必不干犯于君上也。既不犯上，必无作乱之心。故下文云：'而好作乱者，未之有也。'"

《兼明书·卷三·论语·而好犯上》

　　【简注】①有子：即孔子的弟子有若，此句语出《论语·学而》。
　　【译文】有子说："孝顺父母，顺从兄长，却喜好触犯上层统治者的人，是很少见的。"

皇侃说："犯上指犯颜直谏，这是说具有孝悌品性的人必然不会犯颜直谏的。"

《兼明书》认为："犯上指的是触犯君主所制定的法规条令。这句话是说，人侍奉父母要做到孝敬，侍奉兄长要做到友悌，养成了这样的德行，侍奉君主时就能够遵从国家的法令，如此必然不会触犯君主。既然不触犯君主，又没有作乱的心思，因此下文才会说：'喜好触犯上层统治者的人，是很少见的。'"

明曰："孔子之行在《孝经》，可谓不刊之典。颜闵无问答，独与曾参论者，诸儒之说颇有不同。且'六亲不和，有孝慈'①，颜闵之父和，而孝不显，曾参父严，而孝道著。所以孔子与之论孝，兼亦虑其心不固，因以勖之也。"

或曰："何知曾参之父严者？"

答曰："孟子云曾参之事父也，训之以小杖则受、谕之以大杖则走者，恐亏其体，非孝之道。常锄瓜，误伤蔓，乃以大杖殴之。是其严也。"

《兼明书·卷三·孝经·曾子侍》

【简注】①语出《老子·道经·十四章》。

【译文】《兼明书》认为："孔子的德行记录在《孝经》一书之中，可以说是不刊之典。在此书之中没有记录孔子与颜回、闵损的问答，独与曾参谈论孝道，历代儒家对此说法不一。道家有'家庭中有不和睦的现象，就会有孝与慈这两种品行的出现'的论点，颜回、闵损的家庭关系相对和睦，于是他们的孝行不显，曾参的父亲对曾参极为严厉，于是曾参的孝行便比较显著。所以曾参得以和孔子一起谈论孝道，这是孔子所忧虑的，也是怕曾参不能持之以恒地孝养父母，因而勉励他罢了。"

有人问："如何知道曾参的父亲对曾参严厉？"

回答说："孟子曾说起曾参侍奉父亲的事情，孔子曾训诫曾参说，如果你的父亲用小杖责罚就承受，用大杖责罚就躲开，这是因为承受用大杖的责罚会损伤自己的肢体，（肢体损伤，就会体现出其父的不慈，）这不是孝敬之道。而曾参的父亲因为曾参锄瓜时误伤了瓜的藤蔓，就用大杖殴打他。因此知道其父对曾参是相当严厉的。"

《文苑英华》四则

北宋时四大部书之一，北宋太宗时召命李昉、徐铉、宋白及苏易简等二十余人共同修撰。共一千卷，上继南北朝时萧统的《文选》，下至晚唐五代，选录作家两千余人，作品两万多篇，依照文体分为：赋、诗、歌行、杂文、中书制诰、翰林制诰等三十九类。

孝惟行先，教实理本……施之于人，风俗可移于孝理。悬之于教，日月方比于贞明……故属之者修睦，就之者起敬，斯乃示生民之大端，仰高山之景行。

《文苑英华·卷六十一·御注孝经台赋①》

【简注】①本篇作者为张昔，生卒年不详，唐代诗人。

【译文】孝这种德行在世间各种德行之中是最先需要养成的，用教化这样的方法，是可以通达于人性根本的……用孝这一德行教化世间，就可以施之于百姓，世间的风俗就都可以趋向于孝这一德行。将这一德行悬之于教化，就犹如日月那样光明地照耀着天地……因此，注重德行修养的人就会修养它，遵从这一德行行事的人就会对父母生出孝敬的心态。推行孝道实在是向天下百姓宣示人生行为的根本之处，让人们能像仰慕高山那样如影随形。

敬居简而可久，德有常而不紊。孝是天经，友为义训，本其至也可以颐天地之情，引而伸之可以畅雍熙①之运。

《文苑英华·卷七十六·乐德教胄五赋·第六②》

【简注】①雍熙：意为和乐升平的样子。　　②此篇作者为杜周士。杜周士（？—822），中唐时京兆（今陕西西安）人。唐德宗贞元十七年登进士第。仕、德、顺、宪、穆诸朝，曾仕为五管诸府、岭南从事、监察御史等职。

【译文】生活简约、敬奉父母是可以长久的；拥有好的德行在处理世事上就可以有条不紊。孝敬这种德行是符合上天运行规律的德行，友悌这种德行可以成为世间大义的明训，修养德行时能通达根本，则可以体会、通达天地之情，将其引申广大则可以使国家出现和乐升平的景象。

孝、敬、忠、信、仁、义、智、勇、教、惠、让皆文也。天有六气①、地有五行，此十一者经纬天地、叶和神人名之为文，其实行也。文顾行，行顾文，文行相顾，谓之君子之文。

《文苑英华·卷七百四十二·文论②》

【简注】①六气：《易》中"十二辟卦"，一年的十二个月，六个月为阴，六个月为阳，一年有二十四个节气，影响着世间万物的活动，并因此产生老病死、萌生衰弱。　　②此文作者为顾况。顾况（约727—约815），字逋翁，号"华阳真逸"，一说"华阳真隐"，晚年自号"悲翁"，中唐苏州海盐横山人（今浙江海宁）。唐代诗人、画家。唐肃宗至德二年登进士第，有《顾逋翁诗集》四卷、《华阳集》三卷传世。

【译文】孝、敬、忠、信、仁、义、智、勇、教、惠、让这些品行，都可以从人的文章中流露出来。上天有六气，大地有五行，这十一个方面是天地的规范，是可以经纬天地的，是可以通达于神明的。做到了这些方面，虽然说所写的文章是文，但却实实在在的是一个人行止的表现。文章可以显现一个人的品行，一个人的品行可以显现到文章之中，文章和品行相互兼顾，这样的文章才是君子之文。

乡饮之礼敬年尚齿，使少年知礼、老者获养，修长幼之道也。天子太学父事三老、兄事五更，教人以孝、教人以悌，兴教化之本也。

《文苑英华·卷七百六十·寒素论①》

【简注】①此文作者为牛希。牛希，生卒年不详，五代时人。

【译文】乡饮酒礼敬奉高年，尊奉长者，是可以使少年人知道礼法、老年人得到尊养的礼法，是修正世间长幼之道的礼法。天子在太学中行养老礼，以对父辈的礼法侍奉三老，以对兄长的礼法敬奉五更，这是为了教化百姓孝、悌之道，这是国家兴起教化的根本呀！

《唐文粹》一则

宋代姚铉编，一百卷，共收唐代文、赋1104篇，诗961首。姚铉（967—1020），字宝之。庐州合肥（今安徽省合肥市）人，宋太宗太平兴国八年登进士第，曾仕为太常丞、京西转运使、右正言、右司谏、河东转运使等职，与柳开、穆修等人开创了宋代古文运动先声，采唐人诗文编写了百卷本《唐文粹》，有文集二十卷传世。

国之选士必籍贤良，盖取孝友纯备、言行敦实、居常育德、动不违仁、体忠信之资、履谦恭之操藏器，则未尝自伐，虚心而所应必诚。夫如是，故能率已从政，化人镇俗者也。

《唐文粹·卷二十八·条奏贡举疏①》

【简注】①本文作者为杨绾。杨绾（？—777），字公权，华州华阴（今陕西华阴）人。唐玄宗天宝时登进士第。唐代宗时仕至中书侍郎、同中书门下平章事、集贤殿崇文馆大学士。

【译文】国家选士必定要选取贤良的人才担任国家的官职。要选取那些孝敬友悌纯粹切实，言行一致品性敦实，居家时能修养德行，行止不违仁德的要求的人。这样的人担任国家的事务就会以忠诚、信实的资质，以谦恭的品行处理政事，不会自相攻伐，以虚心的态度去应承事物必定会守之以诚。选取这样的人担任国家的官员，就可以在从政时严于律己，就可以震慑民间的恶俗。

《全唐文》二十四则

清仁宗嘉庆十三年至十九年（1808—1814）由董诰领衔，阮元、徐松等百余人参加编纂，清代官修的唐五代的文章总集，一千卷。共收文章一万八千四百八十八篇，作者三千零四十二人。清宫原藏有《唐文》稿本一百六十册，清嘉庆帝认为它"体例未协，选择不精"，下令重编。即在这一稿本基础上，采《文苑英华》《唐文粹》等总集补其缺略，又从《永乐大典》中辑录了唐文的单篇残段，旁采他书及金石资料编校而成。该书编成后，即颁发扬州，由督理两淮盐政阿克当阿等负责校刻，嘉庆二十四年（1819）刻成。

臣闻父母之恩，昊天罔极，创巨之痛，终身何已。今衣冠上族，辰日不哭，谓为重丧①，亲宾来吊，辄不临举。又闾里细人②，每有重丧，不即发问，先造邑社③，待营办具，乃始发哀。至假车乘，雇棺椁，以荣送葬。既葬，邻伍会集，相与酣醉，名曰"出孝"。

夫妇之道，王化所基，故有三日不息烛不举乐之感，今昏嫁之初，杂奏丝竹，以穷晏欢，官司习俗，弗为条禁。望一切惩革，申明礼宪。

《全唐文·卷一百五十四·韦挺④·论风俗失礼表》

【简注】①重丧：旧指家中有两人相继死亡。东汉王充《论衡·辨祟》中载："辰日不哭，哭有重丧。"　②细人：见识短浅之人。　③邑社：城邑中社坛、神庙。　④韦挺（589—646），雍州万年（今陕西西安）人，唐高祖时署陇西公府祭酒。唐太宗时曾仕尚书左丞、黄门侍郎、御史大夫，爵封扶阳县男。

【译文】臣听说父母对子女的恩情，犹如天地那样达到了极致，父母去世之时的创痛极为深重，终身不可以忘怀。现在国家许多士族高门，（父母或母亲去世）往往没有哭泣悲伤的表现，就算是父母相继去世这样的重丧，亲朋来吊唁，也不举哀。另有一些在乡里见识短浅的人，遇到重丧，不是马上去举哀，而是先去陵邑的社庙之中，等待办理好举哀的器具后，再行举哀。以至于用扎好的假的车马器具，雇用棺椁，冒荣送葬。送葬完毕之后，相邀邻里汇集在一起，宴饮相欢以至于酣醉，这种行为却美其名曰"出孝"。

夫妇之间的道义，是王化的基础，因此有三日不熄烛、不举乐的说法。现在婚嫁的时候，往往杂奏乐曲，穷极宴乐，而各地的官府碍于习俗，遇到这些情况都不去禁止，望（陛下）将这些不合理的现象一并革除，以申明国家的礼法、王宪。

受训椒殿①，承辉桂阃②……孝惟忠本，忠随孝得。履薄临深，惟王之则。

《全唐文·卷一百八十三·王勃七·平台秘略赞·孝行一》

【简注】①椒殿：后妃居住的宫殿。也可泛指宫殿。　②桂阃：用桂木做成的门槛。一般指显贵的门第。

【译文】（君主、宗室及士家大族子弟幼时）在宫中受训学习，这些人都有着显贵的门庭……更应该知道孝这一德行是忠诚于国家的根本，一个人忠诚与否是由自己孝这一德行渐渐修养来的。因此作为执政者，在执政时更应该有着战战兢兢、如履薄冰的心态，要以国家的利益为自己行为的准则。

敕云"朕禀天经以扬孝，资地义而宣礼"者。比见普天之下，俱行孝道，亲在则尽心色养，亲殁则追思遗迹者，皆禀陛下至孝之道也。今忽改弃先朝正淳之轨，远慕晋、宋矫异之风，今僧等虽复暗昧①，窃为陛下不取也。伏愿追思先迹，还依贞观之法，此则至孝之道，不化而自行矣。

《全唐文·卷二百零五·谢寿②·议沙门不应拜俗状》

【简注】①暗昧：不光明磊落；隐晦不明；不清晰。　②谢寿：唐高宗时人，高宗龙朔中其曾仕为右春坊主事。

【译文】皇帝的敕旨中曾说"朕禀承上天的意旨宣扬孝道，承续大地的意旨宣扬礼法"。现在全国各地、上上下下的人都倡行孝道，父母健在的则尽心地去奉养他们，父母去世的便对着父母遗留下的东西追思其恩情，这些行止都是禀承着陛下推崇、宣扬孝道的意旨。现在忽然改弃先朝所奉行的端正淳和的规定，推行晋、宋以来变异的、尊崇释家的理念，可是现在的释门弟子的行止往往隐晦不明，臣下认为陛下远慕晋、宋所定的规章是不可取的。恭敬地愿陛下追思先帝治国的理念，依旧执行贞观时代的礼法，那样当年的至孝之道，不用经过专门的教化就可以风行于天下了。

　　事父尽孝敬，事君端忠贞。兄弟敦和睦，朋友笃信诚。从官重恭慎，立身贵廉明。待士慕谦让，莅民尚宽平。理讼惟正直，察狱必审情。谤议不足怨，宠辱讵须惊。处满常惮盈，居高本虑倾。诗礼固可学，郑卫不足听……

《全唐文·卷二百一十四·陈子昂六·座右铭》

　　【译文】侍奉父母在于极尽孝敬，侍奉君主要具备忠诚、忠贞的德行。兄弟之间要敦厚和睦，朋友之间要笃信诚实。出仕为官要谨慎、立身朝堂贵在清正廉明。待人接物要雅慕谦让，执政时对百姓要崇尚宽平。处理狱讼要正直无私，纠察刑狱必定要审明实情。受到诽谤、评议要自省自身的不足，宠辱加于己身时情绪不要大起大落。处于满的状态时要时常警惮盈虚，处于高位时要忧虑日后会倾覆。诗、礼这些好的东西要很好地学习，郑、卫之声那样的靡靡之音切不可听……

　　子为母齐衰三年，盖通丧也。太子为皇后服，古无文。晋元皇后崩，亦疑太子服。杜预议："古天子三年丧，既葬除服。魏亦以既葬为节。皇太子与国为体，若不变除，则东宫臣仆，亦以衰麻出入殿省。"太子遂以卒哭除服。

　　贞观十年六月，文德皇后崩，十一月而葬。太子丧服之节，国史不书。至明年正月，以晋王为并州都督，既命官，当已除矣。今皇太子宜如魏晋制，既葬而虞[1]，虞而卒哭，卒哭而除，心丧三年。

《全唐文·卷二百一十六·畅当[2]·丧服议》

　　【简注】①虞：这里的虞是指古时的一种祭祀形式。送葬之后的祭礼称为虞，有安神之意。　　②畅当：中唐时河东人。先以父荫出仕为军职，于唐代宗大历七年（772）登进士第。唐德宗贞元初期，仕为太常博士，终于果州刺史。与弟畅诸都有诗名。存世有诗一卷。

　　【译文】子女为母亲服的三年之丧，按丧制来说属于齐衰之制，应服丧三年，这是通行于天下的丧制。太子为皇后服丧，自古以来便无明文规定。晋代元皇后薨逝的时候，有的官员对太子服丧一事提出了疑问。杜预议论说："古时候天子服丧三年，等到送葬之后才去除丧服。曹魏的时候也是以送葬之后为节。皇太子和国家本为一体，（由于国家的需要）他可以不服三年丧服，但东宫的臣子仆役，要身着丧服出入殿省之间替太子服丧。"于是太子遂痛哭后除去丧服。

唐太宗贞观十年六月，文德皇后崩逝，十一月送葬皇后，皇太子服丧的情形，国史没有记述。到了第二年正月，太宗任命晋王李治担任并州都督，既然已经出为都督，当然丧服也就已经去除。现在皇太子服皇后的丧制可以参考魏、晋时的服制，送葬之后便可以安神，安神之时应痛哭祭祀，痛哭之后就可以去除丧服，之后心丧三年。

《礼》有公门脱齐衰。《开元礼》：皇后父母服十三月，从朝旨，则十三日而除。皇太子外祖父母服五月，从朝旨，则五日而除。恐丧服入侍，伤至尊之意，非特以金革夺也。太子公除，以墨惨奉朝，归宫衰麻，酌变为制可也。

《全唐文·卷二百一十六·畅当·除服议》

【译文】《礼记》上有服丧结束，出仕去除齐衰的说法。《大唐开元礼》中记：皇后的父母逝去，皇后的服制为十三个月，遵从皇帝的旨意，改为服丧十三天后去除丧服。皇太子为其外祖父母服丧五个月，遵从皇帝的旨意，改为服丧五天后去除丧服。这是怕皇后、皇太子身穿丧服入侍，对至尊而言不吉，并不是因为他们地位尊贵更改服制。太子去除丧服后，要身穿黑颜色的服装奉侍于朝堂之上，回到东宫之后，再变更为衰麻，这种酌情变更的方法，礼制上是允许的。

夫积德垂裕之谓仁，追远扬名之谓孝，仁则庆钟厥后，孝则荣及其亲。

《全唐文·卷二百三十·张说十·赠广州大都督冯府君神碑铭》

【译文】积存德行垂宪于后世的人，可以说具有仁德的品行，追奉远祖为父母扬名的人，可以说具有孝敬的品行。仁德的人可以用其德行影响后世子孙，孝敬的人则因为自己的荣耀使亲人们感到光彩。

夫天地之性，惟人最灵者，莫以智周万物，惟睿作圣，明贵贱，辨尊卑，远嫌疑，分情礼也。是以古之圣人，徵性识本，缘情制服，则有申有厌。天父天夫，故斩衰三年，情礼俱尽者……父为嫡子，三年斩衰而不去职者，莫尊祖重嫡，崇礼杀情也。资于事父以事君，孝莫大于严父。故父在为母，罢职齐周，而心丧三年，谓之尊厌者，则情申而礼杀也。斯制也，异于飞走，别于华夷。羲、农、尧、舜，莫之异也；文、武、周、孔，所同遵也。

《全唐文·卷二百七十二·元行冲·父在为母及舅姨嫂叔服议》

【译文】天地之中的生灵，只有人是最具智慧的，百姓的智慧可以超过世间万物，而只有睿智的人才可以成为其中的圣者，他们明定贵贱，辨别尊卑，理清疑惑，分清情义、礼法。因此古时候的圣人，可以辨别性情、识别事物的根本，可以根据事物的规律去制定各种合适的制度，于是便有了可以让人们所传承的事物和所厌恶的事物。父母对于一个人来说犹如天一样，因此，父亲去世丧制应斩衰三年，这样对于情来说、对于礼来说都可以说是做到了极致……父亲要为嫡长子服丧，也要斩衰三年但是不去职离任，这是为了尊奉祖先同时重视嫡传，这是为了崇奉礼法而减低礼法。同样，在家中侍奉父亲犹如在国家中侍奉君主，孝敬这一品行中首先要孝敬的是自己的父亲，因此父亲健在而母亲去世，儿子去职服齐衰的丧仪一周年，而心丧是服三年，这是因为母亲虽然去世而父亲健在，是怕引起长者的伤怀，所以根据这一情形而减低礼法。飞禽走兽是没有这些礼法制度的，这些礼法也可以区别中原地区和周边地区。伏羲、神农、尧、舜等圣明的君主没有提出疑问，周文王、周武王、周公、孔丘等圣人都共同遵守这些礼法。

立纲垂制，后嗣流范，至仁也；安上全下，先业不坠，至孝也；感而必通，奸不暇伏，至明也；神化风行，万方草靡，至德也。

《全唐文·卷二百七十八·宁原悌①·论时势疏》

【简注】①宁原悌，生卒年不详，壮族。约生活于唐中期武则天、中宗、睿宗、玄宗时期，唐武则天永昌元年登进士第。史学家，曾修唐代国史，仕为太子洗马、谏议大夫、岭南道节度使。

【译文】树立纲纪、订立制度，垂范于后世子孙，这是至仁的表现；能使国家上下安定、安全，使先辈的功业不致坠落，这是至孝的表现；能感通于天地间的规则，使奸佞之徒没有藏身之地，是至明的表现；能将德行推广于世间，让天下万物都受益，是至德的表现。

惟颜亚圣①，惟闵此德。让宰②善辞，安亲顺色。□静无间，中正是则。非经即礼，至孝之极。

《全唐文·卷二百七十九·源乾曜③·先师闵损字子骞赞》

【简注】①亚圣：指道德才智仅次于圣人的人。晋代葛洪在《抱朴子·正郭》中说："夫所谓亚圣者，必具体而微，命世绝伦。"清代的钱大昕在《廿二史考异·三国志三》中记："子张、子路、子贡诸贤，当时皆有亚圣之目也。" ②让宰：典出《论语·季氏》"季氏使闵子骞为费宰。闵子骞曰：'善为我辞焉。如有复我者，则吾必在汶上矣。'" ③源乾曜，相州临漳人。唐中宗时进士，唐玄宗开元年间仕至侍中，后拜尚书左丞相，以太子少傅致仕。被封为安阳郡公，卒赠幽州大都督。

【译文】只有颜回的德行才略次于孔子，只有闵损才具有如此的孝德。他们具有不慕官禄、善于言辞的品行，他们用恭敬的心态去孝敬父母，让父母心情愉悦。他们的性格安静不与人冲突，处理问题、待人接物都以中正作为原则。所修习的学问不是经就是礼，他们的德行可以说是达到了孝的极致。

夫孝者，百行之本。故《诗》美张仲①，《传》称颍叔，所以轨物而前乎人用者也。悠悠千古，谁其似之？

《全唐文·卷三百零五·孙翌②·苏州常熟县令孝子太原郭府君墓志铭》

【简注】①此句典出《诗经·六月》"侯谁在矣，张仲孝友"。张仲：西周宣王时大臣。 ②孙翌，字季良，河南偃师人。唐玄宗开元中期曾仕为左拾遗。

【译文】孝这种品行，是天下各种德行的根本，因此《诗经》上以张仲的孝友行为美，《春秋》中称颂颍考叔的孝行，人们沿着这种轨迹，古人都这样去做。悠悠千古，又有谁有古人那样的品行呢？

自古圣人，皆以孝理，五常之本，百行莫先，移于国而为忠，事于长而为顺，永言要道，实在宏人。

《全唐文·卷三百一十·孙逖①（三）·天宝三载亲祭九宫坛大赦天下制》

【简注】①孙逖（696—761），唐代潞州涉县人。唐朝大臣、史学家，自幼能文，才思敏捷。唐玄宗开元二年甲寅科进士第一人登第。曾任刑部侍郎、太子左庶子、少詹事等职。

【译文】自古圣人治理国家，都是依循着孝这一根本去做的，五常的根本是孝，孝这种德行是世间各种行为的根本，这种德行移于国家则会忠诚于国家，以这种德行侍奉长上则会恭顺，这是一种永世不会消亡的要道，这种德行是可以宏广世人德行节操的品行。

　　出处①事殊，忠孝不并？已为孝子，不得为忠臣；已为忠臣，不得为孝子。故求忠于孝，岂先亲而后君；移孝于忠，则出身而事主。所以叱驭②而进，不惮危险……

　　　　　　《全唐文·卷三百三十六·吏部尚书韦陟谥忠孝议③》

　　【简注】①出处：代指出仕和隐退。东汉蔡邕《荐皇甫规表》中曾说："修身力行，忠亮阐著，出处抱义，皦然不污。"　　②叱驭：意为"报效国家，不畏艰险"。语出《汉书·王尊传》。　　③此文《全唐文》载为颜真卿作。

　　【译文】出仕为官和退隐于野这两件事很不相同，忠与孝不能并存吗？（这种情况下）已经成为孝子（退隐于野），不再继续为国家尽忠；正在为国家尽忠，很难（在家中）成为孝子。因此，（对于国家来说）求取忠诚的臣子于孝子之门，此人怎能先顾自己的亲人而后顾国家；将孝养父母的心思、行径移并到忠诚于国家上来，就可以出仕为官，为国尽忠，就能够报效国家而不惧困难、不害怕危险……

　　夫崇孝悌者，必竭力以事亲；厚忠贞者，亦尽心以奉上。故圣人广而教之，以劝遐裔。至若马迁续太史之纪，安国传夫子之书，潘氏家风，谢公别传，内足以贻厥后昆，外足以锡祉尔类。小子不敏，仰希前哲，窃述类本，用表流光。

　　　　　　《全唐文·卷三百七十一·苏师道①·泗州刺史李君神道碑》

　　【简注】①苏师道，生卒年、里籍不详，约生活于唐玄宗开元、天宝时期。仕唐曾为潭州刺史，有《司空山记》传世。

　　【译文】崇奉孝悌德行的人，必然竭尽心力地事奉老人；敦厚忠贞的人，一定尽心尽力地侍奉长上。因此圣人宣扬这些德行，并将其推广去教化百姓，以此来劝导远方以至边远之地的人。到了汉代司马迁继父志修成《史记》一书，孔安国传注孔子的典籍，西晋的潘岳始述家风，谢安记述了别传，这些著作对家庭而言，可以使后世的子孙沿袭孝悌、忠贞的传统，对国家来说可以让家族的福禄延续。后学学识鲁钝，十分敬仰前代的哲人，我将这些人归为一类，用来表述孝悌、忠贞这些德行可以流远绵长。

离一切相，修诸善法①，夫如是，乃得菩萨心②。心所感者为应，夫如是，乃膺多福。道无上者归极感，罔极者报亲在。心佛③在相，唯心与相，唇齿相依，二事同源，百行宗孝。蒋氏兄弟，惟孝也哉……敬为赞曰：

大孝尊亲，其次用劳，其次用力。蒋氏之子，三者备极，诚哉孝德！

《全唐文·卷三百七十六·任华④·西方变画赞》

【简注】①善法：佛教用语，修善果之法。　②菩萨：梵文"菩提萨埵"一词的省略，"菩提"是觉悟的意思，"萨埵"是有情的意思，即觉悟众生的意思。菩萨指身具仁慈心肠的人。　③心佛：佛教用语，心中之佛。《华严经·如来出现品》记："众生心佛，还自教化众生。"　④任华，唐代文学家，青州乐安人。唐肃宗时曾任秘书省校书郎、监察御史、桂州刺史参佐。任华性情耿介，狂放不羁，自称"野人""逸人"，仕途不得志。与高适友善。

【译文】世间万物都离不开各自的法相，所修习的是各种各样修善果的方法，只有这样去做，才能具有仁慈的心肠。心中有所感应的事物才可以互为呼应，只有这样，才可以祈求多福。感应到无上大道可以有极致的感应，没有感应到极致的要从回报亲人开始。心中之佛是源于世间万相的，只有有心才可以感应世间万相，心与相可以说是像唇齿那样相互依存，二者本来是同源，因此天下百行都宗法孝行。蒋氏兄弟，他们的确是有孝行呀……现在我恭敬地为他们兄弟敬题赞语：

孝这一品行最重要的是尊奉父母、长辈，其次是让老人生活快乐，再次是尽心尽力地奉养老人。蒋氏的子女，三种品行都具备，实在是具备孝这一德行。

天之性人为贵，人之行莫先于孝。孝于君则忠于国，爱于父则敬于君，孝爱敬齐焉，则忠孝一矣。立君臣，定上下，不可以废忠；事父母，承祭祀，不可以亏孝。忠孝之道，人伦大经。孔子曰："以孝事君则忠。"①又曰："夫孝始于事亲，中于事君，终于立身。"②此圣人之教也。

《全唐文·卷四百四十·程皓③·驳颜真卿论韦陟不得谥忠孝议》

【简注】①②皆出自《孝经》。　③程皓，唐代宗时人，曾仕为太常博士。

【译文】天下万物生灵之中人是最为贵重的，人的德行没有比孝行更为重要的。能够忠孝于君主的人一定能忠诚于国家，能够爱敬父母的人一定能敬奉于君主，孝、爱、敬这些品行都具备，那忠贞、孝敬也就会成为一体。国家有着君臣之别，于是制定了上、下的制度，但不可废弃忠贞这一德行，侍奉父母、承续祭祀，不可以让孝敬这种品行有所亏耗。忠孝之道，是天下人伦所必须遵守的。孔子说："以孝事君则忠。"又曾说："夫孝始于事亲，中于事君，终于立身。"这是圣人的教训。

臣闻三年之丧，自天子达于庶人。汉文帝以宗庙社稷之重自贬，乃以日易月，后世所不能革。太子，人臣也，不得如人君之制，母丧宜无厌降。惟晋既葬公除，议者诡辞以甘时主，不足师法。今有司之议，亏化败俗，常情所郁。夫政以德为本，德以孝为大，后世记礼之失，自今而始，顾不重哉！父在为母期，古礼也。国朝服之三年，臣谓太重，唯行古谓得礼。

《全唐文·卷五百二十四·穆质①·论丧服疏》

【简注】①穆质（？—810），唐中期大臣。自补阙仕至给事中，喜论时政得失。

【译文】臣听说（古时候）父母去世后为其守丧三年的礼法，从天子到平常的百姓没有不遵守的。汉文帝以国家和宗庙为重，减省了这一礼法的持守时间，于是以日代月，后世的帝王没有革去这一制度。太子，对于君主来说是臣子，他守丧的时间是不能和君主一样的，母亲丧亡礼法不应该有所减省。只是晋朝的时候因为皇后已经下葬，太子在处理公事时除去丧服，议论的人诡辩说这种做法是因为不除丧服将妨害君主，这种说法是不足以师法的。现在的相关司衙也有所议论，认为这种做法是有亏教化、败坏礼俗的，这样去做实在是有亏于常情。处理政事、治理国家要以德化为本，德以孝这一品行为大，（如果沿用晋时的礼法）那么后世将会记录礼法施行的失误，而这种失误却是从现在开始的，这是多么重要的事啊！父亲健在为母亲服丧期年，这是古时候传下来的礼法。国家所定的丧制是服丧三年，臣认为这的确是太重了一些，只有行古礼才称得上是符合礼法。

臣闻身体发肤，受之父母，不敢毁伤。所以乐正子春下堂伤足，三月不出，而有忧色。民间多有割股上闻天听者。伏以尧代则共推虞舜，孔门则首举曾参，皆以至孝奉亲，不闻割股肉疗疾。或真有怀怵惕之感，报劬劳之恩，孝起因心，痛忘遗体。实行此事，自是人子之常情，不合鼓扇声名，希沾恤赉。伏惟陛下道齐覆载，孝治寰区，渐致升平，全除矫妄。乞愿明敕遍下诸州，更有此色之人，不令举奏。所冀真诚者自彰孝感，诈伪者免惑乡闾。咸归朴素之风，永布雍熙之化。

《全唐文·卷七百六十三·程邈^①·请禁割股疏》

【简注】①程邈，生卒年不详，约生活于晚唐文宗、武宗时期，唐文宗开成四年曾仕为主客郎中，知制诰。

【译文】臣听说身体发肤，受之于父母，不敢损伤。因此，乐正子春走下厅堂时扭伤了脚，三个月不出门，同时面有忧色。现在民间多有割股奉亲并以此作为孝行。上达于朝廷的事情。臣下认为上古帝尧时，百姓之所以共推虞舜成为天下的共主，孔子的弟子之中孝行之所以首推曾参，都是因为这两位圣贤以至孝的品行奉养父母，可是却没有听说这些圣贤有割股温药以奉亲人的举动。为人子女或许是因为真的感受到了父母养育之恩，为报亲恩孝养父母，于是辛勤劳作，忘却了父母所授的身体，这样的事情，自然是人子奉养父母的常情，但割股奉亲这样的行为却不能为之宣扬，不能因为有人做这样的事情，国家就对其进行旌表。陛下统御国家是以天下的大道为标尺，其德行泽被于天下，国家以孝治理天下，于是天下渐至升平，因此要全面矫正那些虚妄的东西。乞请陛下明示于天下各地，再有割股奉亲这样的人，再有这样的事情发生，各地守吏不要再奏闻于朝廷。所希冀的是天下的百姓以真诚的心态，用自己的行为彰显孝行、感通神灵，让那些欺诈虚妄的事情免惑于乡间，让天下的风气同归于朴实、朴素，使天下永世呈现和乐升平的景象。

人与天地同有，孝与父子偕生。道德失而称仁，哀慕结而灭性。于是先王立中，制三年通丧；人伦以达，然孝子之心。

《全唐文·卷七百七十四·李哲·吴郡孝子张常洧庐墓记》

【译文】人是与天地同时存在的，孝这种德行也是与父子关系同时出现的。世间道德沦丧的时候，人们开始怀念仁德。哀痛、倾慕终结的时候，人性也就会随之丧失，于是先王制定礼法，制定了三年的丧服规定，这种规制是可以使人伦通达的，是可以了却孝子孝敬父母之心的。

立己以孝悌为基，恭默为本，畏怯为务，勤俭为法。肥家以忍顺，保交以简恭……而后可以言家法。家法备，然后可以言养人。

《全唐文·卷八百一十六·柳比^①·戒子孙》

【简注】①柳比，生卒年不详，约生活于唐代末期。唐僖宗时曾仕为岭南节度副使。黄巢起义攻进交州、广州时逃还长安，再迁为御史中丞。

【译文】立身处世要以孝悌作为基础，要以恭敬、谦默作为根本，处理事情要认真仔细，要以勤俭作为处世的法度。家庭富足了要明白忍让的道理，与人交游要保持谦恭、简约……之后才可以说家中的规矩完备，家中的规矩完备，然后才可以用规矩告诫子孙。

臣闻诗云"哀哀父母，生我劬劳"。又仲由云："树欲静而风不止，子欲孝而亲不待。"皆以昊天所覆，永报为难。今陛下信及昆虫，孝理天下，漏泉之泽，倘尚拘于常制，过隙之限，诚何慰于孝思。今请应在朝内外文武臣寮亡父亡母，并请特与追封。既存没以知荣，则寰区而荷德。

《全唐文·卷八百五十四·卢擢①·请许朝臣封赠父母疏》

【简注】①卢擢，生卒年不详，唐末五代时人。五代时曾仕为后汉的右拾遗。

【译文】臣听说《诗经》中说"哀哀父母，生我劬劳"，前贤仲由也曾说："树欲静而风不止，子欲孝而亲不待。"这些说法都是指父母的恩情犹如天地覆载那样，作为子女永生难以报答。现在陛下的恩德泽及世间万物，以孝治理天下，犹如泉水滴漏那样长流不止，倘若拘泥于惯常的制度，有功才可封赠，时间过得很快，朝中的臣子如何才能表现自己的孝思。现在请陛下对朝廷内外的文武官员已亡或未亡的父母，给予特恩封赠。这样对于臣子来说，无论是父母在世或已去世，都可以以自己的子女为荣，这样国内的百姓也就都能感受到国家的恩泽了。

百行之本，教学以慈。曾氏有子，其殆庶几。倚门而歌，季孙受嗤①。舞雩咏道，圣人称之②。

《全唐文·卷八百六十一·孙忌③·宿伯曾点赞》

【简注】①典出《礼记·檀弓下》"季武子寝疾。蛟固不说齐衰而入见，曰：'斯道也，将亡矣！士唯公门说齐衰。'武子曰：'不亦善乎！君子表微。'及其丧也，曾点倚其门而歌。" ②典出《论语·先进》"子曰：'何伤乎？亦各言其志也。'曰：'莫春者，春服既成。冠者五六人，童子六七人，浴乎沂，风乎舞雩，咏而归。'夫子喟然叹曰：'吾与点也！'" ③孙忌，即孙晟（？—956），唐末五代时密州（今山东诸城）人。好文辞，善诗文。初仕于五代时的后唐，后奔南唐，任相位近二十年。卒赠鲁国公。

【译文】天下各种品行的根本是（孝行），教育子弟、教化后辈要慈爱。曾氏有这样的贤良子孙，当时没有几人，他倚门而歌，使季氏受到了嗤笑。他和夫子一起在舞雩坛咏道，被圣人所称赞。

臣窃闻中书①商量，不许旌表吉州孝子瞿处圭等门闾事……今朝野之间，不义不孝者，何尝不有，风俗若此，正是陛下急于敦劝之秋。或小吏出此无稽之言，犹大臣必须惩绝，况居清切之司，当顾问之地，首创斯议，谬莫甚焉。噫！为人臣子者，上有君，下有亲，何思沮人之为孝？夫王政之基，无先于学；人伦之本，莫大于孝。去年停贡举，已沮陛下教人之为学。此时于激劝，又沮陛下教人之行孝，将顺其美，一何疏哉？伏惟皇帝陛下至德感于上元，广爱刑于四海。邪见诡说，必不能上惑聪明。臣虽不才，而所务者大，所思者远，恐或有一可之言，是以不敢不奏。

《全唐文·卷八百七十三·陈致雍②一·劾中书
不许旌表吉州孝子瞿处圭等疏》

【简注】①中书：官署名。唐代设置的中书省、宋代设置的政事堂，亦直称为"中书"。　　②陈致雍，福建莆田人，五代时仕闽曾为太常卿。入南唐后，以通礼及第，除博士，迁秘书监致仕。

【译文】臣私下里听闻中书省商议，不许旌表吉州孝子瞿处圭等人门闾之事……现在朝廷、乡里之间，不讲信义、不遵孝行的人，何尝没有，风俗如果像现在这样（则是国家的隐患），这正是陛下急令天下敦劝教化的时机。那些小吏说出不许旌表孝行之语，实属无稽之语，作为大臣必须对其进行惩处，以杜绝这种言谈，更何况中书省作为国家的关键司衙，应当成为国家、国事的顾问之地，却首议出这种决定，其谬误可以说是十分大的。哎呀！为人臣子的，对国家来说有君主，对家庭来说有亲人，为什么要阻止他人的孝行？处理国家政事的基础，是要首先学习先人优良的从政经验；天下人伦道德的根本，没有什么大过孝行。去年停止科贡举荐的议论，已经是阻止陛下教人学习先人从政经验的奏议，现在又阻止陛下教化天下的孝行，国家应顺承孝行这一美德，又怎么能采纳这种奏疏奏议哪？恭敬地请准皇帝陛下感悟上天的至德，广施仁爱、缓减刑罚于四海之内。如果这样，那些邪见诡说，便不能荧惑圣上。臣虽然才智不高，但此事事关国家大计，所以思考得深入了一些，所奏闻的言语或者有可用的建议，因此不敢不奏闻朝廷。

域中之大曰道，百行之先曰孝。故孝心充乎内，必道气应乎外。于是有聿修①之德，追远②之怀，扬名显亲之善，集灵徼福之举。用于邦国，则臣节著。施于家庭，则子道光。

《全唐文·卷八百八十四·徐铉③（七）·池州重建紫极宫碑铭》

【简注】①聿修：即继承发扬先人德行。　②追远：虔诚地祭祀，追念先人，追思先贤。　③徐铉（916—991），字鼎臣，五代时广陵（今江苏扬州）人。五代宋初的文学家、书法家。初仕于吴越，曾仕为南唐的知制诰、翰林学士、吏部尚书，南唐亡后随李煜归宋，官至散骑常侍，世称为徐骑省。

【译文】世间最大的学问可以称之为道，百行之中最为基础的是孝。因此，孝如果充溢于自己的心中，必定能感应大道运用于外。这样世间就会有继承发扬先人德行的事发生，就有了追念祖先、先贤这样的情怀，就有了显扬父母名声的善行，就有了为亲人祈福集灵这样的举动。孝这种德行用之于国，国家的臣子就会有节操，政声显著。如果运用于家庭，就会光大子女的孝养之道。

二、史家

《魏郑公谏录》一则

唐王方庆撰，魏郑公即指魏徵。此书所编录的是魏徵与唐太宗的问对和魏徵的谏奏。全书五卷。王方庆（？—702），名綝，以字显，唐代雍州咸阳（今陕西咸阳）人。武则天执政时爵封石泉县子。历迁为鸾台侍郎，同凤阁鸾台平章事。卒赠为兖州都督，谥为"贞"。工书法，著有《王氏八体书范》《王氏工书状》及《南宫故事》十二卷、《魏郑公谏录》五卷。

吴王恪奉见太宗，谓房玄龄等曰："朕与儿子，常欲一处。但家国事义，实亦不同。欲令其子孙代代恒继，且又绝其觊觎。朕今供养太上皇，与私亦异，以镇抚四海，不贻太上皇忧。为孝则天子之孝也。"

公对曰："臣闻孝行有三：大孝尊亲，其次不辱，其下能养。今陛下立身扬名，富有天下，华夷安泰，此实大孝，岂同进馇粥侍左右之孝也。且以四海之主，岂比庶人若与子孙同在一处，非所以保根固本之策。"

《魏郑公谏录·卷三》

【译文】吴王李恪奉召觐见唐太宗，太宗皇帝对房玄龄等人说："朕和儿子，想经常相处，但是这种家事和国家的大义比起来，却是不同的，我想让我的儿子的子孙代代相传，同时又想绝灭儿子们对帝位的觊觎之心。朕现在供养太上皇，这与个人的私事是不同的，不敢让太上皇为国家担忧，这种孝行才是天子之孝呀！"

魏徵说："臣听说天下的孝行有三个层次：最大的孝行是尊奉亲人，其次是不使父母的名声辱没，最后是能奉养父母。现在陛下已经立身扬名于世，并且富有天下，施政治国使天下安康，这是大的孝行，岂能与侍奉父母起居这样的孝行相比。而且国家的君主，岂能与平常的百姓相比，又怎能时时地与子孙相聚在一起，如果照这样去做了，并不是保全国家根本的做法。"

《贞观政要》四则

　　唐吴兢撰，全书十卷四十篇，八万余言，是一部政论性的史书。这部书以记言为主，所记基本上是贞观年间唐太宗李世民与臣下魏徵、王珪、房玄龄、杜如晦等人关于施政问题的对话，以及一些大臣的谏议和劝谏奏疏。吴兢（670—749），唐代汴州浚仪（今河南开封）人。唐代史学家，武周时入史馆，编修国史，后迁右拾遗内供奉。之后历仕中、睿、玄三朝曾仕为右补阙、起居郎、水部郎中、谏议大夫、卫尉少卿兼修国史，太子左庶子等，爵封长垣县子。著述独撰有十六种，计二百一十六卷，与人合撰有八种，计有七百二十五卷。

　　爱子教以义方忠孝，恭俭义方之谓。

　　　　　　　　　　　　　　　　　　《贞观政要·卷四·太子诸王定分第九》

　　【译文】爱自己的子女要教育他们拥有义行，让他们具有忠诚孝敬的品行，行为举止能恭敬、勤俭，这样才能说是教育成功。

　　吴王恪曰：“父之爱子人之常情，非待教训而知也，子能忠孝则善矣！若不遵诲诱，忘弃礼法必自致刑戮，父虽爱之将如之何？”

　　　　　　　　　　　　　　　　　《贞观政要·卷四·教戒太子诸王第十一》

　　【简注】①吴王恪，即李恪（619—653），唐太宗李世民的第三子，贞观十年封为吴王，唐高宗永徽四年因房遗爱案牵连，被冤死。

　　【译文】吴王李恪说：“父亲爱子女是人之常情，并不需要特别地教育训导，人们就会知道。子女具有忠诚孝敬的品行，就可以说是具备了很好的德行！假如不能遵循父母师长的教诲和诱导，忘记了、抛弃了礼法必定会使自己陷于刑戮之中，父亲就算是爱子女又能有什么办法呢？”

　　心则未识于忠孝，言则莫辨其是非。近之有损于英声，昵之无益于盛德。

　　　　　　　　　　　　　　　　　　《贞观政要·卷四·规谏太子第十二》

　　【译文】对于世人来说，内心中如果不识忠孝这种德行为何物，那么这个人的言谈举止就不会规矩，就辨别不出是非。与之亲近就会有损自己的名声，喜爱这样的人也无助于培养自己的盛德。

朕年十八便举兵，年二十四定天下，年二十九升为天子，此则武胜于古也。少从戎旅不暇读书，贞观以来手不释卷，知风化之本，见政理之源，行之数年天下大理而风移俗变，子孝臣忠此又文过于古也。

《贞观政要·卷十·慎终第四十》

【译文】朕在十八岁的时候起兵，二十四岁时平定天下，在二十九岁的时候登基称帝，这种武功可以说是远胜于古人。可是（朕）自小身处于军旅之中，没有空暇读书，自登基以来可以说是手不释卷，这才知道形成天下风俗、教化天下的根本（是"孝"与"忠"这两种德行），才知道施政、法理的源泉是什么。（这些根本）推行了数年之后，天下才大致出现了安定的局面，而风气的变化也使得民俗、民风出现了变化，子女孝敬父母、臣子忠于国家，这些现象又比古时候好了许多。

《通典》十三则

唐杜佑撰，二百卷。是中国历史上第一部体例完备的政书。书成于德宗贞元十七年（801）。通记历代典章制度建置沿革史，始于传说中唐天宝末，间及肃宗、代宗、德宗三朝。分为食货、选举、职官、礼、乐、兵、刑、州郡、边防九典，各冠总论，下系子目，凡有一千五百八十四条，正文约一百七十万字，注文约二十万字。为中国典制文化专史的首创之作，对后世史书编纂影响甚巨。杜佑（735—812），字君卿，唐代京兆万年（今陕西西安）人，20岁左右步入仕途，40岁以后任中央高级官员和岭南、淮南等地的长官，近70岁时任宰相，78岁因病退休，不久去世。

国以简贤为务，贤以孝行为首。孔子曰："事亲孝，故忠可移于君。"是以求忠臣必于孝子之门。夫人才行少能相兼，是以孟公绰优于赵魏老，不可以为滕、薛大夫①。忠孝之人，持心近厚；锻炼之吏，持心近薄，三代之所以直道而行也。士宜以才行为先，不可纯以阀阅②。

《通典·选举四·杂议论上》③

【简注】①典出《论语·宪问》。子曰："若臧武仲之知，公绰之不欲，卞庄子之勇，冉求之艺，文之以礼乐，亦可以为成人矣。"曰："今之成人者何必然？见利思义，见危授命，久要不忘平生之言，亦可以为成人矣。"子曰：“孟公绰，为赵魏老则优，不可以为滕薛大夫。”　　②阀阅：指祖先有功业的世家、巨室，后泛指门第、家世。　　③此文为东汉光武帝时韦彪奏议。

【译文】对于一个国家来说，选用贤才是治国的要务，选用的贤才要以其是否具有孝这样的德行作为首要标准。孔子说：“侍奉自己的亲人能够孝敬，才能将孝这一德行修养成，并将其推移到对国家的忠诚上来。”因此，国家在求取忠诚于国家的臣子时，必定先从具有孝德行谊这类家风的家中选取。而对于贤才来说很少出现才能、品行都相当优秀的，因此，孔子曾评论说孟公绰做赵氏、魏氏的家臣会很优异，却不能做薛国的官员。具有忠诚、孝义品行的人，他们持有仁厚的心境；善于罗织罪名，陷人于罪的官吏，持有凉薄的心境，正因如此，三代以来奉行正道为选才的准则。对于士来说，要以才能、品行作为考察他们的准则，不可以用家族门阀作为取士的标准。

（唐玄宗开元十七年）举人条例：

立身入仕，莫先于礼。《尚书》明王道，《论语》诠百行，《孝经》德之本，学者所宜先习。其明经通此，谓之两经举，《论语》《孝经》为之翼助。诸试帖一切请停，惟令策试义及口问。其试策自改问时务以来，经业之人，鲜能属缀，以此少能通者，所司知其若此，亦不于此取人，故时人云“明经问策，礼试而已”，所为变实为虚，无益于政。今请令其精习，试策问经义及时务各五节，并以通四以上为第。但令直书事义，解释分明，不用空写疏文，及务华饰。其十节总于一道之内问之，余科准此。其口问诸书，每卷问一节，取其心中了悟、解释分明、往来问答，无所滞碍、不用要令，诵疏亦以十通八以上为第，诸科亦准此，外更通《周易》《毛诗》，名四经举；加《左氏春秋》，为五经举；不习《左氏》者，任以《公羊》《穀梁》代之；其但习《礼记》及《论语》《孝经》，名一经举。既立差等，随等授官，则能否区分，人知劝勉。

……

进士习业，请令习《礼记》《尚书》《论语》《孝经》并一史。其杂文请试两首，共五百字以上六百字以下，试笺、表、议、论、铭、颂、箴、檄①等有资于用者，不试诗赋。其理通、其词雅为上，理通词平为次，余为否。其所试策，于所习经史内问，经问圣人旨趣，史问成败得失，并时务共十节，贵观理识，不用求隐僻，诘名数，为无益之能，言词不至鄙陋，即为第。

......

简试之时，虽云试经及判，其事苟且，与不试同。请皆令习《孝经》《论语》，其《孝经》口问五道，《论语》口问十道，须问答精熟，知其义理，并须通八以上。如先习诸经书者，任随所习试之，不须更试《孝经》《论语》。其判问以时事，取其理通。

《通典·选举五·杂议论中》

【简注】①笺、表、议、论、铭、颂、箴、檄皆为古文体的名字。笺指笺记；表指给皇帝上的奏章；议指议论政事的文章；论指分析和说明事理的文章；铭即古人用于铭刻的文字逐步形成的一种文体；颂指文体之一，指以颂扬为目的的诗文；箴指以规诫为主体的文体；檄是古代官府用以征召或声讨的文书。

【译文】士人要想成就功名进入仕途，最先学习的莫过于礼。《尚书》中所申明的是王霸之道，《论语》中所诠释的是立身处世的行为规范，《孝经》中所讲述的是立身处世所需要养成的根本道德，修习学问的人要先去学习这些。因此，科试之中明经一科要求通习这些经典，这一要求是说，要通习其中的两经才可中举，《论语》《孝经》是其中的两翼。诸试、帖等一切笔试结束之后，所余下的尚有政令、策试经义、口问诸项。其中试策自从改问时务以来，修习经业之人，很少有回答优秀的，这是因为这些时务很少有人能够通习，相关司衙知道策试之人的能力后，便不会再取录此人。因此，当时有人说"明经一科问策，只不过是礼试罢了"，所策试的内容变实为虚，无益于时政。现在朝廷下令精习的内容，试、策、问、经义及时务选题五节，要通习其中的四项以上才可中第，参加考试的士人要直书所论的经义、事物意旨要明确，解释要分明，不要写空洞的、疏散的文字，更不要用华丽的语言去修饰。其中试题的十节合为一道策问，其他的科试也是如此。测试口问的诸书，每一卷问一节，选取其中对所问章节，心中有所明悟、能解释清楚，没有滞碍，解答时不选择策令，诵读、疏义十节之中能通释其中八节以上的中第，其他诸科依此为准。另外参加策试的人如果还能通习《周易》《毛诗》二书，名为"四经举"；再通习《左氏春秋》一书的，名为"五经举"；不修习《左氏春秋》一书，以《春秋公羊传》《春秋穀梁传》二书代替；其中只修习了《礼记》及《论语》《孝经》的士子，名为"一经举"。既然设立了等差，便要随着等差去选授官职，这样才能去区分，才可以让学子相互劝勉。

......

进士修习的学业，朝廷下令要修习《礼记》《尚书》《论语》《孝经》及正史的一种，其中杂文试题两道，这些杂文限定在五百字以上六百字以下，所用杂文可以选用笺、表、议、论、铭、颂、箴、檄等格式，不策试诗、赋。策文中道理能讲说通透、用词文雅的士子取为上，道理能讲述通透、用词平常的取为次，其他的则为不合格。所试策的内容，将于所修习的经史之中出题进行策问，经书要策问圣人之言的意旨是什么，史书要策问历史事件、人物的成败得失，同时还问时务十节，士子回答的可贵之处在于能观察细致、能将道理讲述通透、识见明白，不用力求隐僻。如果诘责名教，则为无益的能力，回答时言词只要不至于鄙陋，即可中第。

......

简试的时候，虽然经过了简试，就可以判定及第，但及第的士人（如果）行事苟且，即使中试也要和未曾中试一样对待。请陛下下令让参加简试的人修习《孝经》《论语》，其中《孝经》可口试问题五道，《论语》可口试问题十道，参试士子必须要问答精熟，知道其中的义理，并且要能通答出八道以上。如果有先前修习其他经书的士子参加简试，则任取其所修习的经书取题简试，无须再从《孝经》《论语》中出题。所出的判问时事之类的题，要取中其道理通达的人。

先王制礼，依四时而祭者，时移节变，孝子感而思亲，故奉荐味，以申孝敬之心，慎终追远之意。故《礼记》云："霜露既降，君子履之，必有凄怆之心；雨露既濡，君子履之，必有怵惕之感。"

《通典·礼九·沿革九·吉礼八》

【译文】先王制定的礼法，要依照四时的变化进行祭祀，这是因为随着时令的移动、节气的变换，孝子有感于天地的变化而思念亲人，因此在祭祀时奉荐各种美味，以向天地申明自己的孝敬之心，表明自己慎终追远的意旨。因此《礼记》中说："霜露降下的时节，君子走在上面，心中必定要怀有凄怆的心情，雨水坠下的时节，君子走在上面，心中一定有着怵惕的感觉。"

周制，大学为东胶，小学为虞庠……以三德教国子：一曰至德，以为道本；二曰敏德，以为行本；三曰孝德，以知逆恶。教三行：一曰孝行，以亲父母；二曰友行，以尊贤良；三曰顺行，以事师长……古之教者，家有塾，党有庠，术有序，国有学。一年视离经辨志①，三年视敬业乐群②，五年视博习亲师，七年视论学取友，谓之小成。九年知类通达，强立而不反，谓之大成。夫然后足以化民易俗，近者说服，而远者怀之，此大学之道也……又修六礼③以节民性，明七教④以兴民德，齐八政⑤以防民淫，一道德以同俗，养耆老以致孝，恤孤独以逮不足，上贤以崇德，简不肖以绌恶。

《通典·礼十三·沿革十三·吉礼十二》

【简注】①离经辨志：语出《礼记·学记》。离，指断句；经，指儒家经书；辨，明察；志，志向。意为读断经书文句，明察圣贤志向。进士习业，请令习《礼记》《尚书》《论语》《孝经》并一史。　②敬业乐群：语出《礼记·学记》。敬业，专心于学业；乐群：乐于与好朋友相处。专心学习，和同学融洽相处。进士习业，请令习《礼记》《尚书》《论语》《孝经》并一史。　③六礼：指古时的冠礼、婚礼、丧礼、祭礼、乡饮酒和乡射礼、相见礼。确立婚姻的过程：纳采、问名、纳吉、纳征、请期、亲迎；祭宗庙之礼：献裸、馈食、祠、禴、尝、烝也可称为六礼。　④七教：指父子、兄弟、夫妇、君臣、长幼、朋友、宾客间各自应当遵从的伦理规范。或敬老、尊齿、乐施、亲贤、好德、恶贪、廉让七种道德规范。　⑤八政：古代国家施政的八个方面。具体内容不一：《书·洪范》载："一曰食，二曰货，三曰祀，四曰司空，五曰司徒，六曰司寇，七曰宾，八曰师。"后世所称"八政"多指此而言。

【译文】周代的制度，大学名为东胶，小学名为虞庠……（周代）用三种德行去教育公卿大夫的子弟：第一是至高的德行，并且将其作为道德修养的根本，第二是聪敏的德行，这一德行，是作为学子行为举止的根本进行教育的；第三是孝敬的德行，要用这一德行教育学子明晓什么是美好、逆乱、丑恶。要教三种立身处世的行为方式：第一是孝敬的行为，要求学子们养成这样的行为，用来亲奉自己的父母，第二是友善的行为，要求学子们养成这类行为，以尊奉贤良；第三是顺行用其奉事师长……古时候的教育，家族之中有家塾，乡村里社之间有庠，学习术数可以在学校中学习，国家设有大学以供士子学习。（那些学子们）学习一年就可以读通判断经书中的文句，明察圣贤的志向；学习三年就能够专心于学业，并且能乐于和同学们相处；学习五年就可以博习学术亲近师长；学习七年就可以议论学术并从中选择志趣相投的友人，这就可以说是学有小成了。九年如果懂得事物间类比的关系并能依类推理，能够具有立身于世的本领而不反复，就可以说学业大成。然后从政就足以教化百姓、移风

219 · 第五卷　唐五代卷

易俗，让近处的人心悦诚服，让远方的人感怀，这就是大学之道呀……又修习冠礼、婚礼、丧礼、祭礼、乡饮酒和乡射礼、相见礼以端正民性，明晓敬老、尊齿、乐施、亲贤、好德、恶贪、廉让以兴起民德，修订食货、祭祀、司空、司徒、司寇、宾、师这些制度以防止民风动荡，制守统一的道德标准以使风俗相同，奉养老人以便让天下百姓能够具有孝行，优恤孤独以补不足，尊贤良为上以崇修德行，简除不肖以去除恶行。

　　……子者父母之遗体，乳哺成人，公姬之厚恩也。弃绝天性之道，而戴他族，不为逆乎？郑伯恶姜氏，誓而绝之，君子以为不孝，及其复为母子，传以为善①。今宜为子竭其筋力，报于公姬育养之泽，若终，为报父在为母之服，别立宫宇而祭之，毕己之年也。诗云"父兮生我，母兮鞠我"，今四子服报如母，不亦宜乎？②

《通典·礼二十九·沿革二十九·嘉礼十四》

　　【简注】①典出《左传·隐公元年》"郑伯克段于鄢"的故事。　　②三国魏时，有人作《四孤论》，四孤即指"遇兵饥馑有卖子者；有弃沟壑者；有生而父母亡，无缌亲，其死必也者；有俗人以五月生子妨忌之不举者"。

　　【译文】……子女承续父母之体，父母哺乳子女成人，这都是父母厚重的恩情。如果子女弃绝天性不行孝道，而奉侍他族，能不称之为逆乱吗？郑武公厌恶其母武姜，立誓不到黄泉不和其母相见，当时的君子认为这是不孝的行为，等到母子相见于黄泉关系缓和之后，《左传》为其行为称善。现在作为子女的（父母健在时）应当竭其筋力奉养父母，以报答父母养育的恩泽；母亲去世父亲健在，为回报父恩为母亲服丧服，应在另外的屋宇之中祭祀，服丧时间以一年为期。《诗经》上说："父亲生下了我，母亲养育了我。"现在这四种孤子服报母丧，难道不应该吗？

　　（南朝宋）庾蔚之谓："礼，父所不服（即丧服），子不敢服。嫡子为妻之父母服，则天子、诸侯亦服妻之父母可知也。妻之父母犹服，况母之父母乎？"

《通典·礼四十一·沿革四十一·凶礼三》

　　【译文】（南朝刘宋）庾蔚之说："按照礼法，如果父亲不服丧，那么作为子女也不能服丧。嫡子为妻子的父母服丧，那么天子、诸侯也可为其妻子的父母服丧，就可以知道了。妻子的父母丧亡时都要服丧，更何况是母亲的父母去世呢？"

　　（晋武帝泰始十年①，武元杨皇后崩，群臣议太子是否服丧）博士陈逖②等议，以为："三年之丧，人子所以自尽，故圣人制礼，自上达下。是以今制，将吏诸遭父母丧，皆假宁二十五月，敦崇孝道，所以风化天下。皇太子至孝著于内，而缞服除于外，非礼所谓称情者也。宜其不除。"

　　　　　　　　　　　　　　　　　《通典·礼四十二·沿革四十二·凶礼四》

　　【简注】①泰始十年：公元274年。　　②陈逖，生卒年不详，约生活于三国孙吴末至西晋武帝时期，三国孙吴时长城（今浙江长兴）人，仕晋为太子洗马、长城令。

　　【译文】（晋武帝泰始十年，武元杨皇后崩，群臣议论太子是否服丧）博士陈逖等人议，他认为："三年的丧服，对于人子来说应该尽力做到，因此圣人制守礼法，自上而下都要遵行。现今的制度，官吏等人遇到父母丧亡，都有二十五个月的丧假，这是国家为了推崇孝道而教化天下所定的制度。皇太子至孝的品行名著于天下，可是丧服期间处理国政时除去丧服，这是不合礼法、不合人情的，（按礼制来说）不宜除去丧服。"

　　汉戴德《丧服变除》云：

　　斩缞三年之服，始有父之丧。笄缅①，徒跣，扱上衽②，交手哭踊无数，恻怛痛疾；既袭三称，服白布深衣，十五升素章甫冠，白麻屦，无絇③。孙为祖父后者，上通于高祖，自天子达于士，与子为父同。父为长子，自天子达于士，不笄缅，不徒跣，不食粥④……

　　齐缞三年者：父卒始有母之丧，笄缅，徒跣，扱上衽，交手哭踊无数；既袭三称，服白布深衣，十五升素章甫冠，白麻屦，无絇。父卒为继母、君母⑤、慈母⑥，孙为祖后者父卒为祖母服，上至高祖母，自天子达于士……

　　齐缞杖周者：父在始有母之丧，笄缅，徒跣，扱上衽，交手哭踊无数；既袭三称，白布深衣，十五升素章甫冠，吉白麻屦，无絇。为出母、慈母、继母、君母，自天子达于士……

　　齐缞不杖周者：谓始有祖父母之丧，则白布深衣，十五升素冠，吉屦无絇，哭踊无数，既袭无变。

　　其齐缞三月者：始有曾祖父母之丧，白布深衣，十五升素冠，吉屦无絇。

女子子适人者为曾祖父母，素总。

大功亲长中殇⑦七月……

《通典·礼四十四·沿革四十四·凶礼六·丧制之二》

【简注】①笄缅：古时将头发束起来的一种束发物。　②徒跣，扱上衽：光着脚，用束带扎着上衣。　③白麻屦，无絇：用白麻裹着鞋子，不用任何饰物。　④不笄缅，不徒跣，不食粥：不用簪子和绳子束发，不光着脚，不食粥类食物。　⑤君母：按古时礼法规定庶子称父亲的正妻为君母。《仪礼·丧服》记："（小功）君母之父母、从母。"郑玄注称："君母，父之適妻也。"　⑥慈母：古称抚育自己成长的庶母为慈母。即子为妾子，且母亲已经去世，父亲让另一无子的妾将其当成自己的儿子抚养，此妾即为此子的慈母。其详细释义可参见《仪礼·丧服》。　⑦中殇：十二岁至十五岁中去世称之为中殇，未成年而死称之为殇。《仪礼·丧服》："年十九至十六为长殇，十五至十二为中殇，十一至八岁为下殇，不满八岁以下，皆为无服之殇。"

【译文】汉代戴德的《丧服变除》中记录：

斩缞三年的丧服制度：父亲丧亡，子女要将头发束起来，光着脚，将衣服束起，两手交叉哭踊不止，不管是早上还是晚上都要有痛疾的神色；在服丧的头三天，要身披白布穿深颜色的衣服，十五天之后要穿有白色花纹的衣服，戴大一些的帽子，穿用白麻制成的鞋子，鞋子上不要穿鞋带。父亲去世，嫡孙为祖父服丧，服制情况相同，同类上通至高祖，自天子直至士，服丧时的服制都与父丧相同。如果父亲为长子，自天子直到士，都不要束起头发，不要赤足，不要食粥……

齐缞三年的服制：母亲晚于父亲去世才服这种服制，子女要将头发束起来，光着脚，将衣服束起，两手交叉哭踊不止；在服丧的头三天，要身披白布穿深颜色的衣服，十五天之后要穿有白色花纹的衣服和戴大一些的帽子，穿用白麻制成的鞋子，鞋子上不要穿鞋带。父亲去世为继母、君母、慈母服丧，父亲已去世嫡孙为祖母服丧，这种情况可通达到高祖母，自天子直到士都要依照这一服制……

齐缞杖周的服制：父亲健在为母亲服丧的礼制，子女要将头发束起来，光着脚，将衣服束起，两手交叉哭踊不止；服丧的头三天，要身披白布穿深颜色的衣服，十五天之后要穿有白色花纹的衣服和戴大一些的帽子，穿用白麻制成的鞋子，鞋子上不要穿鞋带。可为被父亲休弃的母亲、慈母、继母、君母服这一丧制，自天子直至士都要遵从……

齐缞不杖周服制：指祖父母丧亡，孙子、孙女（未出阁）则要身披白布穿深颜色的衣服，十五天之后要穿有白色花纹的衣服，要戴大一些的帽子，要常常哭泣以示哀痛，所穿的服饰不变化。

齐缞三月的服制：指曾祖父母丧亡，曾孙、曾孙女（未出阁）则要身披白布穿深颜色的衣服，十五天之后要穿有白色花纹的衣服和戴大一些的帽子，穿没有鞋带的麻鞋，已嫁人的女子为曾祖父母服丧，要身着素服。

大功关系的长辈亲戚十二岁至十五岁死亡的要服丧七个月……

宋（南朝宋）崔凯云：“礼，孝子始有亲丧，悲哀至甚，充充①如有穷，未可以节，哭踊无数。三日既殡，瞿瞿②如有求而不得，宾客吊及祭事，皆三踊，君来吊则九踊，皆有傧相诏导之者。童子始有亲丧，去首饰，服十五升白布深衣，以至成服。女子不许嫁、成人在室。父卒为母，始死，去首饰而骨笄缅，不徒跣，不扱上衽，不踊哭，拊心③无数，素总髻④以麻。……”

《通典·礼四十四·沿革四十四·凶礼六·丧制之二》

【简注】①充充：悲戚的样子。　②瞿瞿：惊惧不安的样子。　③拊心：拍打胸膛，以示哀痛的悲愤。　④髻：古时妇人服丧时用的露髻，即用麻束发。

【译文】南朝时刘宋的大臣崔凯说：“《礼记》上说，孝子遇到父母丧亡，都要悲切、哀痛不止，都要有忧愁在心的样子，不可以节制，于是哭号、踊跳不止。三日之后出殡的时候，要怀有悲痛不安的神色，就像恳求亲人留下而不能够做到一样，宾客吊唁以及祭祀的时候，都要三次哭号悲踊，君主亲自或派人吊唁要哭号悲踊九次。这些仪法都有办理丧事的傧相引导并宣赞，由孝子完成。对于未成年的童子遇到父母丧亡，都要去除首饰，服丧十五日后要穿有白色花纹的丧服，直至服丧期结束。在丧期内家中的女子是不允许出嫁的，已经成人的要在家中守丧。父亲已经去世为母亲服丧，去世的时候，要去除首饰，披散着头发，不要光着脚，不要将衣服束起，不要踊跳着哭泣，要拍打着胸膛以显示自己的悲痛，妇人们要以麻髻将自己的头发束上……”

周制，父卒为母。继母如母，言继母之配父与因母同，故孝子不敢殊也。

《通典·礼四十九·沿革四十九·凶礼十一》

【译文】周的礼制，父亲去世后要为母亲守丧，对待继母要如同对待母亲一样，这就是说继母婚配于父亲和母亲婚配给父亲是一样的，因此孝子对待继母就要如同母亲一样，不要有什么特别之处。

宋（南朝宋）庾蔚之①云："母子至亲，本无绝道，礼所亲者属也。出母得罪于父，犹追服周；若父卒母嫁而反不服，则是子自绝其母，岂天理邪？宜与出母同制。按晋制，宁假二十五月，是终其心丧耳。"

《通典·礼四十九·沿革四十九·凶礼十一》

【简注】①庾蔚之：南北朝刘宋时人，著有《礼论钞》。

【译文】南朝宋的大臣庾蔚之说："母子至亲，从根本上说是天地间的规律要道，这是礼法中将这一关系列为至亲的原因。因此，就算是获罪于夫家的出母去世后，子女依然服丧周年。如果父亲去世母亲改嫁，母亲去世后，子女不服丧服，则是子女自绝于其母，这难道不是违反天理的行为吗？这种情况宜同出母服丧的例制一样对待。按照晋的制度，休宁丧假二十五个月，这是为了让子女心丧三年而制定的制度。"

周制，服术有六：一曰亲亲，二曰尊尊，三曰名，四曰出入，五曰长幼，六曰从服。

《通典·礼六十五·沿革六十五·凶礼二十七·丧礼杂制》

【译文】周的礼制规定，丧服有六种：第一，是给自己的亲人守制；第二，是给自己的长辈、长上守丧；第三，是给自己的世伯、世叔之类的长辈守丧；第四，是出嫁的女子及在家的女子给娘家的人守丧；第五，给已成人而殇亡的人守丧；第六，妻子给丈夫的父母、夫家的长辈守丧。

父有服，宫中子不与于乐。母有服，声闻焉，不举乐。妻有服，不举乐于其侧。大功将至，避琴瑟。小功至，不绝乐。

《通典·礼六十五·沿革六十五·凶礼二十七·丧礼杂制》

【译文】给父亲守丧期间，宫中的子女不得参与各种娱乐活动。给母亲守丧期间，可以听闻音信，但是不可以举行娱乐活动。给妻子服丧期间，不在家中举行娱乐活动。给大功关系的亲人服丧，应该躲避有琴瑟娱乐的地方。给小功关系的亲人服丧，家中可以有娱乐等方面的活动。

《顺宗实录》一则

　　唐韩愈修，五卷。记载了唐顺宗时期的一些第一手资料，虽然内容多有对皇帝的回护，但作为史料，对唐史研究极为珍贵。

　　（阳城①）竟坐延龄②事，改国子司业。至，引诸生告之曰："凡学者，所以学为忠与孝也。诸生宁有久不省其亲乎？"明日，谒城归养者二十余人。

《顺宗实录·卷四》

　　【简注】①阳城，唐顺宗时大臣，生卒年不详，在唐顺宗时曾仕为道州刺史、左常侍、谏议大夫、国子司业。　②延龄，即裴延龄（728—796），唐代河中河东人。唐肃宗、德宗时大臣。擅阿谀逢迎、结党营私，"以聚敛为长策"。

　　【译文】阳城因为裴延龄的事被连坐，改任为国子司业。他上任后，将国子监的诸生招来说："凡是入学的生员，所学的内容无非是以忠和孝这些德行作为基础的，诸生怎么能长久地不回家省亲看望父母以尽孝心呢？"第二天，拜谒辞别阳城回家归养侍奉父母的生员就有二十多人。

《旧唐书》二十二则

　　五代时后晋刘昫等修。原名《唐书》，自宋代欧阳修、宋祁修《唐书》后，为区别起见，称为《旧唐书》，二十四史之一。有本纪二十卷、志三十卷、列传一百五十卷，共二百卷，记载了自唐高祖武德元年（618）至唐哀宗李柷天祐四年（907）唐朝二百九十年的史事。刘昫（897—946），字耀远，唐末涿州归义人，五代时史学家、政治家。后唐庄宗时任太常博士、翰林学士。后晋时，官至司空、平章事。后晋出帝开运二年（945）受命监修国史、负责编纂《旧唐书》。

　　（太宗）初授《孝经》于著作郎萧德言①，太宗问曰："此书中何言为要？"

　　对曰："夫孝，始于事亲，中于事君，终于立身。君子之事上，进思尽忠，退思补过，将顺其美，匡救其恶。"

《旧唐书·本纪第四·高宗上》

【简注】①萧德言（557—654），南北朝时萧梁兰陵人。仕唐爵封银青光禄大夫、阳县侯，以秘书少监致仕，卒赠太常卿。精《春秋左氏传》，有文集三十卷传世。

【译文】以往（太宗）授《孝经》给著作郎萧德言的时候，太宗问高宗："此部书的要旨是什么？"

高宗回答说："孝这种德行，是从侍奉父母亲人这样的事情开始修养，进而侍奉君主，最终落实到立身处世上来。对于君子而言，拥有了孝这种德行，进思虑着如何对国家尽忠，退思虑着如何补自己做得不足、不当的地方，对于美好的事物顺承其美，匡正、救助、改变那些不好的习俗。"

侍中魏徵议曰："……夫孝因心生，礼缘情立。心不可极，故备物以表其诚；情无以尽，故饰宫以广其敬。宣尼美意，其在兹乎！"

《旧唐书·志第二·礼仪二》

【译文】侍中魏徵奏议说："……孝这一德行是从人的内心中产生的，礼法的制定是缘于世间情理而制定的。孝心不能够尽情表达，因此就有了备用物品以表达子女的诚心；父母对子女的恩情可以说没有穷尽，因此就有了子女修饰及建造居室以广扬自己对父母的敬意。孔子提倡孝的美意，也就在这里了！"

贞观十六年三月丁丑，太宗幸国子学，亲观释奠。祭酒孔颖达讲《孝经》，太宗问颖达曰："夫子门人，曾、闵俱称大孝，而今独为曾说，不为闵说，何耶？"

对曰："曾孝而全，独为曾能达也。"

制旨驳之曰："朕闻《家语》云：曾晳使曾参锄瓜，而误断其本，晳怒，援大杖以击其背，手仆地，绝而复苏。孔子闻之，告门人曰：'参来勿内。'既而曾子请焉，孔子曰：'舜之事父母也，使之常在侧；欲杀之，乃不得。小箠则受，大杖则走。今参于父，委身以待暴怒，陷父于不义，不孝莫大焉。'由斯而言，孰愈于闵子骞也？"颖达不能对。

太宗又谓侍臣："诸儒各生异意，皆非圣人之本旨也。孝者，善事父母，自家刑国，忠于其君，战陈勇，朋友信，扬名显亲，此之谓孝。具在经典，而论者多离其文，迥出事外，以此为教，劳而非法，何谓孝之道耶！"

《旧唐书·志第四·礼仪四》

【译文】（唐太宗）贞观十六年三月丁丑这一天，太宗皇帝驾幸国子监，亲自观看释奠礼。国子监祭酒孔颖达讲解《孝经》，太宗皇帝问孔颖达说："孔夫子的门人之中，曾参、闵损都是以大孝而名闻天下的，（可是）如今被人所称道的只是曾参，而不是闵损，这是为什么呢？"

孔颖达奏称："曾参的孝道可以说是比较全面的，因为在孔门弟子中唯独他能够通达于世事、事理。"

皇帝下旨驳斥他说："朕记得《孔子家语》中曾记：曾参的父亲曾晢有一次让曾参在瓜地里锄草，曾参不小心锄断了瓜藤的根，曾晢大怒用大木杖打他，曾参倒在地上，昏厥后又醒了过来。孔子听说这件事后，告诉门人说：'曾参如果到来，不要让他进来。'之后曾参请见孔子，孔子说：'舜侍奉他的父母，常在父母的身边，可是父母想杀他，却找不到他。父母责罚时用小杖责罚可以承受，用大杖责罚就要跑。如今曾参侍奉父亲时，却用身体让父亲出气，这是陷父亲于不义，没有比这种行为更不孝的了。'由此说来，他和闵损哪一个更孝呢？"孔颖达回答不出来。

（于是）太宗又对侍从的臣子说："儒生们所说的各种各样的议论，都不是圣人论孝的本旨。孝指的是善于侍奉父母，从自己的家开始直至国家都要讲求规范、忠于国家、忠于君主，在战阵之中勇敢，和朋友交往要讲求信义，以自己的行为、功业宣扬名声，让自己以至父母受到尊敬，这就是孝（的本旨）。这些话都写在了经典之中，但是（现在的）儒生所议论的大都背离了其中的意旨，在这件事情上大肆夸张，（如果）这样去推行教化，即使是辛苦地操劳也不会做到教化得法，这怎么能说是孝的道理呢！"

开元八年，国子司业李元瓘奏称："先圣孔宣父庙，先师颜子配座，今其像立侍，配享合坐。十哲弟子，虽复列像庙堂，不预享祀。谨检祠令：何休①、范宁②等二十二贤，犹沾从祀，望请春秋释奠，列享在二十二贤之上。七十子，请准旧都监堂图形于壁，兼为立赞，庶敦劝儒风，光崇圣烈。曾参等道业可崇，独受经于夫子，望准二十二贤预飨。"

敕：改颜生等十哲为坐像，悉预从祀。曾参大孝，德冠同列，特为塑像，坐于十哲之次。图画七十子及二十二贤于庙壁上。以颜子亚圣，上亲为之赞，以书于石。闵损已下，令当朝文士分为之赞。

《旧唐书·志第四·礼仪四》

【简注】①何休（129—182），字邵公，任城樊（今山东兖州）人。中国东汉时期杰出经学家。 ②范宁，字武子，晋时人。封阳遂乡侯，征拜中书侍郎，出为豫章太守，免，有《穀梁集解》十二卷，《礼杂问》十卷，集十六卷。

【译文】唐玄宗开元八年，国子司业李元瓘奏称："先圣孔子的庙堂中，先师颜子应配祀在座，而现在颜子则是以立像的形式侍立于孔子一侧，配享应该用坐像。孔子的十哲弟子，他们的图像虽然陈列于孔子的庙堂中，却不是配享于孔圣人。谨按照检令所定：何休、范宁等先朝博士等二十二位贤哲，都沾沐圣人的遗泽从祀于孔圣人。请准按照春秋释奠的惯例从祀孔门十哲弟子，其位置在何休等二十二贤人之上。至于孔门其他七十弟子，请准依旧悬图影于壁，并且为他们书写画（像）赞，以便在国家内宣扬儒家的教化，以褒崇先圣。至于曾参等人因为承继了孔圣人的道业可以崇祀，而且他受教于孔圣人，奏请准予和先朝二十二子一样承受奉祀。"

皇帝敕令：改颜回等十哲弟子为坐像，都从祀于孔圣人一侧。曾参因为具有大孝的品行，其德行冠于诸弟子，特别为其塑像，列十哲之次。画孔门其他七十弟子以及先朝二十二贤哲的画像于圣人庙堂的壁上。以颜回为亚圣，皇帝将亲自为其作赞，将赞文刻于石上。闵损之下的贤哲，令当朝的文士分别为之作赞。

礼由人情，自非天坠，大孝莫重于尊亲，厚本莫先于严配。数尽四庙①，非贵多之道。祀逮七世，得加隆之心。是知德厚者流光，乃可久之高义；德薄者流卑，实不易之令范。臣等参议，请依晋、宋故事，立亲庙②六，其祖宗之制，式遵旧典。庶承宗之道，兴于理定之辰；尊祖之义，成于孝治之日③。

《旧唐书·志第五·礼仪五》

【简注】①四庙：高祖、曾祖、祖父、父四代祖庙。 ②亲庙：即祖庙。 ③唐太宗贞观九年唐高祖崩，太宗议太庙时所议。

【译文】礼法是为了规范人的性情而产生的，并不是由上天凭空生成的，最大的孝行没有比尊亲更重要的，敦厚根本没有比严格奉祀更大的事情。奉祀高祖、曾祖、祖父、父亲，并不是为了显示祖先有多少尊贵之人，祭祀七世的祖先，是为了增加隆礼尊法的心意。因此，道德品行广厚的人可以流光于世，这是因为他们的德行可以长久地将高义垂于人间；道德品行疏薄的人流于卑下，这是因为他们的品行着实不可以令人垂范。臣等奏陛下参议，请依准晋、宋（南朝刘宋）的旧事，设立六所祖庙，经确定祖宗的旧制，遵奉旧有的典仪。这将承继祖宗之道，以理定国家中百姓所尊奉的目标，也可以将尊奉祖先的大义（推广于天下），以达到孝行天下的目标。

夫礼者，体也，履也，示之以迹。孝者，畜也，养也，因之以心。小人不耻不仁，不畏不义。服之有制，使愚人企及；衣之以衰，使见之摧痛。

《旧唐书·志第七·礼仪七》

【译文】礼的意思是体、是履，是向世人示以行迹以让世人有所遵行。孝的意思是畜、是养，是要用心去奉养的。品行低劣的人不知羞耻、不行仁德，不畏国家、不从道义。丧服是有制度的，即便是性格愚钝的也要遵从，服制时所穿的衣服以白色为主，使人见到后就心中伤痛。

开元五年，右补阙①卢履冰②："……夫礼者，体也，履也，示之以迹。孝者，畜也，养也，因之以心。小人不耻不仁，不畏不义。服之有制，使愚人企及……"

《旧唐书·志第七·礼仪七》

【简注】①右补阙：唐则天大帝时置，与左补阙同为谏官，属门下省。宋代改名为右司谏，下官为右拾遗。 ②卢履冰，生卒年不详，约生活于唐玄宗开元年间。幽州范阳人，仕唐曾为右补阙。

【译文】唐玄宗开元五年，右补阙卢履冰奏称："……礼法，是为了规范人们行止而制定的，是为了让人们履行而推出的，因此存迹于世间。孝这一行为，是为了积蓄、修养德行，以奉养父母、长辈，因此它可以直指人心，识见浅陋的小人不知羞耻，不识仁义，没有畏惧不存道义。丧服之所以成为制度，是为了让百姓都能够明晓礼法；丧服期间穿着衰衣，可以让愚人也为之心中伤痛。"

夫至德谓孝悌，要道谓礼乐。"移风易俗，莫善于乐，安上治民，莫善于礼。"又《礼》有"无体之礼，无声之乐"。按《孝经·援神契》云："天子孝曰就，就之为言成也。天子德被天下，泽及万物，始终成就，则其亲获安，故曰就也。诸侯孝曰度，度者法也。诸侯居国，能奉天子法度，得不危溢，则其亲获安，故曰度也。卿大夫孝曰誉，誉之为言名也。卿大夫言行布满，能无恶称，誉达遐迩，则其亲获安，故曰誉也。士孝曰究，究者以明审为义。士始升朝，辞亲入仕，能审资父事君之礼，则其亲获安，故曰究也。庶人孝曰畜，畜者含畜为义。庶人含情受朴，躬耕力作，以畜其德，则其亲获安，故曰畜也。"

《旧唐书·志第七·礼仪七》

【译文】天下间至高的德行是孝悌，遵行德行的要道是礼乐。"移风易俗，没有比音乐更好的形式。安定国家、治理百姓，没有比礼更好的做法。"又《礼》中有"无形体之礼，无声音之乐"的说法，查考《孝经·援神契》一书，书中说："天子之孝叫作就，就的意思是成。天子有德行泽被于天下，有恩泽惠及万物，才会最终有所成就，这样他的亲人就会得到平安，所以称之为就。诸侯的孝叫作度，度就是法的意思。诸侯在其国内奉行天子的法度，能居安思危，这样他的亲人就会得到平安，所以叫作度。卿大夫的孝叫作誉，誉的意思就是名，卿大夫的言行表现在各个方面，能够不让他人说出不好、不足，他的声誉自然会传扬开来，这样其亲人就会得到平安，所以叫作誉。士人的孝叫作究，究的意思是要求士人明白什么是义。士开始上朝的时候，辞别亲人后才会去做官，士人们要按照侍奉父亲的样子去侍奉君主，这样他的亲人就会得到平安，所以叫作究。百姓的孝叫作畜，畜包含着畜养的意思。百姓富于人情且性格质朴，他们要亲自耕作，以畜养其德行，这样他们的父母就会获得安定，所以叫作畜。"

履行①，贞观初历祠部郎中②。丁母忧，哀悴逾礼。太宗遣使谕之曰："孝子之道，毁不灭性。汝宜强食，不得过礼。"……无几，遭父艰，居丧复以孝闻，太宗手诏敦喻曰："古人立孝，毁不灭身。闻卿绝粒，殊乖大体，幸抑摧裂之情，割伤生之累。"

《旧唐书·列传第一五·高士廉③》

【简注】①高履行，生卒年不详，约生活于唐太宗、唐高宗时期。名文敏，唐代渤海蓨县人，尚唐太宗第九女东阳公主，性至孝，袭父爵为申国公。②祠部郎中：隋代始置，主管丧葬、祭祀之类的事情。　③高士廉（575—647），名俭，字士廉，以字行，北周末年渤海蓨县人。唐代开国功臣。

【译文】（高）履行，贞观初年任祠部郎中，母亲去世时为母守制，因为心中哀伤，神色憔悴，其行为逾越了礼法的规制。唐太宗派使臣告诉他说："孝子侍奉父母之道，父母去世后，就算是伤痛也不要伤及自己的生命，你应当强迫自己去进食，守丧期间的行为不得逾越礼法。"……没过多久，其父

（高士廉）又去世，他居丧又以孝闻于世，唐太宗又下手诏劝谕他说："古时候的人所树立的孝行，就算是伤痛也不危及自己的身体。听说你居丧期间绝食，这种行为有乖于大体，你要抑制住自己伤心欲绝的心情，以免伤及自己的生命而拖累父母，使他们的声名受损。"

臣闻古之圣帝明王所以薄葬者，非不欲崇高光显，珍宝具物，以厚其亲。然审而言之，高坟厚垅，珍物毕备，此适所以为亲之累，非曰孝也。是以深思远虑，安于菲薄，以为长久万代之计，割其常情以定耳。

《旧唐书·列传二二·虞世南》

【译文】臣（虞世南）听说古时候圣明的帝王之所以讲求薄葬，并不是不想显示自己的荣耀，并不是不想用珍宝厚待自己的亲人。但是有些人死后，后人修筑高坟厚垅，里面放了许多珍宝，那些圣明的君王进一步去考虑，如果这样去做，实在是害了亲人，（累及了亲人的声名，）这并不是孝的表现。因此他们深思远虑之后，安于薄葬，这是为长久万代所考虑的，于是舍弃了常情以求取平安。

臣（马周①）又闻圣人之化天下，莫不以孝为基。故曰："孝莫大于严父，严父莫大于配天。"又曰："国之大事，在祀与戎。"孔子亦云："吾不预祭如不祭。"是圣人之重祭祀也如此。伏惟陛下践祚以来，宗庙之享，未曾亲事。伏缘圣情，独以銮舆一出，劳费稍多，所以忍其孝思，以便百姓。遂使一代之史，不书皇帝入庙之事，将何以贻厥孙谋，垂则来叶？臣知大孝诚不在俎豆之间，然圣人之训人，固有屈己以从时，愿圣慈顾省愚款。

《旧唐书·列传第二四·马周》

【简注】①马周（601—648），隋博州茌平人（今山东茌平），初唐政治家，仕至中书令，贞观名相之一。

【译文】臣又听说圣人教化天下的时候，没有不把孝作为（治国理政）根基的。因此才会说："孝这一品行没有比敬奉父母更大的事情，敬奉父母没有把父母配祀于天帝更大的了。"又说："国家的大事，只有祭祀和战争。"孔子也曾说："我如果不参加祭祀，就等于没有祭祀。"可见圣人对祭祀的重视。自从陛下登基以来，宗庙祭祀之类的事情，没有亲自参加过，（臣）猜想陛下心中思量，只要车驾一出，国家的花费就会增加很多，因此忍着心中的孝思，以便利于百姓。只是一代史官所记的当朝史事之中，不记皇帝入太庙祭祀的事情，这又如何将（陛下）治理的想法传给子孙，以示范于后世呢？臣（也）知道大孝这一德行的确不在于是否参加祭祀，但是圣人教导世人的言语之中，的确有委屈自己以顺应时俗的说法。希望陛下考虑臣愚钝的想法……

苏世长，雍州武功人也……世长年十余岁，上书言事。武帝以其年小，召问读何书。

对曰："读《孝经》《论语》。"

武帝曰："《孝经》《论语》何所言？"

对曰："《孝经》云：'为国者不敢侮于鳏寡。'《论语》云：'为政以德。'"武帝善其对，令于兽门馆读书。

《旧唐书·列传第二五·苏世长》

【译文】苏世长，雍州武功人……世长十岁的时候，上书（北周）朝廷议论政事，北周武帝见他年幼，召见他问他读过什么书。

他回答说："读过《孝经》《论语》。"

武帝问他："《孝经》《论语》中讲的是什么？"

他回答道："《孝经》中说：治理国家的人不敢欺侮鳏寡之人；《论语》中说：治理国家的人要以德为政。"武帝称赞他的回答，令他在兽门馆内读书。

（唐太宗贞观十七年，皇帝下诏：）朕闻生育品物，莫大乎天地；爱敬罔极，莫重乎君亲。是故为臣贵于尽忠，亏之者有罚；为子在于行孝，违之者必诛。大则肆诸市朝，小则终贻黜辱……

《旧唐书·列传第二六·濮王泰》

【简注】①李泰（618—653），字惠褒，唐太宗李世民第四子，贞观十年（636）被封为魏王，受太宗宠爱，贞观十七年因太子之争被流放。

【译文】（唐太宗贞观十七年，皇帝下诏：）朕听说世间生育万物，没有比天地更大的，敬爱到了极处，没有比君父更重的。因此，为人臣子贵在为国尽忠，如果做不到就要受到处罚；为人子女就要孝敬父母，如果做不到就要遭受诛杀。那些行为严重的在受刑后要在市集上示众，轻微的也要加以废黜以使他留下终身的耻辱。

七年（唐高祖武德七年①），奕上疏请除去释教，曰："佛在西域，言妖路远，汉译胡书，恣其假托。故使不忠不孝，削发而揖君亲；游手游食，易服以逃租赋。演其妖书，述其邪法，伪启三涂②，谬张六道③，恐吓愚夫，诈欺庸品。凡百黎庶，通识者稀，不察根源，信其矫诈。乃追既往之罪，虚规将来之福。布施一钱，希万倍之报；持斋一日，冀百日之粮。遂使愚迷，妄求功德，不惮科禁，轻犯宪章。其有造作恶逆，身坠刑纲，方乃狱中礼佛，口诵佛经，昼夜忘疲，规免其罪。且生死寿夭，由于自然；刑德威福，关之人主。乃谓贫富贵贱，功业所招，而愚僧矫诈，皆云由佛。窃人主之权，擅造化之力，其为害政，良可悲矣！"……

又上疏十一首，词甚切直。高祖付群官详议，唯太仆卿张道源④称奕奏合理。中书令萧瑀⑤与之争论曰："佛，圣人也。奕为此议，非圣人者无法，请置严刑。"

奕曰："礼本于事亲，终于奉上，此则忠孝之理著，臣子之行成。而佛逾城出家，逃背其父，以匹夫而抗天子，以继体而悖所亲。萧瑀非出于空桑，乃遵无父之教。臣闻非孝者无亲，其瑀之谓矣！"

瑀不能答，但合掌曰："地狱所设，正为是人。"

高祖将从奕言，会传位而止。

《旧唐书·列传第二九·傅奕》

【简注】①武德七年：即唐高祖武德七年（624）。　②三涂：佛教语。即火涂、刀涂、血涂，义同三恶道之地狱、饿鬼、畜生，乃因身口意诸恶业所引生之处。火涂，即地狱道，或以于彼处受苦之众生常为镬汤炉炭之热所苦，或以彼处火聚甚多，故称火涂；刀涂，即饿鬼道，以于彼处之众生常受刀杖驱逼等之苦，故称刀涂；血涂，即畜生道，以于彼处受苦之众生，强者伏弱，互相吞啖，饮血食肉，故称血涂。　③六道：佛教语。是指天道、阿修罗道、人道、畜生道、饿鬼道、地狱道。前三者为上三道，为三善道，因其作业（善恶二业，即因果）优良故；下三道为三恶道，因其作业较惨重，故一切沉沦于生死的众生，其轮回的途径，不出六道。　④张道源（?—624），隋代并州祁人（今山西眉县），隋唐高祖李渊反隋，累封范阳君公，以清廉名著于唐初，仕至大理卿，卒赠工部尚书，谥"节"。　⑤萧瑀（575—648），南北朝时西梁江陵人，隋炀帝萧皇后弟，唐太宗时五次为相，以孝闻名，为人刚正，精佛教教义，是唐初凌烟阁二十四功臣之一。

【译文】唐高祖武德七年傅奕上疏请求朝廷废除佛法："佛教产生于西域，其言论虚妄而且距中原路途遥远，汉代的人释译胡人的典籍，随意伪造假托。其理论（可以说）教人不忠不孝，佛法主张剪去头发而与君主、双亲行平等的揖让之礼，其教徒游手好闲不务农耕，改变装束以逃避租赋。宣演妖书，陈述邪法，编造了三途之说，妄传六道轮回，以恐吓百姓，欺骗庸人。而平常的百姓通达事理的人不多，他们（许多人）不能明察事物的根源，信奉其教伪诈的言论，于是追悔从前的罪过，空求未来的幸福。（于是便有了）布施一钱，希求万倍回报，斋戒一日，盼求百天口粮的想法，这样致使那些愚昧的人妄求功德，不怕国家的法律禁令，随意违反国家的典章制度。于是有人犯下恶、逆之类的罪行，身陷于法网之中，方在狱中摩礼拜佛，希望免除自己的罪行。况且人生死的寿命，都有一定的规律，国家的刑罚恩赏，取决于国家的君主。而佛教却说贫富贵贱，都由（前世）功业所致，于是愚僧妖言欺骗百姓，说这一切都由佛主而定。这是窃夺君主的权力、擅改造化的功力，损害国家政教的言论和行为，（而国家却任由佛教传播，）确实是可悲的事情呀……"

之后他又上书十一篇，其言辞十公激切，高祖皇帝将他的奏疏交付朝中官员详议，只有太仆卿张道源称道傅奕奏疏合理。中书令萧瑀与他争论说："佛，是圣人，傅奕的奏疏上这种言论，是诽谤圣人，且目无法纪，请处以严刑。"

傅奕说："礼的根本（首先）在于侍奉双亲，最终的目的在于忠心于国家、侍奉君主，这是忠孝的明理，做臣子的准则。可是佛家提倡越城而出家，逃离、背叛家庭、父母，且以百姓的身份与天子、与国家分庭抗礼，以亲生之子的身份违犯亲长的命令，萧瑀并非出身于佛门，却遵奉无父的教法，臣听说不孝的人无亲，说的就是萧瑀（这类人呀）！"

萧瑀无法反驳，只是合掌说："佛设立地狱，正是为了这种人。"

高祖正要采用傅奕之言，恰逢传位而作罢。

（姚）崇先分其田园，令诸子侄各守其分，仍为遗令以诫子孙，其略曰：
……

昔孔丘亚圣，母墓毁而不修；梁鸿①至贤，父亡席卷而葬。昔杨震②、赵咨③、卢植④、张奂⑤，皆当代英达，通识今古，咸有遗言，属以薄葬。或濯衣时服，或单帛幅巾，知真魂去身，贵于速朽，子孙皆遵成命，迄今以为美谈。凡厚葬之家，例非明哲，或溺于流俗，不察幽明，咸以奢厚为忠孝，以俭薄为悭惜，至令亡者致戮尸暴骸之酷，存者陷不忠不孝之诮，可为痛哉，可为痛哉！死者无知，自同粪土，何烦厚葬，使伤素业。苦也有知，神不在枢，复何用违君父之令，破衣食之资。吾身亡后，可殓以常服，四时之衣，各一副而已。吾性甚不爱冠衣，必不得将放入棺墓，紫衣玉带，足便于身，念尔等勿复违之。且神道恶奢，冥涂尚质，若违吾处分，使吾受戮于地下，于汝心安乎……

《旧唐书·列传第四六·姚崇》

【简注】①梁鸿，生卒年不详，字伯鸾，扶风平陵（今陕西扶风）人，东汉初诗人。曾入太学受业，娶孟氏女，成语"举案齐眉"的主人公。死后葬于苏州阊门金昌亭要离墓旁。　②杨震（59—124），字伯起，东汉弘农华阴（今陕西华阴）人。东汉初教育家，于华阴双泉学馆、客居于湖讲学将近十多年，时称"关西孔子"。年五十八仕，汉安帝永宁元年（120），升为司徒，为"三公"之一，主管教化。能恪尽职守，秉公办事，勤政廉洁，为国为民，年七十卒。　③赵咨，字文楚，东汉时东郡（今河南南阳）人。汉桓帝延熹初，因至孝有道，征迁为博士。汉灵帝时，迁为敦煌太守，以病免。后征拜议郎，仕为东海相，复拜议郎。　④卢植（121—192），字子干，东汉涿郡涿县（今河北涿县）人。师从马融，通古今学，为当时大儒，系汉末海内儒宗。时人称："卢植名著海内，学为儒宗，士之楷模，国之桢干也。"　⑤张奂（104—181），东汉时敦煌渊泉（今甘肃安西）人，字然明，东汉大将。汉桓帝时举贤良第一，曾安定东羌部族，威慑南匈奴、安抚辽东。

【译文】姚崇生前分配了他的田园，令子侄们各自坚守自己的一份，并留下遗令告诫子孙，遗令大略说：

……

以往孔圣人，母亲的坟墓毁坏而不去修整；梁鸿至贤，父亲去世后用席卷着埋葬。之后的杨震、赵咨、卢植、张奂都是当代的英达，都是他们那个时代的英杰，（都）通晓古今，都留下了遗言，嘱咐子侄将他们薄葬。他们入殓时有的穿着干净的应时的服装，有的身着单衣头戴幅巾，他们知道真魂离开肉体，可贵之处在于快速腐朽，子孙们无不遵从他们的遗命，（这些事情）至今传为美谈。大凡是厚葬之家，都不明智，有的沉溺于流俗之中，不辨阴间阳世，都把勤俭薄葬看成吝啬，至于死者招致戮尸暴骨的残景，而生者也遭到了不忠不孝的谴责，实在是让人心痛呀！实在是让人心痛呀！去世的人没有知觉，如同粪土，何必烦劳厚葬，以致损耗清贫朴素的家业。如果死者真的有知、魂灵不在棺柩，又何须违背君父的遗令，破费用于吃穿的钱财呢？我死了以后，可以用我平时所穿的服饰入殓，四季的衣服各备一套即可。我生性不喜做官，因此冠服决不能带入棺墓，紫衣玉带对我来说就已经足够。希望你们不要违背我的意愿，况且神明憎恶奢侈，冥间崇尚俭朴，如果违背我的嘱托，使我在地下受到苦难，你难道安心吗……

七年（开元七年），开府仪同三司王皎卒，及将筑坟，皎子驸马都尉守一请同昭成皇后父窦孝谌故事，其坟高五丈一尺。璟及苏颋请一依礼式，上初从之。翌日，又令准孝谌旧例，璟等上言曰：

"夫俭，德之恭；侈，恶之大。高坟乃昔贤所诫，厚葬实君子所非。古者墓而不坟，盖此道也。凡人子于哀送之际，则不以礼制为思，故周、孔设齐斩缌免之差，衣衾棺椁之度，贤者俯就，私怀不果。且苍梧之野，骊山之徒，善恶分区。图史所载。众人皆务奢靡而独能革之，斯所谓至孝要道也……"

《旧唐书·列传第四六·宋璟》

【译文】开元七年，开府仪同三司王皎去世，其子女将要为他修筑坟墓，王皎的次子驸马都尉王守一请求依照昭成皇后父亲窦孝谌的丧葬形式建坟，高五丈一尺。宋璟、苏颋请求完全依照礼制的规定，皇帝听从了他两人的建议。第二天，又令依照窦孝谌的旧例，于是宋璟等人上书说：

"节俭，是（人性中）最尊贵的品行（之一）奢侈，是最大的恶行。高坟是古时候的贤人所警戒的，厚葬是正人君子所指责的。古时候的墓而无坟，就是这个道理吧。大凡子女在哀哭送葬之时，便想不到礼制的约束。因此周公、孔子设立了齐、斩、缌、免的差别，衣、衾、棺、枢的标准，贤能的人俯身遵循，私情不能完全实现。况且虞舜埋葬在苍梧原野，秦始皇埋葬在劳民伤财的骊山之陵，这正是善恶分明，史籍如实记载。众人都追求奢侈而一人能独自革除，这才是至孝的要道……"

夫圣王之教天下也，必制礼以正人情，人情正则孝于家，忠于国。此道不替，所以理也。所以君子三年不为礼，礼必坏；三年不为乐，乐必崩。

《旧唐书·列传第四八·源乾曜[①]》

【简注】①源乾曜（？—731），唐代相州临漳人。两度为相，爵封安阳公。

【译文】圣王立朝教化天下时，必定制礼作乐以端正世风人情。人情端正了，百姓在家中就会孝敬父母，处世时就会忠诚于国家。这个道理万代不替，所以成为天下的至理。因此，君子如果三年不依照礼的规则行事，那么礼法必定崩坏，三年不用乐来陶冶情操，乐必定崩坏。

夫妇之义，人伦大端，所以《关雎》冠于《诗》首者，王化所先也。天属之亲，孝行为本，所以齐斩五服之重者，人道之厚也。圣人知此二端为训人之本，不可变也，故制婚礼，上以承宗庙，下以继后嗣。①

《旧唐书·列传九一·张茂忠②》

【简注】①此文的作者为韦彤。韦彤，生卒年不详，唐代中期京兆人，唐德宗时曾仕为太常博士。　②张茂忠，生卒年不详，原为唐代的奚族人，以父荫累官至光禄少卿同正，唐德宗贞元三年尚义章公主授左卫将军同正、驸马都尉。

【译文】夫妇之道是人伦的开端。因此，《关雎》一诗冠于《诗经》全文的首篇，这是王道教化的先导。对于父母亲人来说，孝行是子女一切行为的根本，因此礼法规定的齐斩五服这些丧服之中，为父母服丧是最重的，这体现出了人伦之道的厚重。圣人用此二端作为训导世人的根本，是不可以变更的，因此制定了婚礼的制度，这是为了上承宗庙，下继后嗣。

穆宗常谓侍臣曰："朕欲习学经史，何先？"

（薛）放①对曰："经者，先圣之至言，仲尼之所发明，皆天人之极致，诚万代不刊之典也。"史记前代成败得失之迹，亦足鉴其兴亡，然得失相参，是非无准的，固不可为经典比也。"

帝曰："《六经》所尚不一，志学之士，白首不能尽通，如何得其要？"

对曰："《论语》者六经之精华，《孝经》者人伦之本，穷理执要，真可谓圣人至言。是以汉朝《论语》首列学官，光武令虎贲之士皆习《孝经》，玄宗亲为《孝经》注解，皆使当时大理，四海乂宁。盖人知孝慈，气感和乐之所致也。"

上曰："圣人以孝为到德要道，其信然乎！"

《旧唐书·列传一零五·薛放》

【简注】①薛放（？—825），仕唐官至试大理评事，擢拜右拾遗，转补阙，历水部、兵部二员外，迁兵部郎中。

【译文】唐穆宗对侍臣说："朕要学习经史，先学习什么？"

　　薛放回答说："经书,是先圣的至理名言,是孔子为了让世人明白世间的道理所阐发的议论,这些都是天人之间最高的造诣,的确是万代不可修改的经典。史书是记载前代成败得失之事,那些兴亡的经验教训足可以借鉴,然而得失参半,没有固定的是非标准,所以不能与经书相比。"

　　穆宗说："六经所崇尚的也不一致,立志居学的人,头发都白了也未能全部精通,如何才能得到其中的精髓?"

　　薛放回答说："《论语》是六经的精华,《孝经》是人伦的根本,深究义理寻得精髓,就可以说是圣人的至理名言了。因此,先朝设立《论语》学官,汉光武帝令勇猛之士学习《孝经》,玄宗皇帝又亲自给《孝经》做注释,这些都是可使天下大治、四海安宁的举措。其原因在于人们都知道孝敬仁慈,受此和睦气氛的感化就能达到治理国家的(目标)。"

　　穆宗说："圣人把孝作为最高的道德要义,确实是这样呀!"

　　崔龟从字玄告,清河人……长于礼学,精历代没革,问无不通。时祫宗庙于敬宗室,祝板称皇帝孝弟。龟从议曰:"臣审详孝字,载考礼文,义本主于子孙,理难施于兄弟。按《礼记》卜虞之文,子孙曰哀,兄弟曰某。然则虞之称哀,与祭之称孝,其义一也。于祖称则理宜称孝,于伯仲则止可称名。又东晋温峤议宗庙祝辞,于孝字非子者则不称,傍亲直言敢告。当时朝议,咸以为宜。今臣上考礼经,无兄弟称孝之义;下征晋史,有不称傍亲之文。臣谓祫敬宗庙,宜去孝弟两字。"

《旧唐书·列传第一二六·崔龟从》

　　【译文】崔龟从,字玄告,清河人……(他)擅长礼学,精通历代沿革,向他询问(这类事情)没有不知道的。当时皇帝在祭祀敬宗的庙堂时,祝板上自称为皇帝孝弟。崔龟从议论说:"臣详细推究孝字,考查礼文,'孝'的本义指子孙而言,照理难以用在兄弟之间。考查《礼记》中关于占卜先定虞祭日期的文字,子孙自称为哀,兄弟自称为某,然而虞祭时答哀与庙祭时答孝,其含义是一样的。对于祖先则理应称孝,对于兄弟则只能称名。再说东晋时温峤论宗庙的祝辞,关于"孝"字不是儿子的则不称,旁亲就直接说"敢告"。当时朝廷讨论,都认为他的这种说法适宜。如今臣上考查礼经,没有兄弟称孝的含义,下取证晋史,没有帝亲不称的记载,臣认为祭礼敬祫宗庙,应当去除自称的'孝弟'两字。"

善父母为孝，善兄弟为友。夫善于父母，必能陷身锡类，仁惠逮于胤嗣矣；善于兄弟，必能因心广济，德信被于宗族矣。推而言之，可以移于君，施于有政，承上而顺下，令终而善始，虽蛮貊犹行焉，虽窘迫犹享焉。自昔立身扬名，未有不偕孝友而成者也。前代史官，所传孝友传，多录当时旌表之士，人或微细，非众所闻，事出闾里，又难详究。今录衣冠盛德，众所知者，以为称首。至于州县荐饰者，必覆其殊尤，可以劝世者，亦载之。

《旧唐书·列传第一三八·孝友》

【译文】善待父母是孝的表现，善待兄弟是友的表现。孝敬父母、对父母善，就一定会得到上天的眷顾，仁慈、惠爱这种品行就会及于子孙；对兄弟友悌，就会因为具有这种品行而广泛地帮助他人，恩德威信就会及于宗族。推而广之，这种德行可以推移到国君身上，施用到政令当中，就会起到承上顺下的作用，（继而）善始善终。推而广之就算是蛮貊之地的人们也会实行、推行孝道，因此，人生在世即使是处于窘迫之中也要坚持孝道。自古以来能立身扬名的人，都是集孝友于一身的。前代的史官（在史志之中）中有《孝友传》，所收录的大多是当时受到表彰的人，而那些卑微的人却不为众人所知，他们的事迹因处于街间之中，就难以详察。如今本书所收录的是士大夫和有大德的人，这些众所周知的人作为第一类收录，至于州县所推荐的人，一定要审察其中事迹最为突出，可以勉励世人的，也载入本书之中。

高宗令弘智[①]于百福殿讲《孝经》，召中书门下三品及弘文馆学士、太学儒者，并预讲筵。弘智演畅微言，备陈五孝。学士等难问相继，弘智酬应如响。高宗怡然曰："朕颇耽坟籍，至于《孝经》，偏所习睹。然孝之为德，弘益实深，故云'德教加于百姓，刑于四海'，是知孝道之为大也。"

《旧唐书·列传第一三八·孝友·赵弘智》

【简注】①赵弘智（572—653），南北朝时北朝洛阳新安人，以孝闻于世，唐初学者。入唐后和令狐德棻、袁朗等同修《艺文类聚》，精研《孝经》，唐太宗时仕为黄门侍郎、弘文馆学士，唐高宗时为陈王傅，有文集二十卷。

【译文】唐高宗（永徽初年）令赵弘智在百福殿讲《孝经》，皇帝下诏让中书门下三品及弘文馆学士、太学儒者，都出席经筵。赵弘智演畅讲述了《孝经》的微言大义，对五孝者进行了论述，之后学士相继提出问题诘难赵弘智，他都一一应答。高宗听后十分高兴，说："朕对经籍有所研究，至于《孝经》一书，历代的注疏

（朕）都有涉猎。孝是世人立身处世的根本，其中所蕴含的意义对世人助益很深，因此说'国家行政时要用德政、教化对待百姓，这样国家的礼法就可以行之于四海了'，由此可以知道孝道的作用是多么广大呀！"

《新唐书》六则

宋欧阳修、宋祁等撰修，入宋后宋仁宗认为刘昫的唐书"卑弱浅陋"，命欧、宋等人重撰。仁宗庆历四年宋祁完成了列传，范镇编写了志和表，欧阳修主持编写本纪、改定了志，勒成一书。全书共二百二十五卷，其中本纪十卷、表十五卷、志五十卷、列传一百五十卷。欧阳修（1007—1071），字永叔，北宋吉州永丰人（今江西吉安永丰）人，累官枢密副使、参知政事，卒谥"文忠"。唐宋八大家之一，北宋著名文学家、史学家。宋祁（998—1061），字子京，北宋安州安陆（今湖北安陆）人。历任尚书工部员外郎、龙图阁学士、史馆修撰，因修史有功任工部尚书，拜翰林学士承旨，卒谥"景文"，北宋著名文学家。

由三代而上，治出于一，而礼乐达于天下；由三代而下，治出于二，而礼乐为虚名。古者……凡民之事，莫不一出于礼。由之以教其民为孝慈、友悌、忠信、仁义者，常不出于居处、动作、衣服、饮食之间。盖其朝夕从事者，无非乎此也。此所谓治出于一，而礼乐达天下。使天下安习而行之，不知所以迁善远罪而成俗也。

《新唐书·志第一·礼乐一》

【译文】在夏、商、周以前，治理天下的方法是一致的，因而礼乐通行于天下；在三代之后，治理天下的方法出现分歧，礼乐变得有名无实。古时候……凡是百姓行事，没有超越礼法范畴的。因此，凡是教化百姓孝慈、友悌、忠信、仁义等品行，都不外乎在居住、行为、衣服、饮食之类的事情之中对他们进行教化。百姓一天到晚所从事的，也无非是这些事情。这就是所谓的治出于一，而礼乐通行于天下。如果能使人日复一日地履行，那么人们便会渐渐地习以为常，也就会不知不觉间远离罪恶，向良善的方向发展，成为习俗了。

武德二年，始诏国子学立周公、孔子庙。七年，高祖释奠①焉，以周公为先圣，孔子配。九年封孔子之后为褒圣侯。

贞观二年，左仆射房元龄、博士朱子奢②建言："周公、尼父③俱圣人，然释奠于学，以夫子也。大业以前，皆孔丘为先圣，颜回为先师。"乃罢周公，升孔子为先圣，以颜回配。四年，诏州、县学皆作孔子庙。十一年，诏尊孔子为宣父，作庙于兖州，给户二十以奉之。十四年，太宗观释奠于国子学，诏祭酒孔颖达讲《孝经》……

玄宗开元七年，皇太子齿胄于学，谒先圣，诏宋璟亚献④，苏颋终献⑤。临享，天子思齿胄⑥义，乃诏二献皆用胄子⑦，祀先圣如释奠。右散骑常侍褚无量讲《孝经》《礼记·文王世子篇》。

《新唐书·志第五·礼乐五》

【简注】①释奠：古时在学校中设置酒食以奠祭先圣先师的一种典礼。②朱子奢（?—641），隋代吴（今江苏苏州）人。善文辞，通春秋。隋炀帝时仕为直秘书学士。入唐后累官至谏议大夫、弘文馆学士。为人乐易，善言辞，以经义缘饰。　③尼父，亦称"尼甫"，是对孔子的尊称。　④亚献：古时祭祀时，献酒三次，第二次献酒称"亚献"。　⑤终献：古时举行祀典时，有三献之礼，第三次献爵称"终献"。　⑥齿胄：指太子入学与公卿之子依年龄为序。　⑦胄子：古时称帝王或贵族的长子；这里指国子学生员。

【译文】唐高祖武德二年，皇帝下诏在国子学中建周公、孔子的庙堂。武德七年，唐高祖释奠周公、孔子，并以周公为先圣，以孔子配享于侧。武德九年，封孔子的后代为褒圣侯。

唐太宗贞观二年，左仆射房玄龄、博士朱子奢建议说："周公、尼父都是圣人，释奠他们于国子学之中，这是因为他们都是具有德行的圣人。隋炀帝大业之前，都以孔丘为先圣，颜回为先师。"于是太宗皇帝罢除周公的释奠，升孔子为先师，以颜回配祀于侧。贞观四年，皇帝下诏让州、县学之中都要设立孔子的庙堂。贞观十一年，皇帝又下诏尊孔子为宣父，并于兖州建立庙堂，赐于孔家二十户专职奉祀孔子。贞观十四年，太宗皇帝于国子学观释奠礼，下诏让祭酒孔颖达讲《孝经》……

唐玄宗开元七年，皇帝命皇太子依公卿的年龄入国子学，拜谒先圣，下诏让宋璟为亚献，苏颋为终献。到了祭祀的时候，皇帝考虑齿胄的含义，又下诏亚献、终献都以国子监生担任，祭祀先圣的礼法依释奠礼。右散骑常侍褚无量讲《孝经》及《礼记·文王世子》。

帝念名臣，俄召拜礼部尚书兼魏王泰师。王（王珪^①）见之，为先拜，珪亦以师自居。王问珪何以为忠孝，珪曰："陛下，王之君，事思尽忠；陛下，王之父，事思尽孝。忠孝可以立身，可以成名。"

《新唐书·列传第二三·王珪》

【简注】①王珪（571—639），字叔玠，隋代祁（今山西眉县）人，唐初名相，一生崇儒，卒赠吏部尚书。

【译文】唐太宗顾念王珪为名臣，不久下诏将他召入朝堂，拜为礼部尚书兼任魏王李泰的师傅。魏王见了他，先行礼拜，王珪也以老师自居。

魏王问王珪什么是忠孝，王珪回答说："陛下是你的君主，因此你做事时要考虑着如何尽忠，陛下是你的父亲，做事时也要考虑着如何尽孝。只有忠和孝两全，才可以立身，才可以成名。"

夫褒忠，所以劝臣节也；旌孝所以激人伦也；镇浇浮，莫如尚义；厚风俗，莫如尊老。举是四者，大儆于时。

《新唐书·列传第一一六·忠义上》

【译文】表彰忠诚这类事情，是用来激励、劝导臣子们守持气节的；旌表孝敬这类事情，是用来激励人们端正人伦之道的；禁止浮薄的风气这类事情，没有比崇尚义节更为重要的了；要想让全天下的风气出现敦厚的状态，没有比尊奉老年人更为重要的。国家提倡这四类事情，就是要大力地警戒当世。

唐时陈藏器著《本草拾遗》，谓人肉治羸疾，自是民间以父母疾，多刲股肉而进。又有京兆张阿九、赵言，奉天赵正言……或给帛，或旌表门闾，皆名在国史。善乎韩愈之论也，曰："父母疾，亨药饵，以是为孝，未闻毁支体者也。苟不伤义，则圣贤先众而为之。是不幸因而且死，则毁伤灭绝之罪有归矣，安可旌其门以表异之？"

《新唐书·列传第一二零·孝友》

【译文】唐朝的陈藏器著有《本草拾遗》一书，书中有人肉可以治羸疾这样的记载，从此之后民间因父母患病，很多人割大腿肉给父母吃。于是又有了京兆府张阿九、赵言，奉天府的赵正言……（等人这样去做），国家有的赐给布帛、有的旌表他们的门闾以示对这类事情的表彰。这些记录都列于国史之中。韩愈的评论说得好，他说："父母有病，可以进用药物给他们治病，这就是孝道的表现形式之一，没有听说过子女毁坏身体才算得上是孝顺的。如果这样做不伤义理的话，那么圣贤早就在众人之前就去做了。这些人不幸因此而死去，那么毁伤身体灭绝后嗣的罪名就成立了，怎么能旌表他们，表彰他们的异行呢？"

赞曰：圣人治天下有道，曰"要在孝弟而已"。父父也，子子也，兄兄也，弟弟也，推而之国，国而之天下，建一善而百行从，其失则以法绳之。故曰"孝者天下大本，法其末也"。至匹夫单人，行孝一概，而凶盗不敢凌，天子喟而旌之者。

《新唐书·列传第一二零·孝友》

【译文】赞曰：圣人治理天下都是有一定之规的，其关键"在于树立孝悌之道而已"。（对待父母）要用对待父母的原则去对待，（对待子女）要用对待子女的原则去对待，（对待兄长）要用对待兄长的原则去待，（对待弟弟）要用对待弟弟的原则去对待。这些推广到国家，再从国家推广到天下，建立起一种好的习性，从而使各种（良好的）品行随之兴起，人们有过失就用法律处罚，所以说"孝这种德行是治理天下的根本，法还在其次"。至于说普通的百姓，行孝可使强盗不去侵犯，可以使天子赞扬加以旌表，用他的事迹教导人们行孝，进而让世人都能对国家忠诚。

《唐大诏令集》九则

北宋宋敏求编，是唐代皇帝诏令的汇集，宋神宗熙宁三年九月成书。分为十三类：帝王、妃嫔、追谥、册谥文、哀册文、皇太子、诸王、公主、郡县主、大臣、典礼、政事、蕃夷，共有一百三十卷，《四库》成书时缺第十四到二十四卷，八十七至九十八卷。宋敏求（1019—1079），字次道，北宋时赵州平棘（今河北赵县）人，北宋文学家、史学家。

孝莫大于继德，功莫大于中兴。

《唐大诏令集·卷二》

【译文】孝这样的德行没有比承继先人的功德更大的，世间的功绩没有比中兴祖先的事业更大的。

礼莫大于严享，孝莫大于扬名。有以通于神明，有以光于四海。

《唐大诏令集·卷九》

【译文】对礼法来说，没有比依照礼法奉祀祖先更大的事情；对于孝道来说，没有比子孙扬名于四方，使父母祖先为之荣光更大的事情。礼法如果做到了，就会通达于神明；孝道遵奉了，就会光耀于四海之内。

忠为令德，孝乃天经。义著君亲，道存敬爱，其或兼者可不美欤！

《唐大诏令集·卷十五》

【译文】忠是世间最重要的德行，孝是天经地义的德行。信义这种德行是可以显扬于君主、世人心中的，世间的大道中存有敬和爱这样的德行。这些德行如果能够兼有，是一件多么美好的事情呀！

立人之道惟孝与忠，孝莫大于荣亲，忠必先于竭节。

《唐大诏令集·卷七十》

【译文】立身处世之道唯有具有孝敬、忠诚这样的德行。孝这种德行，没有比使父母因为子女的成绩而感到荣光更大的事情。忠这种德行必定要先竭尽臣子的气节为最好。

自古圣人皆以孝理，五帝之本百行莫先。移于国而为忠，事于长而为顺。永言要道，实在人弘。

《唐大诏令集·卷七十四》

【译文】自古圣德、贤明的人都明白孝这一道德理论，孝这种德行是上古时五帝治理天下的根本，他们在治理天下时没有不以培养世间百姓孝行为先导的。孝德迁移、推衍至国家则会使人表现出忠诚，侍奉长上的时候就会表现出恭顺。要想让孝这种德行成为世间永远存在的要道，就需要世间的人们去弘扬这种德行。

为子之道莫大于宁亲，顺色之方必先于养志，此文王之孝，曾氏之心。

《唐大诏令集·卷七十六》

【译文】为人子女之道没有比让父母安心、愉快地生活更大的事情了，要想做到顺承父母必定要先修养自己的志节。这是周文王的孝道，也是曾参的孝敬父母之心。

孝莫大于慎终，仁莫先于恤下。慎终故勿之有悔，恤下固可使忘劳。

《唐大诏令集·卷七十七》

【译文】孝这种德行没有比慎终更重要的，仁这样的德行没有比体恤下级更为重要的。要做到慎终，子女们不要有后悔的事情出现；要懂得体恤下级，下级自然会认真完成长上的指令，使居于上位者忘记劳苦。

大孝塞乎天地，色养著乎人伦。自古迄今，乃生民之本也。

《唐大诏令集·卷七十八》

【译文】大孝是塞于天地间的良好德行，孝顺、敬养父母让父母愉快地生活是人伦之中重要的事情。自古至今，这是世间百姓立身处世的根本。

理道同归，师氏为上。化人成俗，必务于学。俊造之士，皆从此途……修文行忠信之教，崇祇庸孝友之德，尽其师道乃谓成人。

《唐大诏令集·卷一百五》

【译文】世间的理念与大道同时掌握，这得益于师长的教育。让世间的百姓养成良好的风俗，必定要让人们去学习。国家的俊逸、可造之才，都是从这个途径中出现的……世间的人们修习文行忠信之类的教化，崇尚祇庸孝友之类的德行，这样的状况出现后，就可以说是极尽了师道，就可以说是立身成人了。

《唐会要》十四则

宋王溥撰，一百卷。唐德宗时苏冕编撰唐高祖至唐德宗九朝之事为《会要》，计四十卷；宣宗大中七年（853）又诏令杨绍复等编唐德宗以来事为《续会要》，计四十卷；王溥重新加以整理编成《唐会要》一百卷。传至清代仅存传抄本，脱误颇多。嘉庆年间才以木活字排印并补入"武英殿聚珍版丛书"。所据旧抄本原缺卷七、八、九、十共四卷，后人从《旧唐书》《册府元龟》《开元礼》诸书有关资料中辑补。王溥（922—982），字齐物，五代时并州祁县（今山西祁县）人。后汉乾祐中登进士第，后周广顺初年拜为端明殿学士，恭帝嗣位官居右仆射，北宋以原官进司空同平章事、临修国史，加太子太师，封祁国公，卒谥"康定"。

垂拱元年^①，成均^②助教孔元义奏："严父莫大配天，天于万物为最大。推父偶天，孝之大，尊之极也，《易》称'先王作乐崇德，殷荐之上帝，以配祖考'。上帝，天也。昊天^③之祭，宜祖考并配，请以太宗高宗配上帝于圜丘。"

《唐会要·卷九上·杂郊议上》

【简注】①垂拱元年："垂拱"为唐武则天年号，即公元685年。　②成均：泛指古时官府所设立的最高学府。　③昊天：即上天或苍天。

【译文】垂拱元年，成均助教孔元义上奏说："敬奉父亲没有比将其配祀于上天更好的，天对于天下万物来说是最大的。将敬奉父亲和敬奉上天一样比拟，是最大的孝，也是最高的尊奉。《易》中说'先王作乐的目的是为了褒崇先辈的德行，于是作乐以敬奉于上天，用以在敬天时配祀先祖'。上帝，指的是天，对苍天的敬奉、祭祀，宜将祖先配祀于一起，因此请（陛下）在祭天时将太宗、高宗配祀上天于圜丘。"

夫孝因心生，礼缘情立。心不可极，故备物以表其诚；情无以尽，故饰宫以广其敬。宣尼美叹，意在兹乎。

《唐会要·卷十一·明堂制度》

【译文】孝这种德行是从人的心中产生的，礼法制度是因为世间的情而设立的。人的心对事物的表达是做不到极处的，因此准备了物品以表达其诚心；情是无穷无尽的，因此修饰宫室以表达敬奉。孔夫子赞叹孝道、礼法，其意就在于此呀！

（唐玄宗开元二十二年）职方郎中韦述等议曰："谨按《礼》祭统曰：凡天之所生、地之所长，苟可荐者，莫不咸在。圣人知孝子之情深，而物类之无限，故为之节制。使祭有常礼，物有其品，器有其数。上自天子，下至公卿，贵贱差降，无相逾越。百代常行，无易之道也……"

《唐会要·卷十七·祭器议》

【译文】唐玄宗开元二十二年职方郎中韦述等人奏议说："谨按《礼》中所记的祭祀的礼法，综合起来说：凡是天之所生、地之所长的生灵，只要可以生存的，都在天下万物当中。圣人知道孝子对自己父母的情深，可是天下可取用的万物无限，于是对孝子孝敬父母所取用的事物都要节制。这样使得祭祀的时候便有了常礼，所用的事物便出现了品级，所用的器具便有了相应的数目。上自天子，下至公卿，贵贱之间出现了等级的降差，不可以逾越。这是百代常行之道，没有更易的道理……"

夫圣王之制，必师于古训，不敢以孝思之极，而过于礼，不敢以殽膳之多，而亵于味。

《唐会要·卷十八·缘庙裁制下》

【译文】圣明的帝王所制定的制度，必定是师法于古时的礼法，不敢以孝思为借口将事情做到极处，而超过礼法的规定，不敢铺陈过多的美味，而使美味受到亵渎。

景云二年，谏议大夫源乾曜请行射礼。上表曰："臣闻圣王之理天下也，必制礼以正人情。人情正，则孝于家而忠于国，此道不替，所以理也。故君子三年不为礼，礼必坏，是以古之择士，先观射礼。所以明和容之义，非取乐一时。夫射者，别正邪，观德行，中祭祀，辟寇戎，古先哲王，莫不递袭。

《唐会要·卷二十六·册让》

【译文】（唐睿宗）景云二年，谏议大夫源乾曜上表请行乡射礼。表文中说："臣听说圣王立朝教化天下时，必定制礼作乐以端正世风人情。世风人情端正了，百姓在家中就会孝敬父母，处世时就会忠诚于国家。这个道理万代不替，所以成为天下的至理。因此君子如果三年不依照礼的规则行事，那么礼法必定崩坏。所以古时候国家选取士子时，必定要让士子在荐举地行乡射礼，让士子们观乡人射。这种做法是让士子们能明晓从政时的和容之义，并不是因为有士子被举荐，众人在一起取乐一时的游戏。射礼，是可以区别正邪、观察德行的一种礼法，其间所行的祭祀可以远辟盗寇、止行干戈，因此，古时候贤哲的君主在举孝廉时没有不以此相递袭的。

（贞观）二十年二月，诏皇太子于国学释奠于先圣先师。皇太子为初献，国子祭酒张复裔为亚献，光州刺史摄司业赵宏智为终献。既而就讲，宏智演《孝经》忠臣孝子之义，右庶子许敬宗上四言诗，以美其事……

开元七年十一月十一日，以贡举人将谒先师，质问疑义。敕皇太子及诸子，宜行齿胄礼。二十一日，皇太子谒先圣。皇太子初献、亚献、终献，并以胄子充。右散骑常侍褚无量讲《孝经》，并《礼记·文王世子》篇。初，诏侍中宋璟为亚献，中书侍郎苏颋为终献。及临享，上思齿胄之义，乃改焉。

《唐会要·卷三十五·释奠》

【译文】唐太宗贞观二十年二月，皇帝下诏让皇太子至国子学释奠先圣孔丘、先师颜回。（至国子学释奠时，）皇太子执初献礼，国子祭酒张复裔执亚献礼，光州刺史摄司业赵宏智执终献礼。之后设立讲堂，赵宏智讲解《孝经》中忠臣、孝子的经义，右庶子许敬宗敬奉四言诗，以赞美其事……

　　唐玄宗开元七年十一月十一日，皇帝让科贡中举的士子拜谒先师之前，听取他们对经义的理解，以解答疑难。敕令皇太子和各位皇子，在国子学行弟子礼。二十一日，皇太子先行拜谒先圣。（至国子学释奠时，）皇太子执初献、亚献、终献礼，并执以弟子之礼。右散骑常侍褚无量讲《孝经》及《礼记·文王世子》篇。最初，皇帝下诏让侍中宋璟在释奠时执亚献礼，中书侍郎苏颋执终献礼。到皇太子将要去释奠时，皇帝考虑到齿胄的含义，于是下诏更改。

　　（唐玄宗开元）十年六月二日，上注《孝经》，颁于天下及国子学。至天宝（玄宗年号）二年五月二十二日，上重注，亦颁于天下。

《唐会要·卷三十六·修撰》

【译文】唐玄宗开元十年六月二日，皇帝注《孝经》，（下诏）颁于天下以及国子学。到了玄宗天宝二年五月二十二日，皇帝又重新注释了《孝经》，也颁行于天下。

　　（仪凤二年十一月六日）侍御史刘思立奏曰："窃以移风易俗，莫善于乐；睦亲化人，莫先于孝。所以三年之礼，贵贱咸遵，金革之事，始有墨缞，纵此辈小人，先无俯就，犹须在其上者，勖以企及。"

《唐会要·卷三十八·服纪下》

【译文】（唐高宗仪凤二年十一月六日）侍御史刘思立上奏说："臣窃以为国家所行的移风易俗之类的方法，没有比乐更能陶冶人的性情的；亲睦教化世人，没有比国家提倡、推行孝道更有效的事情。因此父母去世后，所行的三年丧礼，无论贵贱都要遵从。国家金革之类的事情，总是有结束的时候，那些不遵礼法的人，很少有人依从礼法的要求行事，这就需要上位者对这样的人进行督促、教育。"

贞观六年，御史大夫韦挺《论风俗失礼表》，曰："臣闻父母之恩，昊天罔极，创巨之痛，终身何已。至于丧服之数，哭泣之哀，圣人作范，布在礼经，亡禄之家，鲜克由礼。今朝廷贵臣，缙绅士族，衣冠递袭，教义是闻，丁父母重哀，拘牵俗忌，至辰日①不哭，谓之重丧。信阴阳之书，惑吉凶之说，忽仁孝之至道，忘圣哲之丕训，浸以成俗，为日已久。有敳皇风，事须惩革。"

至四月，茹国公张公谨②卒，太宗闻之，将出次发哀。有司奏，子在辰不可哭，太宗曰："君臣之义，同于父子，情发于哀，安避辰日。"遂哭之。

《唐会要·卷三十八·服纪下·辰日》

【简注】①辰日：我国天干地支纪年月日法中纪日的一种方法，不是一个特定的日子，一般情况下每隔十二天出现一次。有戊辰、庚辰、壬辰、甲辰、丙辰五个日子。因为"辰"五行属土，东汉王充《论衡·辨祟》中记当时的风俗时说："辰日不哭，哭有重丧。"也就是说此辰为"冲辰"，依当时风俗，此时子女哭则预示家中老人或许会相继去世。东汉后虽有此风，但一直被历代认定为陋习。②张公谨（594—632），字弘慎，汉族，隋代魏州繁水（今河北大名）人，唐朝初期政治人物和军事将领，唐初凌烟阁二十四功臣之一，爵封邹国公。

【译文】贞观六年，御史大夫韦挺上《论风俗失礼表》，表中说："臣听说父母对子女的恩情，犹如上天对世间万物的恩情一样没有穷尽。父母去世后，子女心中的创伤、哀痛，终身难以止息。至于服丧的年限，哭泣、哀痛时的礼法，圣人对此作出了规范，这些规范都记载在《礼》经之中，可是现在许多有丧事的人家，很少有人能依照礼法行事。现在朝廷重臣、贵戚、缙绅士族，他们衣冠递袭，对他们的教育可以说是从幼时就开始了。在守父母之丧时，却拘于所谓的世间风俗，在遇到戊辰、庚辰、壬辰、甲辰、丙辰的时候不哭祭，（如果哭）这种情况被称之为重丧。这是信奉阴阳之类的书籍，忽视仁孝之道，忘记圣哲训示的做法，这种风俗已经为时很久了。这种风俗是有悖于国家风俗教化规定的，应对此进行惩处、革除。"

到了四月份，茹国公张公谨卒，太宗听说后，准备去吊唁他。相关司衙的官员奏称，子女在辰日这一天是不哭的，太宗说："君臣之义，同于父子，其情、其哀是发于心中的，如何能避所谓的辰日。"于是张公谨子女开始哭泣。

褒忠可以劝臣节。旌孝可以激人伦。尚义可以镇浇浮。敬老可以厚风俗。

《唐会要·卷五十五·谏议大夫》

【译文】褒奖忠义之臣可以劝导臣子们具有忠义之节，旌表孝义之人可以激励天下端正人伦。崇尚信义可以荡涤世间浮华的风气。敬奉老人可以敦厚世间的风俗。

大历五年八月，皇太子于国学行齿胄之礼。国子司业归崇敬以国学及官名不正，并请改之。上疏曰：

……五经①六籍②，古先哲王致治之式也。国家创业，取士之法，立明经，发微言③于众学，释回增美④，选贤与能。自艰难以来，取人颇异，考试不求于文艺，及第先取于帖经⑤，遂使颛门业废，请益无从，师资礼亏，传授义绝。今请以《礼记》《左传》《春秋》为大经，《周礼》《仪礼》《毛诗》为中经，《尚书》《周易》为小经，各置博士一员。其《公羊》《穀梁》，文疏既少，请共准一中经，通置博士一员。所择博士，兼通《孝经》《论语》，依凭章疏，讲解分明，注引旁通，问十得九，兼德行纯洁，文辞雅正，仪刑规范，可为师表者。

令四品以上，各举所知，在外者给驿。年七十已上者，备礼征聘。其国子太学，四门三馆，各立五经博士，品秩上下，生徒之数，各有等差。旧博士、助教、直讲、直经，及律馆、算馆、书馆助教，请皆罢省……

《唐会要·卷六十六·国子博士》

【简注】①五经：五部儒家经典，即《诗》《书》《易》《礼》《春秋》。其称始于汉武帝建元五年。其中《礼》，汉代时指《仪礼》，后世指《礼记》；《春秋》，后世并指《左传》而言。　②六籍：即六经，《诗》《书》《礼》《乐》《易》《春秋》。　③微言：含蓄而精微的言辞。　④释回增美：指去除邪僻，增加美善。　⑤帖经：唐代科举考试的一种方法。

【译文】唐代宗大历五年八月，皇太子去国子学执齿胄礼释奠先圣孔丘、先师颜回。国子司业归崇敬认为国学中所学内容和官名不合适，请求朝廷修改，上疏说：

……五经六籍，是古时先哲治国理世的经典之言。国家创业之后（多用此）作为选取士子的方法，于是国家设立明经，将其中含蓄而精微的言辞用于学子的学习当中，让士子们能去除邪僻，增加美善，让国家能选取贤能之士。自从安禄山、史思明等叛乱之后，所选取的人出现了异常，考试不求是否通习于文艺，及第首先考虑是否能通过帖经考试，于是荒废了那些具有一定专长的人，请求增加科试方式却又无法可想，于是纷纷效法使礼法出现缺陷，传道授业之时经义断绝。（臣现在）奏请以《礼记》《左传》《春秋》为大经，以《周礼》《仪礼》《毛诗》为中经，以《尚书》《周易》为小经，各设置博士一名。其中《春秋公羊传》《春秋穀梁传》由于文字疏义较少，请准通为一经，置博士一名。所选取的博士，要求兼通《孝经》《论语》，并且能凭借章节讲疏、明白经义，能够通过注、引旁通其他经籍，问十个问题能回答出九个，同时要求德行端正、品行纯洁，行文的文辞雅致端正，仪表规范合乎要求，可以为人师表的人担任。

请陛下令四品以上的官员，各自以所知之人举荐，如果有外地的举子，要给予其驿马的费用至京。年纪在七十岁以上的老者，要备齐礼物征聘。其中国子学、太学、四门三馆，各自立五经博士，这些人品秩的高低，学生、弟子的人数各有不同的品级等差，以往的博士、助教、直讲、直经及律馆、算馆、书馆助教等人，请陛下将他们罢免（待用）……

上元元年，刘峣上疏曰："臣闻《论语》有曰：'为政以德，譬如北辰'①，《诗》曰：'恺悌君子，民之父母'②。岂有使父养子，而忧不得所者哉。今国家以吏部为铨衡③，以侍郎为藻鉴④，镜所鉴者貌也，妍媸可知，衡所平者法也，年劳可验。至于心之善恶，何以取之？取之不精，必贻后患。今选曹⑤以检勘为公道，以书判为得人。夫书判者，以观其智也，知及之，仁不能守之，可使从政者钦？不可使之而或任之，是贻患于天下也。如有德行伟于甲科，书判不能中的，其可舍之乎？况于书判，借人者众矣，求士本于乡闾者，可谓至矣。且人不孝于其亲者，岂有忠于君乎？不友于兄弟者，岂肯顺于长乎？不恤于孤遗者，岂肯恤百姓乎……"

《唐会要·卷七十四·选举上》

【简注】①语出《论语·为政》。　②语出《左传·僖公十二年》。　③铨衡：这里指主管选拔官吏的职位。　④藻鉴：品藻和鉴别（人才），可引申为担任品评鉴别人才的职务。　⑤选曹：一般为吏部官名，主铨选官吏事。

【译文】唐肃宗上元元年，刘峣上疏说："臣听说《论语》中曾言：'当政时用道德去教化百姓和处理政事，就会像星空之中的北极星那样，自己居于一定的方位，群星都环绕在它的周围，拱卫着它。'《诗经》中说：'品德优良，平易近人的君子（执政者），这样的人会是百姓的父母'。现在国家以吏部作为考评、升迁百官的司衡，以侍郎作为品藻和鉴别人才的官员。对于镜子来说，所鉴别的是一个人的容貌，由此可以知道美或者是丑；对于吏部铨衡司衡中的'衡'来说，是要公平地持行法度，这样官员的年岁和劳绩国家就可以知道了。至于人心的善和恶，又如何去辨别呢？如果选取不精、不当，那么必定会留下后患。现在铨衡选曹在考评、选取官员时以所检查、堪定的格式作为公道，以文章、书法作为评判是否得人的标准。文章、书法，的确可以观看一个人是否有才智，如果才智具有了，却不能持守住仁德，可以让这样的人从政吗？不可以使用的人却任用他，是贻患天下的做法。如果一个人的德行可列于甲科，但他的文章、书法却不能合格，难道这样的人也要舍弃不用吗？何况对于文章、书法来说，借用他人的文风、笔势的人很多，在本乡本土中求那里的士子就可以完成。而且对于人来说，如果不能够孝敬自己的亲人，难道能指望他忠于君主、忠于国家吗？如果不能友悌于自己的兄弟姊妹，难道能指望他顺从于长上的令旨吗？如果没有怜恤孤、寡、遗、疾的品性，难道能指望他怜恤百姓吗……"

开元七年三月一日敕："《孝经》《尚书》，有古文本孔郑注，其中旨趣，颇多舛驳，精义妙理，若无所归，作业用心，复何所适。宜令诸儒并访后进达解者，质定奏闻。"

其月六日，诏曰："《孝经》者，德教所先，自顷已来，独宗郑氏，孔氏遗旨，今则无闻。《子夏易传》，近无习者，辅嗣注《老子》，亦甚甄明，诸家所传，互有得失，独据一说，能无短长？其令儒官详定所长，令明经者习读，若将理等，亦可并行。其作《易》者，并帖《子夏易传》共写一部，亦详其可否奏闻。"时议以为不可，遂停。

其年四月七日，左庶子刘子元①，上《孝经注议》曰：

谨按今俗所行《孝经》，题曰《郑氏注》，爰自近古，皆云郑即康成，而魏晋之朝，无有此说。至晋穆帝永和十一年，及孝武帝太元元年，再聚群臣，其论经义，有荀昶者，撰集《孝经诸说》，始以郑氏为宗。自齐梁以来，多有异论，陆澄以为非玄所注，请不藏于秘省，王俭不依其请，遂得见传于时。魏齐则立于学官，著在律令。盖由肤俗无识，故致斯讹舛。然则《孝经》非玄所注，其验十有二条。

据郑君自序云：遭党锢之事，逃难注《礼》，党锢事解，注《古文尚书》《毛诗》《论语》，为袁谭所逼，来至元城，乃注《周易》。都无注《孝经》之文。其验一也。

郑玄卒后，其弟子追论师所著述，及应对时人，谓之《郑志》，其言郑所注者，惟有《毛诗》《三礼》《尚书》《周易》，都不言郑注《孝经》，其验二也。

又《郑志》目录，记郑之所注，五经之外，有《中候书传》《七政论》《乾象历》《六艺论》《毛诗谱》《答临硕难礼》《驳许慎异义》《发墨守》《箴膏肓》及《答甄子然》等书，寸纸片札，莫不悉载，若有《孝经》之注，无容匿而不言，其验三也。

郑之弟子，分授门徒，各述师言，更相问答，编录其语，谓之郑志，唯载《诗》《书》《礼》《易》《论语》，其言不及《孝经》，其验四也。

赵商作郑先生碑铭，具称其所注笺驳论，亦不言注《孝经》。晋《中经簿》《周易》《尚书》《尚书中候》《尚书大传》《毛诗》《周礼》《仪礼》《礼记》《论语》凡九书，皆云郑氏注名玄，至于《孝经》，则称郑氏解，无名玄二字，其验五也。

《春秋纬·演孔图》云，康成注《三礼》《诗》《易》《尚书》《论语》，其《春秋》《孝经》，别有评论。宋均于《诗谱》云："序我先师北海郑司农"，则均是玄之传业子弟也，师所著述，无容不知，而云《春秋》《孝经》唯有评论，非玄之所著，于此特明。其验六也。

宋均《孝经纬注》，引郑《六艺论》，叙《孝经》云，玄又为之注，司农论如是，而均无闻焉，有义无辞，令余昏惑，举郑之语，而云无闻，其验七也。

宋均《春秋纬注》云：玄为《春秋孝经略说》，则非注之谓，所言玄又为之注者，泛辞耳，非事实。《序春秋》亦云，玄又为之注也。宁可复责以实注春秋乎，其验八也。

后汉史书，存于世者，有谢承、薛莹、司马彪、袁山松等，具为郑玄传者，载其所注，皆无《孝经》，其验九也。

王肃《孝经传》首，有司马宣王之奏，并奉诏令诸儒注述《孝经》，以肃说为长，若先有郑注，亦应言及，而不言郑，其验十也。

王肃著书，发扬郑短，凡有小失，皆在圣证。若《孝经》此注亦出郑氏，被肃攻击，最应烦多，而肃无言，其验十一也。

魏晋朝贤，辨论时事，郑氏诸注，无不撮引，未有一言引《孝经》之注，其验十二也。

凡此证验，易为考核，而世之学者，不觉其非，乘彼谬说，竞相推举，诸解不立学官。此注独行于世，观夫言语鄙陋，固不可示彼后来，传诸不朽。

至如《古文孝经孔传》，本出孔氏壁中，语其详正，无俟商推，而旷代亡逸，不复流行。至隋开皇十四年，秘书学士王孝逸，于京市陈人处置得一本，送与著作郎王劭，以示河间刘炫②，仍令校定，而更此书无兼本，难可依凭。炫辄以所见，率意刊改，因著《古文孝经稽疑》一篇，劭以为此书经文尽在，正义甚美，而历代未尝置于学官，良可惜也……

国子祭酒司马贞③议曰：

《今文孝经》是汉河间王所得颜芝本，至刘向以此本参校古文，省除烦惑，定为此一十八章。其注相承，云是郑玄所著，而《郑志》及目录等不载，故往贤共疑焉，唯荀昶、范煜以为郑注，故昶集解《孝经》，具载此注。而其序云，以郑为主，是先达博选，以此注为优……

其古文二十二章，元出孔壁，先是安国作传，缘遭巫蛊，世未之行。荀昶集注之时，尚有《孔传》，中朝遂亡其本。近儒欲崇古学，妄作此传，假称孔氏，辄穿凿改更。又伪作《闺门》一章，刘炫诡随，妄称其善，且闺门之义，近俗之语，非宣尼之正说……

今议者欲取近儒诡说，残经缺传，而废郑注，理实未可，望请准式，《孝经》郑注与孔传依旧俱行……

《唐会要·卷七十七·论经义》

【简注】①刘子元：指唐代史学家刘知几。刘知几（661—721），字子玄，盛唐时彭城（今江苏徐州）人。唐高宗永隆元年登进士第。曾仕为著作佐郎、左史、著作郎、秘书少监、太子左庶子、左散骑常侍等职，有《唐书》《武后实录》《氏族志》《姓族系录》《睿宗实录》《则天实录》《中宗实录》《史通》等传世。　②刘炫（约546—约613），字光伯，北朝时河间景城（今河北献县）人。隋代儒学大师，门人谥为"宣德先生"。　③司马贞，生卒年不详，约生活于唐高宗至唐玄宗时期。字子正，唐代河内（今山西沁阳）人。唐玄宗时曾仕为朝散大夫，宏文馆学士，主管编纂、撰述和起草诏令等。有《史记索隐》三十卷等传世。

【译文】唐玄宗开元七年三月一日，皇帝敕令："《孝经》《尚书》，自古以来有古文本，孔安国的注疏，其经文之中的意旨，有许多错乱、驳杂的地方，经文之中精秒的义理，犹如无所归依，其中的注疏时有时无，令人不明旨趣何在，宜令儒生们访求能解答疑惑、通解经文的人，确定文旨后奏闻。"

当月的六日皇帝又下诏说："《孝经》这部经典，是以道德教化作为首务的，自出现以来，其经义独以郑玄的注疏为宗，汉代孔安国的注疏，至今已经无处可见。又《子夏易传》，近代以来没有人能读习精通。汉代的王辅嗣所注的《老子》，其文意虽可以使人通晓全文，可是诸家传习之后，却互有得失，没有能释义准确的，于是各执一说。其令儒官们详细审定（以上）诸书，取其释义精准的（汇集于一起），让能懂经术的人习读，如果理顺了经义，可以一并刊行。其中作《易》经的儒生，和《子夏易传》并帖，合为一部，也要详解经文可否奏闻。"当时朝廷对此事进行议论，认为不可行，于是停止。

当年的四月七日，左庶子刘子元，上《孝经注议》，其奏疏说：

谨按：现今通习所奉行的《孝经》，其中的题称为《郑氏注》，考查近古，为此书作注的人及史事，都有说"郑"即指郑康成，而魏晋之时，却没有这种说法。直到晋穆帝永和十一年，以及晋武帝太元元年，当时的君主聚集群臣议论经义时，有位名叫荀昶的士子，撰集《孝经诸说》，之后方以郑氏《注》为宗。自南朝的萧齐、萧梁以来，对这种种说法多有异论，陆澄认为这些注文不是郑玄所注，请旨不要将此书收藏于秘省，或许是王俭没有依照陆澄所请，于是《郑注》一直流传到现在。北朝的魏、齐二国却将郑氏《注》立于学官之中，允许儒生修习，并将此著于律令之中。这都是因为这两个国家的统治者学识肤浅、不识经义，以至于讹传至今。然而《孝经》并非郑玄所注，考证其有十二条。

根据郑玄的自序说：他遭到了党锢之祸的迫害，在逃难时注《礼》，党锢之乱缓解后，又注《古文尚书》《毛诗》《论语》，之后为袁谭所逼迫，来到了元城，又注训了《周易》。序中没有写注《孝经》一书的文字，是第一个证据。

郑玄去世后，他的弟子在追论郑玄的所有著述时，为了应对当时其他学者所作的注，将他所注的书命名为《郑志》，其中所说的郑玄所注的书中，只有《毛诗》《三礼》《尚书》《周易》，都没有说郑玄曾注《孝经》，这是第二个证据。

　　在《郑志》的目之中，记录着郑玄所注的书，除了五经之外，还有《中候书传》《七政论》《乾象历》《六艺论》《毛诗谱》《答临硕难礼》《驳许慎异义》《发墨守》《箴膏肓》及《答甄子然》等书，就算是他当时所写的寸纸片札，也没有不记录在册的，如果有《孝经》注文，没有隐匿不录的道理，这是第三个证据。

　　郑玄的弟子，分别收授门徒，各自述说郑玄的言论，更有相互问答的言行，他们将这些言语编录起来，称为《郑志》，其中只载《诗》《书》《礼》《易》《论语》的注文，没有言及《孝经》注文，这是第四个证据。

　　赵商为郑玄做了碑铭，提到了他一生所注、笺、驳、论等文字，也没有说他曾注《孝经》。晋代的《中经簿》《周易》《尚书》《尚书中候》《尚书大传》《毛诗》《周礼》《仪礼》《礼记》《论语》共九种书，都称郑氏注中的郑氏指郑玄，至于《孝经》，所提到的是"郑氏解"，并没有"玄"这个字，这是第五个证据。

　　《春秋纬·演孔图》中说，郑康成注《三礼》《诗》《易》《尚书》《论语》，其他的《春秋》《孝经》，另外有评论。刘宋时的宋均在《诗谱》中说"书中的序是先师北海郑司农所作"，宋均是郑玄的传业弟子，他的老师郑玄所著述的经籍十分丰富，可以说没有什么著作是他不知道的，至于说《春秋》《孝经》的注文，则唯有评论，不是郑玄所著，这就十分明白了，这是第六个证据。

　　宋均有《孝经纬注》一书，曾引用郑玄的《六艺论》中的言语，叙说《孝经》时说，郑玄曾为其作注，郑玄的议论也是这样说，可是宋均却没有听说郑玄为此书作注，因此在宋均为《孝经》一书作注前，此书有经义无言辞，让宋均昏惑，至于说郑玄注《孝经》之说，没有听到过。这是第七个证据。

　　宋均在《春秋纬注》中说，郑玄曾著《春秋孝经略说》，此书并不是《孝经》的注本，所说的郑玄为《孝经》作注，只是泛指，并不是事实。他的《序春秋》中，郑玄曾为《春秋》作注。这样可以说郑玄实际上曾注《春秋》一书。这是第八个证据。

　　后汉的史书之中，现在存世的有谢承、薛莹、司马彪、袁山松所著的史书，他们都曾为郑玄作传，记载了郑玄所注的书，都没有提及他曾注过《孝经》，这是第九个证据。

　　王肃的《孝经传》卷首，记有司马宣王的奏疏，并称奉诏令让儒生们注

《孝经》，此书以王肃所说为主，如果王肃之前已有注，应该提及此书，但在此书之中没有提及。这是第十个证据

王肃所著的书，经常指斥郑玄短处，凡是有小的失误，都旁征博引地证明其错误。如果《孝经》一书也出自郑玄，王肃的攻击应该最为繁多，可是王肃的著述中却没有言及。这是第十一个证据。

魏晋诸朝的贤者，辩论时事的时候，郑玄的各种注文，无不引用，却没有引用过《孝经》注文之中的文字，这是第十二个证据。

这些证据，十分容易查证，可是当世的学者，却不觉其非，以这种注文之中谬说为是，竞相推举此书，使得其他的注解不能在学官之中立足，只有郑注通行于世。观此书的言语粗陋浅薄，实在是不可以用来示范后人，而传诸不朽。

至于《古文孝经孔传》一书，其本出于孔氏壁中，其中的语言十分详正，无须商榷，只是由于时代久远，不复流行。至隋开皇十四年，秘书学士王孝逸，在京市的陈地人那里得到了一本，送给著作郎王邵，王邵又将其出示给河间学者刘炫，让他校定，可是此书没有别本，难以依凭。（于是）刘炫便以自己所见，率意刊改，著有《古文孝经稽疑》一篇，王邵以为这部书经文尽在，其中的《正义》文字文辞尽美，可是历代却没有将这部书列于学官之中，是十分可惜的事情。

国子祭酒司马贞议论说：

《今文孝经》是汉代时河间王得到了颜芝本，之后刘向用此本参校古文，去除了那些杂乱可疑的文字，定为十八章。至于与之相承接的注文，据说是郑玄所著，而《郑志》以及目录中没有记载，因此以往的贤者对此共同产生了疑惑，只有荀昶、范煜认为是郑玄作注，因此荀昶在集解《孝经》时，具载了这一注文。（同时）他在书中的序文中说，此书以郑玄的注文为主，而在先贤广博的注文之中选取之后，认为此注最优……

古文经传二十二章，原来出自孔子故宅的墙壁，先是由孔安国为其作传，后来因为汉武帝时期的巫蛊之祸，没有在世间广为流传。荀昶集注《孝经》时，尚有《孔传》存世，晋宋之时佚亡。近代的儒生欲崇扬古文经学，妄作此传，假称为孔氏传，于是穿凿更改，又假作《闺门》一章，隋代的刘炫不顾是非，妄自称其为善，且闺门这一德行，是近代以来出现的伦理，不是孔子那个时代的正说……

现代有许多人打算取近代儒者的诡说，以残经缺传而废弃郑注，从道理上说是不可以的，望（陛下）依照旧时的制度将《孝经》和孔传依旧同时并行于世。

孝：秉德不回曰孝，慈惠爱亲曰孝，叶时肇享曰孝，五宗[①]安之曰孝，从命不忿曰孝，几谏[②]不倦曰孝，善事父母曰孝，亲睦其党曰孝，慈爱忘劳曰孝，博于备物曰孝，尊仁安义曰孝。

《唐会要·卷七十九·诸使下》

【简注】①五宗：按《白虎通·宗法纪》继承始祖的后人为大宗；继承高祖、曾祖、祖、父的后人为小宗；大宗一，小宗四，合为"五宗"。犹言五世，谓高祖、曾祖、祖、父、己身五代。　②几谏：对长辈委婉而和气地劝告。

【译文】孝：（对待父母）能秉承道德标准去孝敬他们，称之为孝；用仁爱的心去敬爱亲人，可以称之为孝；依照节令按时祭祀祖先，可以称之为孝；使五宗能和谐相处，可以称之为孝；遵从亲人的命令心中没有什么怨怼，可以称之为孝；父母处事不当婉言劝谏不懈怠，可以称之为孝；善于侍奉父母，可以称之为孝；能够使家族、乡党亲睦可以称之为孝；感怀父母的慈爱忘记劳苦地侍奉他们，可以称之为孝；为父母准备各种物品以备父母不时之需，可以称之为孝；遵奉仁德安于忠义，可以称之为孝。

《新五代史》二则

北宋欧阳修撰修。二十四史之一，是唐代之后唯一私修正史，原名为《五代史记》，清代乾隆年间始定此名，为区别薛居正所修的《五代史》故名。全书共七十四卷，其中本纪十二卷，考三卷，列传四十五卷，世家年谱十一卷，四夷附录三卷，记载了起于后梁开平三年（907）止于后周显德七年（960）共53年的五代历史。

君子之于事，择其轻重而处之耳。失刑轻，不孝重也。刑者，所以禁人为非；孝者，所以教人为善，其意一也，孰为重？刑一人，未必能使天下无杀人。而杀其父，灭天性而绝人道。

《新五代史·列传第八·周世宗家人传》

【译文】对于君子来说，为人处世的时候，不过是能依照事情的轻重来处理罢了。对国家来说，刑律的执行不敢说是小事，对父母不孝却是更大的事。刑律是用来禁止人们为非作歹的法令条文，孝道是用来教育人们如何对待行善的德行理念，它们的宗旨是一样的，哪一个更重要呢？对一个人加刑，未必能使天下的人不去杀人；而杀死一个父亲，对一个家庭而言则灭绝了人性天道。

夫食人之禄而任人之事，事有任，专其责，而其国之利害，由己之为不为。为之虽利于国，而有害于其亲者，犹将辞其禄而去之。矧其事，众人所皆可为，而任不专己，又其为与不为，国之利害不系焉者，如是而不顾其亲，虽不以为利，犹曰不孝，况因而利之乎！夫能事其亲以孝，然后能事其君以忠。

《新五代史·列传第十四·唐臣传三》

【译文】领取别人的俸禄为别人做事，所做的事情就应有自己所应承担的责任。对于那些关系到国家利害的事情，关键在于自己做还是不做，做了如果有利于国家，却对自己的亲人有危害，就要辞官离去。何况许多事情是众人都能去做的，而责任并不是专归于自己，问题又回到了做和不做的方面，不去关心事情的发展，自认为国家的利益与自己没有什么关系，像这个样子不管自己的亲人，即使是不以此谋取利益，都是不孝的行为。更何况谋取了利益！能够用孝这样的德行去对待自己的父母亲人，之后才能用忠诚去对待君主和国家。

《历代名臣奏议》四则

明杨士奇修。

《论语》六经之菁华也，《孝经》人伦之本也。汉时《论语》首立于学官，光武令虎贲士皆习《孝经》，元（即唐玄宗）宗亲为注训。盖人知孝慈则气感和乐也。（唐）穆宗曰："圣人以孝为至德要道，信然。"

《历代名臣奏议·卷六·圣学》

【译文】《论语》是六经的精华所在，《孝经》是人伦关系的根本所在。汉朝时，《论语》首先被立于学官。汉光武帝曾经命令宿卫的军士都要学习《孝经》。唐玄宗亲自为《孝经》作注，颁行天下以训导世人。他们都深知人如果能做到孝慈，就能实现天人合一，国家将会其乐融融。唐穆宗说："圣人是以孝为至高、至要的道德，我现在体会到了其中的道理。"

　　臣闻古先哲王之化民也，必变其视听，防其嗜欲，塞其邪放之心，示以淳和之路。五教六行①为训民之本，《诗》《书》《礼》《易》为道义之门，故能家复孝慈、人知礼让。正俗调风莫大于此。其有上书献赋、制诔镜铭，皆以襄德序贤，明勋证理。②

　　　　　　　　　　　《历代名臣奏议·卷一百十六·风俗》

　　【简注】①五教：父义、母慈、兄友、弟恭、子孝。六行：孝、友、睦、姻、任、恤。见《周礼·地官·司徒》。　　②此文节自隋文帝时比部侍郎李谔奏书。李谔，字士恢，南北朝时北朝赵郡人。好学，解属文。仕北齐为中书舍人，有口辩，每接对陈使。周武帝平齐，拜天官都上士，谔见高祖有奇表，深自结纳。及高祖为丞相，甚见亲待，访以得失。于时兵革屡动，国用虚耗，谔上《重谷论》以讽焉。高祖深纳之。及受禅，历比部、考功二曹侍郎，赐爵南和伯。谔性公方，明达世务，为时论所推。

　　【译文】我听说古时候的先王在教化民众时，必定会改变民众所见所闻的内容，以此来防备民众无理的欲望不受控制，以此来堵塞民众放纵自己邪恶的心念，向民众指明走向敦厚宽和的道路。五教、六行是训导民众的根本，《诗》《书》《礼》《易》则是民众通向道德正义的门户。正是做到这些，先王才使家庭实现了父慈子孝，人人皆知礼仪谦让的美好风气。端正民俗调和民风，这是最大的事。上书献赋制诔镜铭，都是为了褒奖德行、宣传贤良、显明功勋、证实道理。

　　南唐嗣主①时太常博士陈致雍上奏曰："臣窃闻中书商量，不许旌表吉州孝子瞿处圭等门闾事。伏以上古之时，人民淳素，故可无为而治。三季浇薄，无常行，或可激劝而成，则旌表门闾是其旨也。中书舍人张纬，不知大体屡兴僻论，以为乡闾之民苟避徭役，旌表则递相仿效，止塞则永绝其源，此茸吏无识者之所谭，非大臣佐天子兴教化之良术也。且有旻来孝义着闻者绝鲜，陛下之德所感，相继有庐墓者三人……噫！为人臣子者，上有君、下有亲，何思沮人之为孝？夫王政之基，无先于学，人伦之本，莫大于孝。去年停贡举，已沮陛下教人之为学，此时于激劝又沮陛下教人之行孝，将顺其美，一何疏哉？伏惟皇帝陛下至德感于上元，广爱刑于四海。邪见诡说，必不能上惑聪明。然臣虽不才，而所务者大、所思者远。恐或有一可之言，是以不敢不奏。"

《历代名臣奏议·卷一百十六·风俗》

【简注】①南唐嗣主：指五代十国时期南唐元宗李璟。

【译文】南唐嗣主时太常博士陈致雍上奏说：

臣听到中书们在商议，不同意表彰吉州孝子瞿处主等人的孝行。在上古时，人民淳厚朴素，因此，先王采取无为而治。等到上古三代时，社会风气逐渐变得轻浮淡薄，百姓的言行也多不合礼，在这种情况下，先王就采取激励、劝勉的方式去引导民众向善，表彰社会上的忠臣孝子，这是实现社会风气变好的重要手段。中书舍人张纬不懂得其中的大道理，就草率地大放厥词，认为百姓都是想方设法逃避国家徭役，如果表彰他们，免除他们应承担的徭役，那么民众就会争相效仿。只有取缔这种对孝悌的表彰，才能从源头上杜绝这种逃避徭役的现象。这样的言论是无德无能的官员才会说出来的，绝非大臣们辅佐天子实现社会教化而应提出的治国之道。况且，自国家出现动荡以来，以孝义闻名的人，就比较少见。而在陛下道德感召之下，相继出现了三个为父母守丧的孝子。……噫！作为君子，上有君王，下有亲人，为何会阻止别人去行孝呢？国家政治必须从重学开始，人伦道德必须以孝为大。去年，国家停止了贡举，已阻碍陛下去鼓励民众好学。现在就应该多加激励劝勉，否则将继续阻碍陛下劝导民众行孝向善。表彰孝行，是一件好事，为什么不做呢？我希望陛下好好学习先王的至高道德，广施仁爱于天下，使那些邪说诡辩不能迷惑陛下。我虽不才，但我想的说的都是大问题，影响深远，或许能给陛下一点启示，所以才上此奏，望陛下明察。

（唐）肃宗宝应二年，礼部侍郎杨绾条奏①贡举②，疏曰："国之选士，必藉贤良。盖取孝友纯备，言行敦实，居常③育德，动不违仁。……望请依古制，县令察孝廉，审知在乡间有孝悌及信义廉耻之行，加以经业才堪策试者，以孝廉为名荐之于州，刺史当以礼待之，试其所通之学其通者送名于省……"

《历代名臣奏议·卷一百六十三·选举》

【简注】①条奏：逐条上奏。 ②贡举"贡"指"贡士"，《礼记·射义》："古者天子之制，诸侯岁献贡士于天子。""举"指乡举里选。古时地方官府向帝王荐举人才，有乡里选举诸侯贡士之制，至汉始合贡、举为一，而浑称"贡举"。明、清则泛指科举制度。 ③居常：遵常例，守常道。

【译文】唐肃宗宝应二年，礼部侍郎杨绾条奏贡举，上疏曰：国家选士必定要选拔贤德良善之人，求取那些品性孝友淳善、言行敦厚朴实、在日常生活中能遵守常道修养道德、行动不会违逆仁义要求的人入仕……希望朝廷依据古制：县令在察举孝廉时，要查知县里有孝悌之行、知晓信义廉耻的人，这样的人再有一定的文才学问，能通过国家选拔官员的考试，就可以孝廉的名义将其举荐到州里，刺史当以礼待之，测试其学问，如通过考查就将其名字报至省里……

三、释家

《广弘明集》十二则

唐释道宣撰，三十卷。此书是继承、扩大梁僧祐《弘明集》而作的书。但它的体制和《弘明集》稍有不同。《弘明集》分卷不分篇，《广弘明集》则除分卷外，还按照所选文章的性质分为十篇：一、归正，二、辩惑，三、佛德，四、法义，五、僧行，六、慈恻，七、戒功，八、启福，九、悔罪，十、统归。每篇之前各冠以小序。释道宣（596—667），俗姓钱，唐代江苏丹徒人，自称吴兴人。十五岁受业于长安日严寺智颉法师，二十岁在弘福寺受具足戒，律宗开山始祖。

内教多途，出家自是其一法耳，若能诚孝在心仁惠为本，须达①流水不必剔落毛发，岂令罄井田而起塔庙，穷编户以为僧尼也？皆由为政不能节之，遂使非法之寺妨民稼穑，无业之僧空国赋算，非大觉②之本旨也。

《广弘明集·卷三·遂古篇》

【简注】①须达：梵语的音译。意为"善与""善给""善授"等。　②大觉：佛教语。谓正觉，也代指佛。

【译文】佛家的修习方法有许多途径，出家只是其中的一个方法，如果心中有诚信、孝敬的道德信念，而且品行以仁爱、惠让为根本，善心、善会、善给、善授等行止犹如流水的德行一样，（长流且不止息，就）不必剃发出家，难道还要盘尽田地建成塔庙，搜编户中的百姓落发出家为僧为尼吗？出现这些情况都是执政者不能节制的缘故，于是使得非法的寺院出现，以至于妨害百姓生活、影响耕种，无业的僧侣（众多）空耗国家的赋税，这不符合佛家教化的本旨啊。

孙盛①曰："夫有仁圣必有仁圣之德迹，此而不崇则陶训焉融？仁义不尚则孝慈道丧……圣人有宜灭其迹者，有宜称其迹者，称灭不同，吾谁适从？

'绝仁弃义民复孝慈'若如此谈仁义不绝，则不孝不慈矣！"

《广弘明集·卷五·老子疑问反讯》

【简注】①孙盛（302—373），字安国，晋太原中都（今山西平遥）人。两晋之际史学家，曾仕为著作郎、长沙太守、秘书监，吴昌县侯。著有《魏氏春秋》《魏氏春秋异同》《晋阳秋》及《文集》二十卷，多已散佚，可从《广弘明集》《三国志裴注》《世说新语》等书中看到些许佚文。

【译文】孙盛说："具有仁德品行的圣人，他一定有仁德的事迹传世，不去尊崇这些品行，如何才能接受这些德行的熏陶，从而使这些品行融入自己的言行之中？仁德、信义不去崇尚，那么孝敬父母长辈、慈惠后代的道德理念就会沦丧……圣人们主张有的行为应该灭除，有的行为应该崇扬，崇扬的品行和去除的品行如果分别不清楚，我（们）将遵从于哪一种品行呢？（道家主张的）'放弃世俗倡导的仁义，才能回复到人的本性，这样百姓德行才会重新回到孝慈这种德行上来'，如果这样去做了，再去谈论仁义不绝的道理，那么（世间）就会出现不孝不慈的现象！"

（魏·李玚①）言曰："礼以教世法导将来，迹用既殊，区流亦别，故三千之罪莫大于不孝，不孝之大无过于绝嗣。然则绝嗣之罪大莫甚焉，安得轻纵背礼之情而肆其向法之意也？宁有弃堂堂之政，而从鬼教②乎？"

《广弘明集·卷六·叙列代王臣滞惑解》

【简注】①李玚（483—528），字琚罗，北魏时赵郡人。生活于南北朝北魏孝明帝、孝庄帝时，涉历史传，颇有文才。曾仕为伏波将军。　　②鬼教：旧时对佛教的侮称。

【译文】（北魏的李玚）说："礼是为了教化世间百姓的行止，以引导将来端正的风气而出现的，各种礼法的规定差别悬殊，确是为了区别不好的习俗、分别不正确的行为方式而存在的，因此礼法三千之中最大的罪过莫过于不孝，不孝最大之事在于弃绝后嗣。正因为弃绝后嗣这一罪行是这伦理规范之中最大的罪行，所以怎么能轻易地放纵自己，背弃礼法，而心生向佛的念头呢？难道要弃绝堂堂正正的伦理道德、礼法规范，而去遵从鬼教吗？"

儒经曰"夫孝德之本，教之所由生也"，既云德本道高仁义之迹教之由生，坟典因之以弘，然则同归而殊途，一致而百虑，孝慈为总，子何惑焉？儒之为统，子何疑焉？

《广弘明集·卷八·依法除疑十二》

【译文】儒家的《孝经》上说"孝是道德品行的根本，教化天下的根本之处便由此产生"，说道德（行谊提高的）根本是推崇孝道，使天下出现仁义的景象，是因为推行教化而产生的，于是各种典籍便弘扬这一德行。既然共同落在一点中，只是路途不同，想法一致而出现不同的思虑，（不管怎样）孝敬父母、慈爱后辈总是一致的，你为什么会出现疑惑呢？儒学的学说既然是正统的学说，你为什么生疑呢？

周武帝以齐承光二年春东平高氏，召前修大德并赴殿集。帝升御座，序废立义云："朕受天命宁一区宇世弘三教，其风逾远，考定至理多惩陶化，今阙废之。然其六经儒教之弘政术，礼义忠孝于世有宜，故须存立。且自真佛无像遥敬表心，佛经广欢崇建图塔，壮丽修造致福极多，此实无情，何能恩惠？愚人响信倾竭珍财，徒为引费，故须除荡，故凡是经像皆毁灭之。父母恩重沙门不敬，悖逆之甚国法不容，并退还家用崇孝始。朕意如此，诸大德谓理何如？"

……

远①曰："诏云'退僧还家崇孝养'者，孔经亦云'立身行道以显父母'，即是孝行何必还家？"

帝曰："父母恩重，交资色养，弃亲向疏，未成至孝。"

远曰："若如来言，陛下左右皆有二亲，何不放之？乃使长役，五年不见父母？"

帝曰："朕亦依番上下得归侍奉。"

远曰："佛亦听僧冬夏随缘修道，春秋归家侍养，故目连乞食饷母，如来担棺临葬，此理大通未可独废。"

《广弘明集·卷十·叙释慧远抗周武废帝教事》

【简注】①远：指释慧远。释慧远，生卒年不详，约生活于南北朝末期。

【译文】（北）周武帝在（北）齐幼主承光二年春平定了高氏建立的北齐，下诏让以往在各地修行的高僧去朝廷汇集。皇帝升御座讲说国家废弃、兴盛的道理："朕自从受天命统御天下以来，（知道）世间儒、释、道三教在天下被弘扬，这种风气可以说是十分久远的事情，考定三教那些精深的道理，更多是让百姓受到陶冶教化，现在却由于各家的门户之争而出现废弃。（在这三教之中，）儒教的六经是为了弘扬治国理政的道理，宣扬礼、义、忠、孝道德品行，是对世间有益的学派，因此必须存留于世间。对于释家的真佛来说，佛没有具体的形象，世人只须遥敬表达出心意就可以了，（可是）佛教的经典却要求在世间广设寺院、崇建浮图高塔，认为这些建筑只有修建得壮丽才能让世人得到更多的福祉，这实在是没有什么道理的，照此去做如何能体现出佛教对世人广施的恩泽、慈惠？愚昧的人响应信奉，便倾尽珍宝、财物竭力供奉，空自耗费了财物，所以必须除荡佛教，因此凡是佛经、佛像都应毁灭掉。（而且）父母对子女的恩情十分重，佛门弟子却不敬父母，其悖逆的做法为国家律法、礼法所不容，（佛门之徒）一并还俗回家以崇扬孝道，朕的想法是这样，诸位大德认为这种道理如何？"

……

释慧远说："诏令中有'（让僧众）还俗归家以崇扬孝敬父母之道'这么一句，儒家的典籍之中也曾说'能够安身立命实践自己的主张，以彰显父母（是孝的一种表现）'，既然这也是一种孝行，僧众为何还要还俗呢？"

皇帝说："父母对子女的恩情重，对于子女来说应该竭力奉养他们，（如果）弃绝亲人、疏远他们，这不是孝的表现。"

释慧远说："如果比照陛下所说，陛下左右的臣子都有父母，为什么不让他们都归养父母呢？为什么长期地役使他们，让您的臣子见不到父母呢？"

皇帝说："朕依你说的让臣子们都可以侍养父母。"

释慧远说："佛家也可以听任僧众冬、夏时节随缘听道，春、秋时节回家侍养父母。因此目莲乞食以奉养母亲，如来佛父母去世时为父母担棺送葬，这些道理都与（儒家的）伦理相通，不可以独废佛家。"

臣（任道林）闻孝者至天之道，顺者极地之养，所以通神明光四海，百行之本孰先此孝。

《广弘明集·卷十·叙任道林辨周武帝除佛法诏》

【译文】臣（任道林）听说孝这一德行是天下的至道，顺承父母的意旨可以说是奉养的极致，这种品行是可以通达于神明、光耀于四海的，（端正）天下各种行止的根本没有比弘扬孝道更大的了。

忠臣孝子义有多途，何必躬耕租丁为上。《礼》云"小孝用力，中孝用劳，大孝不匮"，沙门之为孝也，上顺诸佛，中报四恩①，下为含识②，三者不匮大孝一也，是故《诗》云"恺悌君子，求福不回"。若必六经不用，反信浮言，正道废亏，窃为不顺。

《广弘明集·卷十·叙王明广请兴佛法事》

【简注】①四恩：佛教语。指父母恩、众生恩、国王恩、三宝恩；也指父母恩、师长恩、国王恩、施主恩。 ②含识：佛教语。指有意识、有感情的生物，即指众生。

【译文】（成为）忠臣孝子的方法有许多途径，何必非要以躬耕田亩成为国家的租丁为上。《礼记·祭义》上说"小的孝是竭力供养父母，中等的孝是用自己的辛劳让父母生活得更好，大孝是让父母无论是在精神上，还是物质上均不匮乏"。佛家的僧众行孝，对上顺应诸佛，其次可回报父母恩、众生恩、国王恩、三宝恩，再次可以感化众生，三者不缺可以说是一种大孝，这正应了《诗经·大雅》中的"恺悌君子，求福不回"一句。如果一定要用儒家六经之中所提倡的经义反对佛家的经义，那么就会出现使正道废弃亏耗的现象，这是不顺的表现。

外论曰："老君作范，唯孝唯忠，救世度人，极慈极爱，是以声教永传，百王不改，玄风①长被。万古无差，所以治国治家常然楷式。释教弃义弃亲，不仁不孝。阇王②杀父翻说无愆③，调达④射兄无闻得罪，以此导凡更为长恶，用斯范世何能生善？"

……

内喻曰："义乃道德所卑，礼生忠信之薄，琐仁讥于匹妇，大孝存乎不匮。然对凶歌笑乖中夏之容，临丧扣盆非华俗之训。故教之以孝所以敬天下之为人父也，教之以忠敬天下之为人君也……"

《广弘明集·卷十三·十喻篇下》

【简注】①玄风：这里指天子清静无为的教化。 ②阇王：即阿阇世王。佛教人物，为佛陀时代中印度摩竭陀国频婆娑罗王及皇后韦提希的太子。曾听从了提婆达多的唆使，幽闭其父王在七重室内至死，取得王位，又曾加害佛陀。后受良心的谴责，心生悔悟，但是为时已晚，全身长满了恶疮，臭秽难当。后供奉佛陀，消除业障。 ③无愆：指没有过失。 ④调达：指《佛说太子墓魄经》中的婆罗门，此人与佛陀世世为怨。这一经文记述的内容所反映的是婆罗门教与佛教的矛盾。

【译文】外论说："老子以自身作范，其行止唯有孝敬和忠贞，他所宣扬的教义，是为了救助尘世、度化群伦，对待百姓极具慈惠、爱心。因此，他的教义和声名可以永传于世间，历代帝王都不会更改对他的敬奉，那种清静无为的教化长驻于世间，即使传之万古也不会消亡，因此（历代）治国、治家多用道教所主张的模式。释教的主张弃绝信义、弃绝亲情，给人以不仁德、不孝敬的感觉。阿阇世王弑父却说是没有过失，调达射杀兄长却没有听说得到什么罪名，用这种教义去劝导百姓更会助长恶行，用这种教义去劝世如何能在世间宣扬善行？"

……

内谕说："义之所以产生是因为道德行谊低下，礼法之所以产生是因为世人忠诚信义的观念淡薄，烦琐的礼仪被世间的百姓所讥刺，大的孝行之所以存留于世，是因为这种品行世间从来未缺乏。可是'对凶歌'中笑中国的礼仪，临丧期间扣盆也不是华夏礼俗之中所训导的。因此，释家主张教化众生要具备孝这种德行，是为了敬奉世间的父母；教化众生让他们具备忠这种德行，是为了敬奉世间的君主……"

外论曰："夫礼义成德之妙训，忠孝立身之行本，未见臣民失礼其国可存，子孙不孝而家可立……"

《广弘明集·卷十三·九箴篇》

【译文】外论说："（修习）礼仪、信义是成就道德的妙训，忠诚（国家）、孝敬（父母长辈）是立身行世的根本，（对于国家而言）没有见过臣子、百姓失却礼法而国家尚存的，（对于家庭而言）没有见过子孙不孝家却可立于世间的……"

外论曰："夫国以民为本，本固则邦宁。是以赐及育子之门，恩流孕妇之室，故子孙享祀世载不亏，虽至孝毁躬不令绝嗣，故得国家富强天下昌盛，未闻人民凋尽……"

《广弘明集·卷十三·九箴篇》

【译文】外论说："一个国家要以百姓为立国的根本，根本坚固了国家就会安宁。因此，国家恩赐生育子女的家庭，其恩泽流被于怀孕的妇人，才会出现子孙祭祀历代祖先的记载没有亏缺的现象。即使是出现至孝这样的事情，毁损自身也不会令其绝灭后嗣，因此在国家富强、天下昌盛的时候，没有听说百姓凋零、生活飘摇的……"

外论曰："夫孝为德本，人伦所先莫大之宗。固惟恃怙^①昊天之德，岂曰'能酬'？故生尽温凊之恭，终备坟陵之礼……"

《广弘明集·卷十三·九箴篇》

【简注】①恃怙：语出《诗·小雅·蓼莪》："无父何怙，无母何恃。"后借以代指母亲、父亲。

【译文】外论说："孝是德的根本，人伦道德没有不宗法孝道的，也没有大过孝道的。更何况父母对自己的恩情可以比拟为上天的恩德，怎么能说'能奉养'就可以了呢？因此对待父母，在他们在世时要用温凊的态度去奉养他们，去世之后要齐备坟陵间的礼仪……"

夫人伦本于孝敬，孝敬资于生成，故云："非父母不生，非圣人不立，非圣人者无法，非孝者无亲。"此则生成之义通师亲之情显。故颜回死，颜路请子之车，孔子云："回也视余犹父，余不得视回犹子！"盖其义也。且爱敬之礼异容，不出于二理；贤愚之性殊品，无越于三阶。故生则孝养无违，死则葬祭以礼，此礼制之异也。

《广弘明集·卷十三·九箴篇》

【译文】人伦道德的根本是孝敬这一道德品行，孝敬这一德行是从幼时开始培养的，所以说："（对于一个人来说，）没有父母不可以生长，不修习圣人所传下来的经籍文献、道德规范就不知道如何立身处世，不学习圣人所制定的礼法就不会遵守国家的法令，不孝敬自己的父母长辈就不会有人乐于亲近自己。"这就是人生在世所修习的德义，这些德义都是与师、亲之情相通的，也都是由师、亲所传授的。因此，颜回去世时颜路请求孔子，要用孔子的车给颜回送葬，孔子说"颜回将我当成父亲一样对待，而我却不能将他当成自己的孩子一样呀！"就是这个意思。而且（虽然）爱、敬这两种情感所持守的礼法不同，道理却是一样的；人的品行有贤愚之分，相差悬殊，也不过是分为三个品阶。因此人生在世要孝养父母，达到"无违"的状态，父母去世时其丧葬、祭祀要依于礼法，这就是礼制上针对不同情况所做的不同规定。

《法苑珠林》四则

　　唐释道世撰，共百卷。又名《法苑珠林传》《法苑珠林集》。是释道世根据其兄释道宣所著的《大唐内典录》及《续高僧传》而编集的一部书，有佛教百科全书的性质。全书分为一百篇六十八部，概述佛教之思想、术语、法数等，博引诸经、律、论、纪、传等共计四百余种。释道世（？—683），字玄恽，俗姓韩，祖籍洛阳伊阙，因祖代居官于长安，遂为长安人。又因名字中世字犯唐太宗李世民讳，以字代名，通常称为玄恽。十二岁才出家于长安青龙寺，唐高宗显庆年间，道世奉诏参加了玄奘法师的译经工作，后来又奉诏与道宣律师同住新建成的皇家寺院西明寺。有《善恶业报》《信福论》《大小乘禅门观》《大乘观》《金刚经集注》等译著传世。

　　夫生极乐国当修三业：一孝养父母，事师不然，修十善①业；二受三归②，具足③众戒，不犯威仪；三发菩提心④，深信因果，读诵大乘，劝进行者。

　　　　　　　　　　　　《法苑珠林·卷二十三·弥陀部·业因》

　　【简注】①十善业：佛教语。一不杀生，二不偷盗，三不邪淫，四不妄言，五不绮语，六不两舌，七不恶口，八不悭贪，九不嗔恚，十不邪见。　②三归：佛教语。也称为“三皈”，指皈依佛、法、僧三宝，即以佛为师，以法为药，以僧为友。③具足戒：佛门戒律。意译为“近圆”，有亲近涅槃的含义。也称“近圆戒”，出家者只有受过此戒才能成为比丘、比丘尼。　④菩提心：佛教语。其本体就是利益一切众生，让他们获得如来正等觉果位的希求心。

　　【译文】生于极乐之国的人当修三业：第一是孝养父母，对待师长不要有不好的态度，要修不杀生、不偷盗、不邪淫、不妄言、不绮语、不两舌、不恶口、不悭贪、不嗔恚、不邪见十善业。第二是皈依佛门，以佛为师、以法为药、以僧为友，要受具足戒，不犯佛门的威仪。第三是要发菩提心，深信因果，诵读大乘经典，以劝化世人。

　　《外书》云：“力慕善道可用安身，力慕孝悌可用荣亲。亦有君子，高慕释教，遵奉修行，贞仁退让，廉谨信顺。”

　　　　　　　　　　　　《法苑珠林·卷三十·俗男部·劝导》

　　【译文】《外书》说：“倾力向慕于善道可以安身，倾力向慕于孝悌可以使自己的亲人荣显。这些品行高洁、德行高尚的人，他们侧耳倾听慕于释家的教义，遵奉其中的经旨进行修行，其品行坚贞，性格退让，廉洁谨慎，讲求信义，顺承大道。"

夫以立忠、立孝所以扬名于后代，行逆、行乖所以受报于来苦。

《法苑珠林·卷六十二·不孝篇·述意部》

【译文】（对于世人来说，）坚定自己忠诚于国家的品行，从根本上树立孝敬这一品行，是扬名于后代或后世子孙的方法，倒行逆施、行为乖张，来世会受到报应，出现苦难。

文殊师利①白佛言云："何如来说父母恩大不可不报？又言师僧之恩不可称量？其谁为最？佛言夫在家者孝事父母在于膝下，莫以报生长与之等，以生育恩深，故言大也。若从师学，开发知见次恩大也。"

……

《难报经》②云："左肩持父，右肩持母，经历千年，便利背上犹不能报父母之恩。"

又《增一阿含经》③云："孝顺供养父母，功德果报与一生，补处菩萨功德一等。"

《法苑珠林·卷六十三·报恩篇·引证部》

【简注】①文殊师利：指文殊菩萨，全名为"文殊师利或曼殊室利"，是佛教四大菩萨之一，为释迦年尼佛的左胁侍菩萨，代表聪明智慧，其意译为"妙吉祥"。　②《难报经》：佛家经籍，全名为《佛说父母恩重难报经》。　③《增一阿含经》：原始佛教基本经典，北传四部阿含之一，东晋高僧伽提婆译。有五十一卷（一说五十卷）。此经一是记述佛陀及其弟子们的事迹；二是阐述出家僧尼的戒律和对俗人修行的规定；三是论述小乘佛教的主要教义。

【译文】文殊师利菩萨对佛说："为什么如来说父母的恩情至大不可以不报恩？又说师僧对传业弟子的恩情是不可称量的？这两者谁是最为重要的？佛祖说众生在家的时候在父母旁边孝敬父母，都是回报父母抚养的恩情、生育的恩情，所以说孝敬父母为大。受戒从师之后，开发智慧、通晓世事是仅次于父母恩情的。"

......

《佛说父母恩重难报经》中说:"假使有一个人,左边的肩膀上挑担着父亲,右边的肩膀上又挑担着母亲,经过几百几千个长劫时间,依然不能报答得父母深重的恩德。"

又《增一阿含经》上说:"孝敬、顺承父母的人,其功德、果报可跟随一生,可以在菩萨处补上一等的功德。"

《禅月集》一则

唐高僧释贯休撰。释贯休(约832—约913),字德隐。俗姓姜,唐末兰溪(今浙江兰溪)人。唐昭宗乾宁三年时游历于湖广,五代时入蜀依附前蜀高祖王建,年八十一圆寂。《四库》中收录其《禅月集》二十五卷,附录一卷。

今人看此月,古人看此月,如何古人心难向今人说?古人求禄以及亲,及亲如之何,忠孝为朱轮。今人求禄唯庇身,庇身如之何,恶木多斜文,斜文复斜文,颠室何纷纷。

《禅月集·卷三·对月作》

【译文】现在的人看这个月亮,古时候的人也看这个月亮,为什么古时候的人思想却难以向现在的人述说?古时候的人求取禄位是为了奉养父母亲人,奉养父母双亲又要达到什么目的?为国尽忠、在家尽孝得高官是为了显亲扬名,让父母得到尊养。现在的人求取禄位只是为了庇佑自身,为了庇佑自身又做了什么样的事情呢?生长的扭曲的树木多斜乱的纹理,斜乱的纹理在扭曲的树木上更加斜乱,颠倒堵塞了正气,使世事乱象纷纷而起。

《全唐文》二则

清仁宗嘉庆十三至十九年由董诰领衔,阮元、徐松等百余人参加编纂。

若乃忠为令德,孝实天经。非忠无以奉帝图,非孝何以通幽显?

《全唐文·九百十二·灵廓①·唐宣州刺史陶府君德政碑》

【简注】①灵廓,生卒年不详。唐代中期武则天执政时的僧人。

【译文】如果说忠是一种令人向往的好的德行，那么孝这种德行实在是秉承上天意旨的好的规范。没有忠诚这种德行是不可以侍奉君主的，没有孝这种德行又如何能显现世间大道的微妙之处，阐明幽深至理呢？

始于混沌，塞乎天地，通人神，贯贵贱，儒释皆宗之，其惟孝道矣！应孝子之恳诚，救二亲之苦厄，酬昊天恩德，其惟盂兰盆之教焉。

宗密罪衅，早年丧亲，每履雪霜之悲，永怀风树①之恨。窃以终身坟垄，卒世烝尝②，虽展孝思，不资神道。遂搜索圣贤之教，虔求追荐之方，得此法门，实为妙行。年年僧自咨白四事，供养三尊③。宗密④依之修崇，已历多载，兼讲其诰，用示未开。今因归乡，依日开设，□俗耆艾，悲喜遵行，异口同音，请制新疏。

《全唐文·卷九百二十·宗密·盂兰盆经⑤疏序》

【简注】①风树：典出《韩诗外传》卷九："皋鱼曰：'树欲静而风不止，子欲养而亲不待也。'"后以"风树"为父母死亡，不得奉养之典。②烝尝：指秋冬二祭，也泛指祭祀。神道：即神明之道，谓鬼神赐福降灾神妙莫测之道。典出《易·观》："观天之神道，而四时不忒，圣人以神道设教，而天下服矣。"孔颖达疏称："微妙无方，理不可知，目不可见，不知所以然而然，谓之神道。" ③三尊：佛教的三尊。西方三尊是阿弥陀佛、观音、势至；药师三尊是药师佛、日光、月光；释迦三尊是释迦佛、文殊、普贤。亦指佛、法、僧三宝。 ④宗密（780—841），唐代僧人，中唐时果州西充（今四川北部）人。曾于唐宪宗元和年间登进士第，二十七岁时在四川遂宁大去寺受具足戒。唐文宗太和三年赐紫。唐武宗会昌元年卒于兴福塔院，年六十二。谥定慧禅师。中唐时释家学者，著作丰富，宋《高僧传》卷六记其著作"凡二百许卷"。有《华严经行愿品疏钞》《华严经行愿品疏科》《注华严法界境门》《华严法界观科文》《原人论》《华严心要法门注》《圆觉经大疏》《圆觉经大疏释义钞》等传世。 ⑤盂兰盆：意译为"救倒悬"。旧传目莲听从佛言，于农历七月十五置百味五果，供养三宝，以解救其亡母于饿鬼道中所受倒悬之苦。南朝萧梁以后，成为民间超度先人的节日。

【译文】宇宙的空间开创于混沌之中，空间充塞于天地之内，空间的法则可以贯通于天地人神之间，贯穿在世人的贵贱之中，儒家和释教都宗法的天地间的规则，只有孝道！应用孝子恳诚的孝心，求解父母于苦厄之中，以酬答上天的恩情，只有释家的盂兰盆这一故事更能体现对世人的教化。

宗密此人也许受到前世因果的牵连，很早便失去亲人，他经常怀着犹如雪和霜那样的伤悲，永怀着对父母丧亡，不能行孝的悔恨。私下里他认为终身为父母守墓是为人子者应该做的事情，每年都于春秋二季祭祀父母，虽然体现了自己的孝思，却不能让父母归于神道。于是他搜索历代圣贤教化的方法，虔诚地追寻荐求各种方法，得到了这一法门，实在是一种妙行。年年僧（指宗密）自言有四事，要供养三尊。宗密依照这一方法修行，已经有多年，他经常对僧众宣讲此道，以开化众人。现在回到故乡，依然开坛宣讲此经，僧众、百姓、老年众人，都悲喜遵行，异口同声地请求他撰写经文。

四、道家

《大道通玄要》三则

作者不详，应为唐或唐之前著作，其书底本为敦煌写本。

与人父言则慈于子，人师言则爱于众，人兄言则悌于行，人臣言则忠于上，人子言则孝于亲，人友言则信于交。

《大道通玄要·卷六·持身戒品》

【译文】（修道人）与为人父母的人交谈要劝导他们慈爱子女，与为人师的人交谈要劝导他们惠爱道众，与为人兄弟的人交谈要劝导他们具有友悌的品行，与为人子女的人交谈要劝导他们孝敬父母亲人，与为人朋友的人交谈则要劝导他们诚信待人。

天尊言："诸行并足，当避十恶，远于盲道。"
……七者不孝背恩，违义犯诸禁戒。

《大道通玄要·卷六·十恶戒品》

【译文】天尊说："世间的人有着各种各样的行止，要规避十恶，远离那些看不清前途的盲道。"
……（十恶中的）第七恶是指不孝顺父母，背离恩情，违逆道义，触犯各种禁戒。

天尊曰：合掌谛受，法师烧香，便为说诫。一者不杀，当念众生……四者不欺，善恶反论；五者不醉，常思净行；六者宗亲和睦，无有非亲……

《大道通玄要·卷六·要诀十戒品》

【译文】天尊说：道众在听法师宣法时要恭敬诚心地合掌谛受，这时法师烧香后，便开始为道众说诫。诫止道众第一是不杀生灵，当以慈惠心念及众生……第四是不欺妄，要明白世间的善恶；第五是饮酒不要达到酒醉的程度，常常思考自己的行止有什么不当之处；第六是要和睦宗亲，不要做令父母伤心的事情……

《太清五十八愿文》三则

作者不详，约出于隋唐之际。

观助礼敬三宝①，供养法师②。令人世世为君子，贤孝高才，荣贵巍巍，生为人尊，门族昌炽。

《太清五十八愿文·十善劝》

【简注】①三宝：道教除以学道、修道、行道为根本的三宝经义外，日常以"玉清天宝帝君，上清灵宝帝君，太清神宝帝君"为三宝，被尊为最高神灵。　②法师：道教中精通经戒、能主持斋仪、具有度人入道的资质，堪为众道士典范的道士，被称为法师。

【译文】世人在崇奉道法时要礼敬玉清天宝帝君、上清灵宝帝君、太清神宝帝君，要供养法师。以让世人能世世成为君子，世世都能具有贤能之名、孝敬之声，能以高才遇于世间，都能享有荣华富贵，生于世间为人所尊仰，家门及族内昌炽繁盛。

戒曰：劝助王父母子民忠孝，令人世世多嗣，男女贤儒，不更诸苦。

《太清五十八愿文·十善劝》

【译文】戒法说：修道之人要劝助世间的君主、为人父母、为人子女的人具有忠诚于国家、孝敬于父母亲人的品行，要劝化世人多子多嗣，劝助世人都能效法贤能之士、历代圣德大儒的品行行走于世间，以自己的良好德行摆脱世间的诸般苦难。

真人曰："夫学道为人，先孝于亲，忠于所君，悯于所使，信于所友，信而可复，谏恶扬善，无彼无此，吾我之私，不违外教，能事人道也。"

《太清五十八愿文·十善劝》

【译文】真人说："世间修道人学道，首先要做人，要先做到孝敬父母亲人，忠诚于君主、国家，役使他人要有怜悯之心，要以诚信取信于友人，要以诚信去规复世人向善之心，要谏止恶行、宣扬善行，让世人无分彼此，没有私心，不去做违反道教教义的事，并能通达为人道，遵奉社会规范。

《太上真一报父母恩重经》一则

作者不详，约出于隋唐时期，《正统道藏·洞一部》有其底本。

元始天尊在西那玉国七宝城中，琉璃宫内，与诸天仙如常说法。无鞅数众，周匝围绕。

尔时众中有一仙人，名曰上智，作礼前直而白天尊："臣从昔劫以来，屡闻正道，惟报父母恩重，未睹因缘，愿听妙音，为演说，欲使来世有所禀修。"

天尊答曰："汝当静念在心，我为汝说。天下人民，皆因父母寄胎，诞育而得生身，受炁在胎，其苦无量，怀胎十月，迅速不停，受孕满时，肢脉俱解。其中非一因以丧身，幼小婴孩，提携养育，洗浣秽浊，不惮能辛，宁损己身，欲久宁处。父母恩重，难报难量。若或有人能为父母多修斋供，广造真经，读诵受持，教人遵奉，当知是人及于父母，承此果报，即得长生，给养自然，心灵快乐。或荐亡没，七七修斋，转诵灵文，以资魂识，不历涂毒，便得生天，身诣玉京①，神游金阙②。或因父母疾病缠绵，建立道场③，修崇道法，其病即愈，平复如常。或因父母险厄囚系，恶鬼害身，虫兽为妖，梦寐惊恐，但能恭洁念道修斋，退殄灾殃，消除魔魅，当以降生之日，默念至至生我之恩，精勤斋戒，广修众善，以报劬劳。如是等人修持如上，免堕幽涂，生于正觉。汝当遵奉，宣布教化，持此经典，罔令谤读，生不信想，获罪无两。"

尔时上智及诸天从既闻是语，欢喜涌跃，言我等众若遇是人，皆当拥护，得受快乐，瞻仰无已。而说颂曰：

> 大慈无上尊，众生真父母。
> 能说报恩经，闻者皆开悟。
> 有人精受持，不久登仙路。
> 略赞一毫端，稽首天尊去。

《太上真一报父母恩重经》

【简注】①玉京：道教认为元始天尊在玉京山上修持。　②金阙：道教指仙人或天帝所居住的地方。　③道场：道教的道场又为法事，一般指在道教的宫观中一种为善男信女祈福消灾，超度亡灵而设坛祭祀神灵的宗教仪式，并用此仪式把信众的美好心愿传达给神灵，以祈求神灵保佑。

【译文】元始天尊在西那玉国七宝城中，琉璃宫内，与诸天仙如同往常那样说法。世间许许多多的道众，围绕在天尊周围听他说法。

这时道众之中有一仙人，名叫上智，向天尊行礼后率众来到天尊跟前，向天尊请教说："臣自从历劫修道开始，屡次听闻各种各样的道法正道，唯有回报父母恩情的道法，没有因缘听到，愿意听闻天尊的妙音演说，并希望听到这种道法后，在来世的修行之中能有所秉持。"

天尊回答说："你要静下心来，仔细地听我为你述说。天下的人，都是由父母寄生于胎中的，都是由父母诞育才得到身体的，都是在胎中感受到阴阳之气，父母生育子女其苦无比，母亲怀胎十月，不停地在腹中滋养着胎儿，受孕期满时，才会生下子女。其间有许多因素可使胎儿夭折，幼小的婴儿生下之后，父母提携养育着他们，为他们浆洗污秽，不辞辛劳，宁愿自己身体受损，也要让子女平安长久地生长。父母对子女恩情之重，实在是难以回报、难以衡量。如果修道人在修道时想以自己的功德为父母多多地修来斋供，向世间广泛地宣法真经，让人们能读、诵、守、持，教化世人遵奉道的精义，就要知道对自己的父母要孝敬，让他们能得到这种果报，让他们能长生，能在世间自然地得到供养，心情快乐地生活。如果父母亡故了，要为他们修斋七七四十九天，为他们转诵经文，以滋养他们的魂灵、神识，不让他们经历恶毒之事，以让他们的魂灵上升至天境，能通达到玉京山，神游于金阙之中。如果父母疾病缠身，要为他们建立道场，修崇道法，让他们的疾病消退，恢复如常。如果父母陷于险厄、囚禁之中，被恶鬼缠身以至伤害身体，虫兽的妖气所缠绕以至在梦寐之中惊恐不安，这时要恭敬地洁净己心修持道法，为父母驱邪，以消除那些邪道术法。要在自己降生的那一天，默念父母生我、养我的恩情，精勤地斋戒修持，广修世间的众善之事，以报父母养育自己的恩情。你们在修道之时能持守以上的要求，以免堕于幽暗迷途之中，要在修持之中修行并端正好自己的觉识。你们一定要遵奉我所述说的精义，向世间宣扬我道教的教化之义，持守住这一经典，不要让世间出现怨恨、憎恶之事。如果此生不能信奉这一经义，将会触犯无边的罪责。"

这时上智及诸天仙听闻于天尊所弘的精义，都十分欢喜，说我等众人如果遇到此等样人，都将对其进行护持，让他们感受到快乐，让世人以这样的人为榜样，让世人去瞻仰他。之后作颂文说：

世间怀有大慈之心的元始道德天尊，真正是世间众生的父母。

能向世人述说回报父母恩情的经文，闻道者都开悟了道法的经义。

世间如果有人能恭敬地受持住经义，不久就可以登上成仙的仙路。

都要赞颂这一经文并将其录于笔下，稽首尊拜天尊离去定要遵行。

《太平两同书》一则

唐吴筠撰，一说罗隐撰。吴筠（？—778），字贞节，又字正节，唐朝华州华阴（今陕西华阴）人。举进士不第，唐玄宗天宝初被召至长安，入道门，师从上清派法主潘师正，受授上清经法。唐玄宗多次征召，深蒙赏赐。唐代宗大历十三年卒于剡中。弟子私谥"宗元先生"。

夫大德曰生，至贵唯命，故两臂重于四海，万物少于一身。虽禀精神于天地，托质乞于父母，然亦因于所养，以遂天理也。

《太平两同书·厚薄第五》

【译文】世间的大道是万物生生不息，最为宝贵的是生命，因此世人的行为是重于四海的，世间万物都是从一个个的个体中汇聚而成的。世间万物虽然说精神可以寄托于天地之中，但是身体却是从父母中得来的，都是由父母所生养的，因此世间的子女要遵从天理去孝敬他们。

《亢仓子注》一则

唐何璨注。《亢仓子》九篇，旧本题为何粲撰。注书在柳宗元时已有，不录著者姓名。何璨，字从玉，唐时人。

穷于本始谓之道，施于人理谓之孝。道能通生万物不知所由然，故曰"妙用"；孝者善事父母尽敬尽顺通乎神明，故曰"至德"。

《亢仓子注》

【译文】（对事物能）穷尽于根本才可以称之为道，（对亲人能）依于天地人伦之道去敬奉他们才可以称之为孝。明白了道就可以通晓生长的规律，但却不知道世间的事物为什么会是这个样子，这可以称之为"妙用"；具有孝敬品行的人能够善事父母，极力敬奉、顺承他们是可以通达于神明之中的，因此这一德行被称为"至德"。

《无能子》三则

唐无能子著。唐末思想家。姓名、籍贯、生卒年皆不详，只留下"无能子"别号。少年时，即博学寡欲，擅长哲学思辨，似曾游宦，并授徒讲学。后避黄巢起义战火，四处漂泊，生活艰难。唐僖宗光启三年游寓左辅隐居民间时，著《无能子》一书，指责君主专制制度违反自然，提倡道教的风气和坐忘修炼法，并宣扬儒家的宿命论、仁义道德和近似佛教禅宗思想的"无心"。由此推测，他是一位信仰道教且通晓儒释二教的知识分子。但有的著作径直称他为道教学者，有的著作则仅称他为隐士。现存版本以明正统《道藏》本为最古。

父不爱子曰不慈，子不尊父曰不孝，兄弟不相顺为不友不悌，夫妇不相一为不贞不和。为之者为非，不为之者为是。

《无能子·卷上·圣过第一》

【译文】父亲不爱自己的子女是不慈，子女不尊重自己的父亲是不孝，兄弟之间不能够亲顺相处是不友悌，夫妇之间不能同心一致是不忠贞、不和顺。如果这样去做是不对的，不这样去做是正确的。

所谓美名者，岂不以居家孝，事上忠，朋友信，临财廉，充乎才，足乎艺之类耶？

《无能子·卷上·质妄第五》

【译文】所谓人世间的美名，难道不是居家之时具有孝敬父母的美名，侍奉长上时具有忠诚的信念，对待朋友能言行诚信，面对财物不苟取，有充足的才干、充足的技艺之类吗？

原曰："吾闻君子处必孝悌，仕必忠信；得其志，虽死犹生；不得其志，虽生犹死。"

《无能子·卷中·宋玉说第七》

【译文】屈原说："我听说那些道德高尚、品行高洁的君子，他们处世时必定具有孝悌这样的品行，出仕的时候必定能做到忠诚信实。能达到志向中的目标，他们去世之后，世人也会觉得他们如同活着一样；不能够达到志向中的目标，就算是活着，自己也会觉得如同死去一样。"

《道德经论兵要述》二则

唐王真著。王真，生卒年不详，据《续修四库全书》记，仕唐曾为朝议郎使知漠州诸军事守漠州刺史充威腾军使，赐绯鱼袋。

大道既隐，下德有为。仁义之行，遂从此始。巧智小慧，大伪生焉。孝慈生于不和，忠臣生于昏乱，兹亦美恶，相形之谓也。

《道德经论兵要述·卷二》

【译文】天地间的大道隐去，世间的各种德便会因为寻求大道而纷纷出现。仁德、信义这样的德行，从此开始出现。世间出现了取巧、用智、小恩小惠这样的事情，那些虚伪的事物便会出现。世间的孝敬、慈爱这样的德行只有在家庭出现不和的时候，才会突出地表现出来。忠诚的臣子只有在国家出现昏乱的时候，才会突出地表现出来。因此，对于美、恶之类的事物，都是相对、相形出现的。

仁生于不仁，义生于不义，今欲令绝矫妄之仁，弃诡谲之义，俾亲戚自然和同，则孝慈复矣！

《道德经论兵要述·卷二》

【译文】仁德这样的德行，是相对于不仁这样的品行而言的；信义这样的德行，是相对于不守信义这样的品行而言的。现在要弃绝、矫正的是那些虚妄的仁德，所弃绝的是那些诡谲的信义，这样亲戚之间的关系自然会出现和睦相融的样子。在这种环境下，孝敬、慈爱这样的德行自然就会恢复了。

《道典论》一则

作者不详，应为唐代著作，《正统道藏》收入《太平部》，敦煌诸书中有其底本。

《明真科经》云："无极世界生男女之人，生世不孝，骂辱父母，六亲相残，其罪深逆……"

《道典论》

【译文】《明真科经》中说："无边无际的世界，阴阳和合生出男男女女，世间的男女在一世之中不孝顺父母，辱骂父母，以至六亲相残，这是罪孽深重的行为……"

《洞玄灵宝玄一真人说生死轮转因缘经》一则

作者不详，约成书于唐代，《正统道藏》中有其底本。

父母兄弟，本亦无亲，但随福德来寄生，父母养成人，故圣人制法，孝顺以报育养之恩，以致孝心，若不孝不顺，王法诛之，天亦罚之。兄弟暂共生于父母，当相亲爱，共致孝心，父母终亡，祖葬礼毕，以报生养之恩。四时祠祀，以为慈孝之法，传告后世，使知有孝养之恩。

《洞玄灵宝玄一真人说生死轮转因缘经》

【译文】父母兄弟，本来没有什么亲情，但是随着天地间的福德使子女寄生于父母身上，于是便出现了父母兄弟。父母将子女养育成人，因此，圣人制定礼法，让子女以孝顺的品行去回报父母养育之恩，以养成孝心。如果不孝敬父母、不恭敬兄长，就算是王法也将对这样的人给予诛杀，上天也会惩罚他。兄弟之间暂时共生于父母膝前，应当相敬相爱，共同以孝心对待父母，父母丧亡，要共同礼葬他们，以回报父母之恩。四时都要祭祀父母，以为世间慈孝之事弘法，并传之于后世，使后世知道父母的养育之恩、子女的孝敬之德。

《化书》一则

五代时谭峭著，共六卷一百一十篇，其书以阐述道教"其道无穷"的变化为宗旨，其思想是对老子的"大道废，有仁义"等思想的进一步发挥。谭峭（860或873—968或976），字景升，唐末五代道士，著名道教学者。泉州府清源县（今福建莆田市华亭）人。足迹遍及天下名山，后随嵩山道士十余年，得辟谷养气之术。后入南岳衡山修炼，炼丹成，又隐居青城山。

感父之慈非孝也，喜君之宠非忠也。感始于不感，喜始于不喜，多感必多怨，多喜必多怒。感喜在心，犹物之有毒，犹蓬之藏火，不可不虑。

《化书·卷三·感喜》

【译文】感受父辈的慈爱（却不付出），不是孝的表现，喜欢君主的宠爱（却不付出），不是忠的表现。人的感受始于没有感觉，喜庆始于不喜，感受过多（一旦不能满足），就会产生许多怨怼，过多的喜庆（一旦不能满足），心中就会出现怨怒。感、喜这两种心态，就犹如事物之中毒的存在，犹如蓬草之中藏有的火患，不可以不思虑。

《全唐文》一则

清仁宗嘉庆十三至十九年由董诰领衔，阮元、徐松等百余人参加编纂。

臣闻孝道之大，人行所先。故洪覆①无言，神女有卷绡②之应；厚载至广，江鳞表充膳之征。斯实感于神祇，通于天地者矣！

《全唐文·卷九百二十三·叶法善③·乞回赠先父爵位表》

【简注】①洪覆：代指天，古时候的人认为天道广大，无不覆被，语出《文选》。也指君主的恩泽。　②绡：一种丝织物。　③叶法善（616—720），字道元，隋末括州括苍（今浙江丽水松阳）人。唐代道士、官吏。善摄养、占卜之术，历仕高宗、则天、中宗朝五十年，时常被召入宫，尽礼问道。唐睿宗时官鸿胪卿，封越国公。无病而终，享年105岁。

【译文】臣听说孝道是人世间最大的德行，是人们所有行为的根本。因此就算天道广大也赞同这种德行，神女漫卷的衣袖也是在回应这种德行。这种德行犹如大地一样厚载万物，以至于广大于世间，以江河中的鱼类充当膳食去奉养父母也是孝行的表现，这实在是孝感通于神明，通达于天地的表现呀！

《太上老君说报父母恩重经》一则

作者不详，此经应出于唐代，《正统道藏·洞神部》收录其底本。

　　尔时，太上老君于西那玉国郁利山中，敷畅道德，宣阐科戒，广为十方^①说因缘事。于时随众五万人，俱往彼处恭幸遭筵会。擎拳叉手，礼诸尊颜，问讯既周。是时众中有一真人，名曰海空智藏，出班长跪，白太上曰："臣等禀受发肤，皆因父母，父母恩深，无由报效。惟愿大慈愍伤一切，如蒙启训，生死荷恩。"

　　尔时，太上恻然良久，告海空智藏言："善哉！善哉！子之所问，要乎深矣！子可谛听，当为解说。夫形直者其影必正，形不直者其影必斜，其声清者其响必净，声不清者其响必浊。孝与不孝，其义如是。若孝悌者，一家之中老少安乐，天人钦仰，神明守护，子孙相承，孝慈不断，招感孝顺，以为其子。若不孝者，世世相继，一门之内总是冤家，虽为父子，甚于仇敌，招五逆以为其儿，父子兄弟各财异食，同园别菜，共田分谷，隐藏珍馔，吃食如偷，虽是人形，不如禽兽，神明不佑，天下轻欺，一生所为，诸不吉利，死入地狱，受一切苦罪毕，受报为百劳鸟，生子能飞，共食其母，百劫之后，托生人中，聚集五逆，诸不孝缘，共为父子，更相残害，死生忧苦，轮转无穷，天下苦痛，莫过于此。夫人生世，父母为亲，非父不生，非母不养。

　　是以天地覆阴，寄托母胎，气识相凝，怀娠十月，萦妊胞重，坐卧失常，岁满月充，诞育之候。其母恐怖性命，愧然恻怛，心神忧丧，产孕之日，风触外触，苦痛交切，失声号叫，受大苦恼，匍匐战惧，骇愕惊嗟。及至生已，手摩其顶，堕于草上，呱呱号啼，安藏被褥，侧身三月，常畏邪魔之所侵害。饥时须饭，非母不哺，渴时须饮，非母不乳，计饮母乳八斛四升，千日提携，遮盖尘垢，推干就湿，咽苦吐甘，非义不亲，非母不养。忽离栏车，出于地上，十指爪中，食子不净。母或东西，碓磨邻里，官私急切，不得时还，即知我儿家中啼哭，母子天亲，心性相感。分母百骸，而为两身，气血相传，两体无二。儿既忆母，母即心惊，驰步走归，两乳涌出。还到门外，见子庭中，或在栏车，或房门际，或有人抱，或无人抱，或在床上，或在地下，或时坐不净，或时把泥草，或尚啼哭，或啼哭欲止，举眼见母，啼笑嘘嘻，摇头弄脑，曳腹而行。呜乎！呜乎！哀向其母，母乃为儿屈身下就，长舒两手，拭除不净，吹嘘其口，以乳与之。含乳看母，嘻嘻其声，母见儿喜，儿见母喜，二情思想，慈爱亲重，情亲相念，莫过于此。二岁三岁，弄意始行，寒热屎尿，非母不悉，笑时怀喜，啼时知嗔，唯乐饮食，所余无愿。父母行来，值他酒座，或得饼肉，不敢不食，怀挟将归，向与其子。十回九回，恒常欢喜，一回不得，娇声佯啼，以此为常。娇生不孝，孝子不娇，必有慈顺。及年长大，朋友相随，年生少壮，耽玩逸乐，梳头摩发，欲得好衣，拣择精妍，持为其子，粗疏弊恶，父母自充，忽无衣裳，经求四远，倾心南北，逐子东西。横簪向头，为索妻妇，情爱偏重，其母转疏，私房之中，共相笑语。父母年老，气力渐衰，终朝至暮，不来省问，独守空房，犹如外客，少衣少食，饥冻切身，手脚胼胝，耳聋眼暗，单床飘薄，度日如年。身既尪羸，多饶虮虱，蚊虻嘬体，通夕不寐。长吟叹息，何罪之有，生此不孝之子。柱杖巡唤，低头下气，欲伸所欠，未尽前言，其儿兴声，瞋目骂詈，回头却退，扶壁而归，槌胸自非，流动目肿，连声唱苦，不如早亡。母告儿言，汝初小时，非吾不育，饮食遮蔽，非吾不养，怀汝十月，如携重担，气息奔喘，剧于走驰，或时寒热，坐卧不安，腹皮拆裂，心胸填满，发落消瘦，不能饮食。临生产时，逆前一月，常怀忧怖，恐不相离，或有时安，或有时患。当生之日，命如风烛，四肢百脉，及以五藏，或如刀刺，或如钩牵，或热如火，或冷如水，比当解离，或死或生，尽世间苦，口不能述。既得生已，喜惧交集，诸苦诸痛，不可堪忍。三年携抱，日夜不离，坐卧不净，眠食失时，视儿气色，将息饥渴。或有疾病，父母心痛，闻子忍苦，母不能食，心口干燥。万种求福，黄金白银，衣服玩具，心念子可，无所吝惜。念汝小时，东西随我，不离寸步，食亦随我，眠亦随我，一日无我，终日不食，一夜无我，啼哭不眠。如何长大，忽成冤对，今虽有汝，不如本无，付之于天，幽冥当鉴。愿我早过，与你相离，奈何奈何！"

尔时，太上说斯事已，即现神变，令此大地，一切震动，于震动中，忽见此方，地狱之内，无数众生，足践刀山，手穿剑树，拔出其舌，铁柱刺之，酷痛号哭，身体脓烂，毛孔之内，悉皆流血，大小狼藉，流曳楚毒。

于是海空智藏肃寒毛坚，流泪呜咽，上启太上曰："斯之罪魂，何罪令尔？"

是时，太上告海空智藏言："斯罪人也！生不慈孝，违弃母，诽谤三宝，侮慢出家，今之受报，涂炭何极，日趣长远，无可如何。"

尔时，太上仍说偈言："善善自会善，恶恶归恶根。生前不慈孝，死后报何恩。苦哉萦痛毒，往返十八门。非吾三赦日，何得暂蒙原。"

尔时，太上说此偈已，大众悲号，流恸不止，便即抗手弹指。于弹指中，即令大众回面顾视，盼于南方，即见南宫天堂之内，善男女等威仪庠序，华容挺出，天厨百味，珍玩无有穷者，恣形妍盛，娱乐自在。

智藏欢喜，重白道言："不审此人，承何福对，得处天堂，衣食自然，受此快乐？"

尔时，太上答海空智藏言："此人生时，至心慈孝，供养父母，礼敬三宝，布施持戒，信重出家，今受福订，果服无穷。"

是时，太上仍说偈曰："前缘至孝慈，供养礼无违。敬信于三宝，无期福会归。天堂里容曳，福祉高巍巍。斯乐今无极，由来福庆随。"

尔时，太上说斯偈已，叹息良久，告海空智藏言："善哉！善哉！父母恩重，昊天罔极。呜呼慈母，云何可服！吾忆前世，诞于洪氏胞，凝神琼胎之府，积三千七百年，逮至上皇。重胞李母，阴阳数极八十一年。思报母恩，至今劫期，犹恐不复。何况子等凡流之辈，而不报恩。竭力尽心，尚亏礼敬，况犯上事，而有差违。诸教戒中不宣其目，三十六部②不著斯言，千圣万圣，谁不遵教，况子学道而不报恩？汝等众人，深宜笃志，外存孝养，内蕴弘慈，粉骨糜身，亦不能尽。若有人生，能为父母书与此经，读诵受持，烧香礼拜，于中元日③设大斋醮④，市办名香，缘山摘药，造诸净供，夙夜殷勤，请福祈恩，拔度⑤先祖，名报父母养育之恩，五逆十恶罪得消灭。若能每月一日日中，清斋烧香，行道礼拜，诵念转读此经，罪亦消灭，名报父母。又于此日，当请高上净德法师，开讲此经，宣通妙义，劝众生等发慈孝心。如此功德，最上第一，不可思议。千万功德，不如相劝讲诵报恩。于其中间闻此经者，忽生孝心，供养父母，福德无量。上感诸天一切大圣，中感幽冥一切灵识，下流后世远代子孙，皆生孝顺，恭敬不绝。"

尔时，大众及海空智藏真人等闻太上说《无上恩重报父母经》，各怀涕泪，受斯语已，愈感孝诚，刻骨不忘，尊敬殷重，各还本国，稽首奉行。

《太上老君说报父母恩重经》

【简注】①十方：道教十方即指上天、下地、东、西、南、北、生门、死位、过去、未来。　　②三十六部：指《太上三十六部尊经》，系道教经籍。作者不详，约成书于南北朝末期。此书包括三十六部短经，以玉清、上清、太清分类。其中玉清境有《上清经》《妙真经》等十二部经文；上清境有《洞玄经》《元阳经》等十二部经文；太清境有《太清经》《彻视经》等十二部经文。　　③中元日：指中国传统的鬼节之一，每年农历七月十五的"中元节"。　　④斋醮：指"斋醮科仪"，是传统道教的一种仪式。俗称为"道场"，简称为"科教"，也就是人们日常所知的道教法事。这是祭告神灵，祈求消灾赐福时所举行的仪式。　　⑤拔度：也可称之为超度，道释两家的观念中义为拯救、超度。

【译文】那时太上老君在西那玉国郁利山中，为道众宣讲世间道德的精义，阐述道教的科律戒法，为天下十方广说因缘之事。当时随从的道众有五万人，都去西那玉国郁利山的经筵法会上听老君弘宣道法。他们都恭敬地向老君行礼，以觐见老君，问讯的礼法十分周详。当时的道众中有一真人，名叫海空智藏，出班长跪，向老君请教说："臣等的身体发肤都是从父母那里得到的，父母的恩情深重，我们却不知道如何去报效他们，老君您以大慈大悲之心能体察世间的一切，如蒙启训这其中的教义，实在是广布了可以让人效死的恩情。"

那时，太上老君听后静默了良久，对海空智藏说："善哉！善哉！你所问的事情，是深得道义的问题呀！你要仔细地听讲，我当为你进行解说。体形正直的人他们的影子必定端正，体形不正的人他们的影子必定歪斜，声音清正的人说出的话语必定清净明晰，声音不清的人发出的声音必定混浊不清。世间的人孝与不孝的区别，其义就是这样。对于那些具有孝悌品行的人，一家之中必定老少安乐，必定会天人共仰，必定会被神明所守护，子孙必定能相延相承，家中孝慈的家风必定会代代不断。在这种家庭中，家中的父母所得到的儿女，必定会在天地中招感具有孝慈天性的魂灵，以孕育成自己的子女。对于那些不孝的人，他们的家庭将会世世相承不孝的家风，家中的成员总是冤家，虽然名为父子，但却如同世间的仇敌一样。这样的家庭中，为人父母的必定会招致具有各种逆伦之罪的魂灵，以孕育成自己的子女，家中的父子兄弟必定会各自异财异食，就算是共同生活在一个家中也将分灶而食，就算是共耕一块田地也会分谷而藏，他们会隐藏好吃的东西不给对方，吃东西的时候如同偷食一样。这样的人虽然身具人形，其行止却实在是不如禽兽，神明是不会护佑他们的，天下人也会轻慢、鄙贱他们。这种不孝的人一生的所作所为，都不会顺利，死后也将坠入地狱，遭受一切苦难罪责之后，来世也将化为百劳鸟，生下的小鸟生而能飞，共食其母。这种人历经百劫之后，托生于人道之中后，身边也会聚集各种具有逆伦品行的人。他们与诸般不孝的现象结缘，共为父子时相互残害，无论是死还是生都十分凄苦。这种情况轮转无穷，天下的苦痛，没有比这更大的。人生于世间，父母是自己最亲近的人，没有父亲将不会有生命，没有母亲将不能被孕养。

　　因此，地在天的覆盖之下，阴在阳的覆盖之下，子女寄托于母亲的胎中，逐渐气息凝聚，母亲怀胎十月，胎儿成长母亲身体变重，母亲往往坐卧失常，等到怀孕足月的时候，等待着子女诞生。母亲恐惧子女出生时是否能成活，常常辗转反侧难以入眠，心神始终处于担忧之中。生产之时，往往被外界的风雨所感触，身体苦痛交切，于是失声号叫，受到了极大的痛苦，这时往往心中战栗、恐惧，经受着各种苦痛的折磨。等到子女生下来后，母亲用手抚摩其顶，将其放于松软的草上，孩子呱呱号啼，母亲将他安放在被褥之中，侧身哺乳三个月，这时常常恐惧子女受到邪魔的侵害。婴儿饥饿时要进食，不是母乳不吃，渴时要喝水，不是母乳不喝，共饮用了母乳八斛四升。母亲在三年的千日之中提携着刚出生的子女，为他遮盖尘垢，用干爽的衣服换下湿衣，吞咽苦的食物哺乳给子女甘甜的乳汁，不符合天地之义的事物不让子女亲近，不是自己的母亲又如何能尽心极力地养育。子女成长后离开了摇篮，能在地上行动，手上往往不干不净，于是母亲唯恐他们吃的东西不干净。这时母亲或者在东边，或者在西边，辛苦地劳作，因为官家的事务急切，不能时刻还于家中，却往往知道家中的子女是否啼哭，这是母子的天性，是心性相感的原因。子女可以说是母亲身体中分离出的形骸，说是两个身体，但是母子气血相连，两个身体血脉无二。当子女想母亲时，母亲就会在心中有所感应，于是快步回归，两乳中涌出了乳汁，快步到家门外，看到子女或在家中的庭院，或在栏车，或在房门中，或有人抱，或无人抱，或在床上，或在地下，或者坐在不干净的地方，或者把玩泥草玩耍，或者正在啼哭，或者哭声刚止。当子女看到母亲时，他们啼笑颜开，摇头晃脑，走到母亲身前，拽着母亲的衣服而行。哎呀！哎呀！这时子女哀哀地面对母亲，母亲于是为子女屈身伏低，伸开双手，为子女拭除身上不干净的东西，将他们的嘴擦拭干净，用乳汁哺育他们。子女这时含着母乳，嘻嘻地发出笑声，母亲看到儿女高兴，儿女看到母亲高兴，这时母子间两情相依，慈爱的亲情厚重，世间情感和亲情相念的现象，没有超过这时的情感的。子女两三岁时，开始随意在地上行走，这个时段子女的寒热屎尿之类的事情，没有母亲所不知道的。子女笑的时候母亲知道他们高兴，啼哭时知道他们嗔怒，这时的子女只知道饮食，没有其他什么愿望。父母遇到酒宴之事，有时会得到饼、肉，他们往往不敢食用，却将其挟于怀中回家后给子女食用，十回中有九回得到，子女心中便十分欢喜，一回得不到，便娇声啼哭，以为这是常得之物。娇生的子女不孝，孝敬的子女不娇，子女孝敬家中必定会出现慈爱孝顺的现象。(不对子女进行教育) 等到子女年岁渐长，朋友们相随在子女身边，沉溺于嬉玩逸乐之中，就会养成喜欢梳洗打扮，想穿好的衣服，想吃好的食物，什么样的东西都要拣选好的食用的品行。家中有这样的子女，粗疏弊恶的衣食，就会让父母自己穿用，家中如果没有好的衣物，他们就会向远方求取，于是这样的子女就会游荡于世，追逐东西。子女长大后，情欲渐开，就会向父母索要妻妇，他们结婚后因为偏重于情爱，对父母的情感转而疏远，与妻子在私房中嬉乐，欢声笑语。这时的父母已经年老，气力渐衰，而子女从早到晚却不来省问奉养，父母独守于空房之中，见子女如同见外客一样，于是他们缺衣少食，饥冻相加，手和脚都会因劳作而长出厚茧，他们因年老、供养不足耳聋眼花，卧于单薄的床上，度日如年。他们的身体渐渐衰弱，身上多会生出虮虱，往往会被蚊虫叮咬，以至于整晚不能入睡，于是他们会长吟叹息，自己有什么样的罪孽，竟然生出这样的不孝之子。于是父母便拄着杖巡唤着子女，低声下气地对着子女，欲从他们那里收取欠自己的供济，还没有说出口，儿女便大声叫喊，睁目骂父母，父母于是回头退出，扶着墙归还家中。于是他们捶胸为没有从小时候就教育好子女而后悔，泪流不止以至双目红肿，连连叫苦，心中想着不如早点儿丧亡。母亲告诉儿女说，你们小的时候，没有我和你们的父亲是不能来到世间的，你们的饮食、遮蔽之类的事情，没有父母是不能够成长的。我怀胎十月生下了你们，当时怀着你们的时候如同负担着重担一样，走动时气喘难止以至于气息不稳，害怕行走过多会伤害到当时未出生的你们。无论是寒热，都坐卧不安，以至于腹部皮肤开裂，心胸犹如被塞满了一样，头发脱落日渐消瘦，以至于不能饮食。等到要生产你们前，在生产的前一个月，常常怀有忧惧之心，恐惧着生下来就与你们生死相离，时而心安，时而忧患。生你们的时候，母亲的命犹如风中之烛，四肢百脉，五脏六腑，有时如刀刺一样，有时如被钩子钩连一样，身子有时热烈如火，有时寒冷如冰，等到你们出生时，犹如死去一样，历经了世间的痛苦，实在是不能用语言去描述。得知已经生下来，心中的喜惧交集在一起，诸般苦痛，不堪再次忍受。怀抱你们三年，日夜不曾离开，坐卧时因抚养你们而不洁净，饮食睡眠也因此失时，观察儿女的气色一有不适，便忘记了饥渴。你们一旦生病，父母痛在心中，听闻子女叫苦父母痛不能食，于是口干心燥 (恨不能以身相替)。为了你们父母向世间的神灵祈福，家中的黄金白银，衣服玩具只要是子女喜欢的，从不吝惜。感念着你们小时候，无论我走到哪里你们都跟随着我，不离开寸步，饮食时跟着我，睡眠时跟着我，一天没有我，便终日不食，一夜没有我，便啼哭不止。为何现在长大了，忽然间成了冤家对头。现在虽然有你们这些子女，却不如没有生养过你们，将你们交付于天，让幽冥去警鉴。愿我早点儿过世，与你相离，奈何！奈何！”

那时，老君讲述完这些事，即见天地间出现变化，大地之上出现了震动，在震动之中忽然出现了地狱的景象，只见地狱之内有无数生灵，他们有的脚踏着刀山，有的手被剑树所穿刺，有的被拔出了舌头，有的被铁柱穿刺，这些生灵因酷刑而号哭，身体出现脓烂，毛孔之内都流出了血液，大大小小狼藉一片，流曳着被毒打的痕迹。

看到这一情景，海空智藏身上汗毛直竖，呜咽着流着泪，对老君启奏说："这些是什么人的罪魂，为什么要遭受此等惩罚？"

这时老君告诉海空智藏说："这些都是罪人呀！他们生来不慈爱、不孝敬父母，违弃其母，侮慢出家的道众，才会在如今受到此等报应。他们所受到的如此涂炭的惩罚，将会长久地遭受，这也是无可奈何的事情。"

这时，老君仍说出偈语："具有善行的善人自然会行善，具有恶行的恶人其行为自然归于恶。生前不慈爱子女，孝敬父母，死后又如何能报恩情。痛苦呀！那些不慈孝身具恶行的人所受到的酷刑，他们因为自己生前的行为往返于地狱的十八层之中。等不到我教的三赦之日，如何能得到暂时的宽宥。"

那时老君说完这一偈语后，道众们都悲号出声，泪流不止，都拍手弹指表现自己的激动。弹指之间，老君即令道众们回头去看，目视南方，只见南宫的天堂之内，具有善行的男女身具威仪地端坐于庠序之类的学校之中，他们气色良好、身体挺拔，天上的各种美味呈现在他们的面前，各种珍玩无穷无尽，在那盛大的场景中，自由自在地娱乐。

海空智藏见到后十分欢喜，又对老君说："不知道这些是什么，为什么会承受如此福泽，得以身处天堂之中，衣食自然充足，享受如此快乐？"

这时老君仍旧说出一偈语："身具前缘有至孝至慈品行的人，他们供养父母亲人不违礼法。那些敬奉三宝的人，也会福泽深厚归于天堂。天堂之中有美好的环境，可以让那些福祉高、德行好的人居住。在这里世间的极乐是没有尽头的，这些都是由每个人的品行所生出的福庆中得来。"

这时，老君说的经偈已经相当多了，于是他叹息良久，对海空智藏说："善哉！善哉！父母的恩情至重，就像上天垂于世间的恩情一样没有尽头。世间慈爱的母亲，子女如何才能报答她的恩情！我回忆前世，诞生于洪氏的胞胎之中，神于琼胎之府，修行积累了三千七百年，才达至上皇的境界。又复投胎于李氏母亲的胎中，历阴阳八十一年。每每回思着想回报母亲的恩情，以至如今的劫期，犹害怕不能做到。何况你们世间这些凡俗之辈，却不想着回报父母之恩。对于子女来说竭力尽心地回报父母的恩情，尚且有可能亏于礼法、教化的规定，更何况去做那些不慈孝的事、行恶的事，去违逆天地间的规范。回报对父母的恩情世间诸教的戒律中没有相关的戒律，《太上三十六部尊经》中也没有著录回报父母的经文，但是世间的各类圣人，哪一位不曾遵奉父母的教导，世间的子女又如何能不去回报父母的恩情呢？你们这些道众，要深切体会父母的恩情、笃志地去孝敬父母，在行动上要表现出孝养的品行，内心要蕴含孝慈之心、弘发孝慈之念，就算是粉身碎骨，也不能极尽对父母的孝敬。如果处于人世之中，要为父母诵写出此部经文，读诵此部经文，虔诚地烧香礼拜，在中元节那一天设大的道场，在市场采办好的香烛，在山林中采集好的药材，将这些都洗净后供奉，昼夜殷勤地礼拜，向上天为父母、祖先祈福，以超度先祖的魂灵，以回报父母养育的恩情。这样的话，他们身上如果有五逆十恶之类的罪行都将被消除。如果能在每月的一日的日中之时，清心斋戒、虔诚地烧香礼拜，诵念、转读此部经文，那么就可以消除父母身上的罪行，要以此去回报父母的恩情。还要在这一日子里，恭请具有高上净德品行的法师，开坛弘讲此经，向世人宣讲经文的妙法、要义，就可以劝导众生弘发出慈孝之心。此等功德，才是排在第一位的，这样所得到的福泽深厚不可思议。世间的千万功德，都不如相互劝勉以讲诵《报恩经》，这样世人听闻此道，就会油然生出孝慈之心，以供养父母，这实在是无量的功德呀！这一功德通达于上可以感通天上的一切圣人，通达于幽冥中可以感通幽冥之中的一切灵识，传流于后世可以福泽后代子孙，让他们都能孝顺父母，恭敬地奉养父母代代不绝。"

这时，道众们及海空智藏真人等听闻了太上老君的《无上恩重报父母经》后，各自涕泪交流，受感于老君的话语，愈加感到了孝诚的重要，刻骨不忘，于是相互行礼，嘱咐对方依照经文行世，之后各自回归本国，稽首奉行经文中的精义所在。

五、其他各家

《太白阴经》一则

　　唐末李筌著。全名《神机制敌太白阴经》，中国古人认为太白星主杀伐，因此多用此星来比喻军事，其名称由此而来。李筌，生卒年不详，《集仙传》一书中称其仕至荆南节度副使，仙州刺史。有将略，作《太白阴符》十卷，入山访道，不知所终。

　　夫文王作刑国无冤狱，武王行师士乐其死。古之善率人者未有不得其心而得其力者也，未有不得其力而得其死者也。故国必有礼信亲爱之义，然后人以饥易饱；国必有孝慈廉耻之裕，然后人以死易生。

《太白阴经·卷二·子卒篇第十五》

　　【译文】周文王制定刑律使国家之中没有冤狱，周武王推行礼乐制度使天下的士子乐意为其竭尽忠心而死。古时候善于统率世人的人没有得不到世人之心、尽其心力的，没有得不到士子尽力辅助，从而得到他们死忠的。因此对国家而言，必定要有礼仪、诚信、亲爱这样的道义，然后百姓才会免除饥饿；国家必定要有孝、慈、廉、耻这样的德行，然后才能使逝者安心、生者更好地生活。

《长短经》四则

　　唐赵蕤著。是唐代的一本纵横学著作，也称为《反经》，被称为小《资治通鉴》，其书糅合儒、道、兵、法诸家思想，汇集王霸谋略，形成了一部集文韬武略的谋略全书。赵蕤（659—742），字太宾，唐代梓州盐亭（今四川盐亭两河镇）人。自幼便通读百家书，博于韬略，长于经世。喜好帝王之学，其性格"任侠有气，善为纵横学"，因此闻名于当世。唐玄宗时期多次征召，他都辞而不就，一直过着隐居的生活，与李白并称为"蜀中二杰"，时称"赵蕤术数，李白文章"。

经曰："任宠之人观其不骄奢，疏废之人观其不背越，荣显之人观其不矜夸，隐约之人观其不慑惧，少者观其恭敬好学而能悌，壮者观其廉洁务行而胜其私，老者观其思慎强其所不足而不逾，父子之间观其慈孝，兄弟之间观其和友，乡党之间观其信义，君臣之间观其忠惠。此之谓观诚。"

《长短经·卷一·知人第五》

【译文】经文上说："被人信用、宠信的人，要让他人评价性格不骄奢；被人疏远、废弃的人，要让他人评价其不背弃道义、不逾越；荣显的人要让他人评价不矜持、不夸耀；避世隐居潜藏起来的人，要让他人评价其不害怕、不忧惧；年少的人让他人评价有恭敬、好学的品行，能友悌兄弟；成年的人让他人品评其廉洁、务实且没有私心；年老的人让人评价其思维谨慎，处理事情不逾越规矩；父子之间要让他人评价能慈爱后辈、孝敬父母；兄弟之间要让他人评价能够相互友爱；与乡党之间的关系让他人评价其人能够讲求信义；君臣之间的关系让他人评价其人能恩惠于人、忠诚于君。这些才是观察一个人是否具有诚信的标准。"

有隐约而不惧，安乐而不奢，勋劳而不变喜怒而有度，曰有守者也。有恭敬以事君，恩爱以事亲，情乖而不叛，力竭而无违，曰忠孝者也。此之谓揆德。

《长短经·卷一·察相第六》

【译文】潜藏起来，未实现自己抱负的人，不会感到忧惧，处于安乐之中而不奢侈，有勋绩、功劳却不因此而改变自己的喜怒，行止依然有度，这种人可以说是有操守的人。能恭敬地侍奉君主，能慈惠地对待晚辈，能孝敬父母、长辈，遭遇到不合理、不公正的事情而没有反叛之心，依然竭力于事而无所违，这种品行可以说具有了忠孝的操守。这类人可以说具有执掌国家的品德。

明王之治人也，必裂土而封之，分属而理之，使有司月省而时考之。进贤退不肖、哀鳏寡、养孤独、恤贫穷、诱孝弟、选才能，此七者修则四海之内无刑人矣！

《长短经·卷三·适变第十五》

【译文】圣德贤明的君主治理国家，必定会裂土封疆以对待有大功的臣子，让他们分别去治理所属的疆域，君主要让相关司衔按月或定时对他们的政绩进行考评。（同时）要求臣子举荐贤能的人，斥退不肖的人，哀怜鳏寡的人，恩养孤独的人，优恤贫穷的人，教化、劝导天下的百姓讲求孝悌，选拔才能之士出仕，这七项（如果做到）则可以让四海升平，不再出现违反刑律的人。

凡人亲莫不欲其子之孝，而孝未必爱，故孝己忧而曾参悲，此难必者也。

《长短经·卷八·难必第二十八》

【译文】对于世人来说，没有不希望自己的子女孝敬的，但是有孝敬的行为未必会爱自己的亲人。因此商代的孝己为此事而忧心，曾参为此忧心忡忡，（真心地爱自己的亲人）是件相当困难的事情。

《封氏闻见记》一则

唐代封演撰，共十卷，《四库总目提要》曾著录此书。封演，生卒年不详，唐玄宗天宝年间太学生，唐代宗大历年间曾任邢州刺史，唐德宗时曾为朝散大夫、检校吏部郎中。

代宗朝吏部尚书韦陟①薨，太常博士程皓谥曰"忠孝"，刑部尚书颜真卿驳之："出处事殊，忠孝不并。已为孝子，不得为忠臣，忠臣不得为孝子。故求忠于孝，岂先亲而后君？移孝于忠，则出身而事主……"

皓执前议曰："天地之性人为贵，人之行莫先于孝。孝于家则忠于国，爱于父则敬于君。脱爱敬齐焉，则忠孝一矣。夫君臣上下不可以废忠，事父母、承祭祀不可以亏孝。忠孝之道，人伦大经。孔子曰：'以孝事君则忠。'又曰：'夫孝始于事亲，中于事君，终于立身。'此圣人之教也。至于忠孝不并，有谓而言：将由亲在于家，君危于国，奉亲则孰当问主；赴国则无能养亲。恩义相迫，事或难兼。"

《封氏闻见记·卷四·定谥》

【简注】①韦陟（697—761），字殷卿，唐代京兆万年（今陕西西安）人。唐玄宗开元年间袭爵郇国公，累授吏部尚书。风格方整，善文辞，工书法。

【译文】唐代宗在位时吏部尚书韦陟薨逝，太常博士程皓上书为其拟定的谥号为"忠孝"，刑部尚书颜真卿驳斥说："忠、孝两个字的出处相差很大，忠、孝这两种德行并不是并立的。对于一个人来说已经成为孝子，处事为国时应以国家利益为重，这种情况下不能成为国家的忠臣，从这个角度上说处事为忠臣也就很难成为孝子。因此国家取士要取那些具有孝德家风的人家中的子弟，以忠代孝，从这个意义上说岂能先亲人而后君主、国家？将个人的孝这种德行迁移到对国家的忠诚上，则会出仕为国，侍奉君主……"

程皓坚持前议说："天地之间，人性是最为贵重的，人们的行为举止没有比孝更为重要的。能在家中孝敬父母的人一定能忠诚于国家，爱自己父母双亲的人一定会爱国家的君主，从这个意义上说爱与敬是相通的，那么忠孝也就是一致的。君臣之间的关系不可以不分上下，不可以废止忠诚，侍奉父母、承担祭祀不可以有亏于孝行。忠孝之道是人伦之中最大的规范。孔子曾说：'以孝敬父母的心态去侍奉君主必定会忠诚。'又说：'孝这种德行始于侍奉父母亲人，继之侍奉君主，最终的落脚之处在于能够立身于世。'这是圣人的教导呀！至于说忠孝这两种德行不并立，有的人说：如果说父母亲人居于家中，君主、国家处于危机之中，是否能继续在家中奉养亲人要看国家是否需要，赴国难的时候是不能再在家中奉养亲人的。国家的恩情、亲人的情义相互交叉在了一起，是两难兼顾的。"

《意林》四则

唐马总著，共五卷。南朝萧梁时庾仲容曾取周秦以来诸家杂记，共一百零七家，摘其要语著为三十卷，取名为《子抄》，马总以其书繁略失中，增损成书，著成《意林》一书。一遵庾目，多者十余句，少者一二言，比《子抄》更为取之严、录之精。

尧、汤水旱岂二圣政所致也？天理历数自然耳！犹慈父治家亦不能使子孙皆孝也！

《意林·卷三·论衡二十七卷》

【译文】帝尧、帝舜时期的水、旱灾害岂是因为这两位圣君的治国之策而导致的？这只是天时到了那个时候所必定要经历的自然规律罢了！这就犹如慈父治家也不能让家中的子孙都具有孝敬的品质一样。

有父不能孝，有兄不能敬，而论人父子之义、昆弟之节，犹弯弓而自射也。

人性苟有一孝则无所不包，犹树根一植百枝生焉。

《意林·卷五·唐子一十卷》

【译文】有父亲却不能孝敬，有兄长却不能敬奉，与这样的人议论父子之间的情义、兄弟之间的节义，就犹如弯弓自射一样。

人的性情只要有孝这一种品行在内，则其他好的品行就都会包含其中了，这就犹如大树有一具主干，在主干上生出树枝一样。

九日养亲一日饿之岂得言孝？饱多饥少固非孝乎！

《意林·卷五·物理论十六卷》

【译文】九日奉养亲人却一日使亲人受饿，这样的人岂能说是孝？奉养亲人饱多饥少，实在是不孝的表现！

大孝养志，其次养形。养志者尽其和，养形者不失其敬。

《意林·卷五·物理论十六卷》

【译文】大孝在于奉养父母，能顺从其意志，培养、保持不慕荣利的志向，其次才是奉养父母的身体。养志则能让家庭、家族出现和睦、和顺的景况，养形也不要失去对父母的敬意。

附录

附录一：补三国·艺文志·孝经类¹

清·侯康²

王朗《孝经传》。

宋均《孝经皇义》一卷。

魏博士。

郑称《孝经注》。

魏侍中，武德侯传。

《公羊·昭十五年》注引《孝经》曰："资于事父以事君而敬同。"徐彦《疏》云："何氏之意。以资为取，与郑称同，与康成异。"

康案：称事见《魏志·文帝纪》，注引《魏略》"称又有答魏武帝金路之问"，见续《后汉书·舆服志》注。

苏林《孝经注》一卷。

字孝友，陈留人。魏散骑常侍。

林事见《魏志·高堂隆传》及《刘劭传》，注引《魏略》。

刘劭《孝经注》一卷。

一作刘熙。

卫颛《孝经注》。

见《古文苑·闻人牟準魏敬侯碑阴》。

王肃《孝经解》一卷。

1．此篇采自《丛书集成初编》第三册。
2．侯康（1179—1837），字君模，原名廷楷，广东番禺人。清史学家、史志目录学家、藏书家。清宣宗道光十五年以优贡生中举。幼孤好学，喜读史书，尤爱南北朝诸史所载的文章，并精研、注疏，为阮元所重。仿裴松之注《三国志》的体例，注疏隋代以前的各史。有《后汉书补注续》《三国志补注》及补《补后汉书艺文志》《补三国艺文志》《春秋古经说》《穀梁疏证》传世。一生著录图书三百九十余种。

唐玄宗曰：韦昭、王肃先儒之领袖。

刘子元曰：王肃《孝经传》首有司马宣王之奏，并奉诏令，诸儒注述《孝经》，以肃说为长。

康按：肃解之见于《释文》者："仲尼居"注"闲居"也；"先王有至德要道"注"孝为德之至、孝为德之要"。又见疏，见于《邢疏》者："天子章"注"天子居于四海之上，为教训之主，为教易行，故寄易行者宣之"；"孝无终始而患不及者"注引《仓颉篇》谓"患为祸"；"先之以博爱，而民莫遗其亲"注"君爱其亲则人化之，无有遗其亲者"；"不敢遗小国之臣，而况于公、侯、伯、子、男乎"注"小国之臣，至卑者耳，主尚接之以礼，况五等诸侯，是广敬也"；《广至德》章注"举孝悌以为教，则天下为人子弟者，无不敬其父兄也；举臣道以为教，则天下为人臣者，无不敬其君也"；"诸侯有争臣五人"注"三卿、内史、外史"；"大夫有争臣三人"注"家相、室老、邑宰"；《感应章》注"王者父事天、母事地"；"将顺其美、匡救其恶"注"将，行也，君有美善则顺而行之；匡，正也；救止也"。

何晏《孝经注》一卷。

郑小同《孝经注》。

《太平寰宇记》：今《孝经序》郑氏所作，其序云："仆避难于南城山，栖迟岩石之下。念昔先人余暇，述夫子之志，而注《孝经》。"盖康成胤孙所作。

《困学纪闻》：《郑氏注》十八章。相承言康成作，《郑志》目录不载，通儒皆验其非，开元中，孝明纂诸说自注，以夺二家（谓孔、郑），然尚不知郑氏之为郑小同。

康按：王氏此说，盖即本之《寰宇记》"胤孙所作"一语，然细详文义，似谓《孝经序》为康成胤孙所作，非谓《孝经注》也。序中所云"先人"即指郑康成，则乐史此文，正足以证《孝经注》之出康成矣！故其下文又云"有石室周迴五丈，俗云郑康成注《孝经》于此也"。然自陆澄以来，屡有异议，则属之小同，亦可姑备一说。

虞翻《孝经注》。

唐玄宗曰：韦昭、王肃，先儒之领袖，虞翻、刘劭抑又次焉。

严畯《孝经传》。

康按：《张昭传》云："权尝问卫尉严畯：'宁念小时所暗书否？'畯因诵《孝经·仲尼居》。"则畯所习者《今文》也。又据《邢疏》，则三国时王肃、苏林、何晏、刘劭、徐整，诸家所注，亦皆今文也。

韦昭《孝经解赞》一卷。

康按：韦注之见于《邢疏》者，"教之所由生也"注"言教从孝而生"；《天子章》注"天子居四海之上，为教训之主，为教易行，故寄易行者宣之"；"孝无终始而患不及者"注，引《仓颉篇》谓"患为祸"；"进思尽忠、退思补过"注"进见于君则思尽忠节，退归私室则思补其身过"；"服美不安"注"《书》云：'成王即崩，康王冕服即位，既事毕，反丧服。'据此则天子诸侯，但定位初丧，是皆服美，故宜不安也"；"食旨不甘"注"《曲礼》云'有疾则饮酒食肉，是宜为食旨'。故宜不甘也"。

徐整《孝经默注》一卷。
孙熙《孝经注》一卷。
《经义考》曰：阮氏《七录》有"孙氏注《孝经》一卷"，《释文·序录》云"不详何人"，当即熙也。

康按：孙氏，朝代不可考。《隋志》列于苏林、何晏、刘劭之后，《唐志》列于韦昭之后，苏林之前，则当为三国时人。《隋志》又别有晋孙氏《孝经注》一卷，未知是重出，抑或别为一人。《邢疏》序述注《孝经》诸人，以孙氏列于东晋时，盖据《隋志》后一人而言。

附录二：补晋书·艺文志·孝经类[1]

清·丁国钧[2]

《孝经注》（虞喜）。

谨按见《本书·喜》传。

《集解孝经》一卷（谢万）。

谨按见《隋志》、两《唐志》作谢万注。

《孝经注》（庾氏）。

谨按《释文·序录》，陆氏云："未详何人。"

《集议孝经》一卷（东阳太守袁宏）。

谨按见《隋志》，旧题袁敬仲，家大人曰："袁宏为东阳太守。"见《本传》。《释文·序录》载此书亦作袁宏。宏字彦伯。而《隋志》作敬仲者，袁名与卫宏同，遂误以卫字被之也。《隋志》于正始名士传下亦云"袁敬仲撰"，误与此同，兹为更正，著于录（朱氏《经义考》既据《隋志》列袁敬仲《孝经注》，又据《释文·序录》列袁宏《孝经注》，殊为复误）。

《孝经注》一卷（给事中杨泓）。

谨按见《七录》。《释文·序录》云："泓，东晋天水人。"

《孝经注》一卷（处士虞盘佐）。

谨按见《七录》，《旧唐志》亦著录。《释文·序录》云："盘佐字弘猷，高平人，东晋处士。"邢氏《孝经疏序》述注家列盘佐于西晋时，盖误（《疏》作盘佑，盖"佐"字之讹）。

《孝经注》一卷（孙氏）。

谨按见《七录》，家大人曰："邢《疏》述注《孝经》诸人列孙氏于东

1．此文采自《续修四库全书》第914册《史部·目录类》。

2．丁国钧（？—1919），字秉衡，号"秉衡居士"。清末江苏常熟人，清末藏书家、目录学家。清末曾仕仪征县训导。师从缪荃孙、黄以周等人，精于校勘，有《补晋书艺文志》四卷，附录一卷，刊误一卷，以及《晋书校证》《晋书校文》《先儒言行录》等传世。

晋，与《七录》同。"陆德明谓"孙氏，不详何人，知名佚已久"，朱竹垞以《唐志》"孙熙《孝经》，当此孙氏考熙魏人"。《七录》别有魏时孙氏《孝经》一卷，乃熙书，此孙氏系晋人，时代遥隔，不能比而同之也。至《崇文总目》有孙昶《孝经集解》一书，系荀昶之讹（考其附录集议《孝经》条）。或据误文谓，即此孙氏亦考之未审。

《孝经注》一卷（东阳太守殷仲文）。

谨按见《七录》《旧唐志》著录。

《孝经注》一卷（晋陵太守殷叔道）。

谨按见《七录》《旧唐志》著录，《册府元龟》云："叔道为东阳太守，注《孝经》一卷。"

《孝经注》一卷（丹阳尹车胤）。

谨按见《七录》。

《孝经讲义》四卷（车胤等撰）。

谨按见《旧唐志》，《新志》无"等"字。考《本书·胤》传："孝武帝尝讲《孝经》，谢安侍坐，陆炳侍讲，卞耽执读，谢石、袁宏执经，胤与王混摘句。"此四卷本当撰于彼时，非胤一手所成。《旧志》"等"字自不可删，与上胤所注一卷本，亦复各别也。

《孝经注》（谢安）。

谨按见《孝经正义》，《本书》言："孝武帝讲《孝经》，安与袁宏诸人同预其事。"意此注当成于彼时。

《孝经注》（王献之）。

谨按见《孝经正义》。

《元帝孝经传》。

谨按是书朱氏《经义考》著录，载帝序文四十余字。

穆帝时《孝经》一卷。

谨按见《七录》。

孝武帝总章馆《孝经讲义》一卷。

谨按见《七录》。

《孝经错纬》（郭瑀）。

谨按见《本书》瑀传，互见谶讳类。

右《孝经》类，存十二家，失名五家，十七部。

补晋书·艺文志·附录·孝经类[1]

清·丁国钧

孙氏《孝经注》一卷。

谨按见《七录》，《册府元龟·学校部》次在晋代。

《集议孝经》一卷（中书郎荀昶）。

谨按见《隋志》，旧题荀勖，两唐《志》同。家大人曰："《本书·勖传》不言注《孝经》。"《释文·序录》《孝经正义》备列晋时注家，亦只有昶而不及勖，反复参考，知勖实昶之讹也。《孝经疏》言："穆帝永和十一年及孝武太元元年，再聚群臣，共论经义，有荀昶者撰集诸说，始以郑氏为宗。"又引司马贞议"有昶《集解孝经》"语。今此书以《集议》命名，与《邢疏》所言正合，其证一。昶元嘉初官中书郎（见《宋书·荀伯子传》），隋唐《志》亦作中书郎荀昶（见《集部》），与此书所题官号合，其证二。有此二证，知《隋志》作"勖"者以姓同涉误，两唐《志》又沿其误耳！昶宋初，人似不当列此，然《隋志》次此书于袁宏书上。《孝经正义》又有晋荀昶语，疑昶实生于晋末，故仍更正附于录。至《崇文总目》载晋孙昶《孝经集解》一书云："咸平中献自日本僧。"考孙昶《集解》，隋唐《志》及《释文·序录》均不载，《邢疏》亦未引以书名，考之盖即昶是书（荀书两唐《志》，本作《孝经集解》）误荀为孙耳！不再列入。

《孝经注》二卷（荀昶）。

谨按见《七录》旧题荀勖，其误与上一书同。

1．此文采自《续修四库全书》第914册《史部·目录类》。

附录三：补南齐书·艺文志·孝经类[1]

陈述[2]

《孝经注》一卷，光禄大夫王玄载注。

梁有，隋亡，见《隋志》。

《南齐书·本传》：玄载，字彦休，下邳人。仕宋至益州刺史、后军将军，封"鄂县子"，入齐为光禄大夫兖州刺史，卒年七十六，谥"烈子"。

《释文·序录》：王玄戴，字彦运，大□人，齐光禄大夫，注《孝经》。

卢文弨《释文考证》：王玄戴，下邳人，旧 "下"字误为"大"，"邳"字空阙，今补正。《隋志》"戴"作载，《老子》有王玄载注，《释文》亦作"载"，此"戴"字误也。

《孝经注》一卷，明僧绍注。

梁有，隋亡，见《隋志》。

别著《周易系辞注》已见前。

《孝经注》。

卷无考，祖冲之注。

据《南齐书·本传》，今佚。

别著《易义》，已见前。

《孝经说》一卷，刘瓛撰。

马氏《玉函山房辑本》。

马氏《玉函山房辑本·序》：瓛说《孝经》，隋、唐《志》皆不载，邢昺《正义·序》称之"卷数未详"。说"仲尼居"，述张禹"中、和"之义，《正义》所不取；说"孝无终而患不及者"，以谢万"少贱之辞"为失，《正义》从其解。要其全书，固醇疵互见者也。

1．此文采自《二十五史补编·补南齐书艺文志》。

2．陈述（1911—1992），原名锡印，字玉书。现代历史学家、民族史学家、历史教育家。

《孝经义疏》一卷，永明三年东宫讲。

梁有，隋亡，见《隋志》。

《南齐书·武帝纪》：永明三年八月戊午，以尚书令王俭领太子少傅，冬十月壬戌，诏曰："皇太子长懋讲毕，当释奠，王公以下可悉往观礼。"（《南史·豫章文献王嶷传》：永明元年领太子太傅。三年文惠太子讲《孝经》毕，嶷求解，太傅不许。豫章王，高帝第二子，武帝弟文惠太子叔父也。讲《孝经》时嶷为太傅，王俭为少傅。）

又《礼志》：永明三年冬，皇太子讲《孝经》，亲临释奠、驾幸听。

《南齐书·本传》：文惠皇太子长懋字云乔，武帝长子。引接朝士会稽虞炎、济阳范岫、汝南周颙、陈郡袁廓，并以学行才能，应对左右。永明三年，于崇正殿讲《孝经》，少傅王俭以摘句，令太子仆周颙撰为义疏。《南史·本传》同。

又《周颙传》：颙卒官时，会王俭讲《孝经》未毕，举昙济自代，学者荣之。

姚氏《考证》：《周颙传》云"举昙济自代"者，代其所撰未毕之《义疏》也，然则是书始作于周颙，成于谢昙济。

《孝经义疏》一卷，永明中诸王讲。

梁有，隋亡，见《隋志》。马氏《玉函山房》辑《孝经讲义》一卷。

马氏《玉函山房辑本·序》《隋志》载：齐永明中诸王讲《孝经义疏》一卷，《唐志》不著目，佚已久。考《南齐书·文惠太子传》："永明五年冬，太子临国学，亲临策试诸生。"下载太子问王俭、张绪及竟陵王子良、临川王暎问答，凡十四节。《传》言"永明五年"与《隋志》所称"永明中《诸王讲》"正合，兹据辑补。太子以长年临学，诸王一堂咨论，皆前代所未有。录列一家，《东宫讲义》大旨亦于此见其略云。

姚氏《考证》按：马氏以《文惠太子传》所载问答，谓即《诸王讲》，不悉是否也。又《南齐书·武纪》云："永明四年三月辛亥，国子讲《孝经》，车驾幸学赐国子祭酒、博士、助教绢各有差。"此题诸王讲，不云国学讲，亦不知是否即此事。

《孝经义疏》二卷，李玉之为始兴王讲。

梁有，隋亡，见《隋志》。

《南史·齐高帝诸子传》：始兴简王鉴字宣彻，高帝第十子，年十四为益州刺史，好学，善属文，不重华饰，器服清素，有高士风。王俭尝叹云："始兴王虽尊贵，而行履都是素士。"

李玉之著有《乾坤仪》，已见前。

《孝经要略》，卷无考，沈麟士撰。

据《南齐书》《南史》本传，今佚。

别著《周易要略》等书，已见前。

右凡八部九卷，并佚，今有辑本二部二卷。

补南北史·艺文志·孝经类[1]

徐崇

一、南史

宋

《孝经注》

释慧琳撰,见《天竺迦毗黎国传》,《宋书》同,隋《经籍志》:《孝经》一卷。

齐

《孝经注》

祖冲之撰,见《本传》,《齐书》同,隋《经籍志》未收。

《孝经要略》

沈麟士撰,见《本传》,《齐书》同,隋《经籍志》未收。

《孝经义疏》

周颙撰,见《文惠皇太子传》,《齐书》同,隋《经籍志》注"齐永明三年东宫讲《孝经义疏》一卷",亡。按《南史·文惠皇太子长懋传》:"永明三年于崇正殿讲《孝经》,少傅王俭今太子仆周颙撰为《义疏》。"

梁

《孝经义》

武帝撰,见《本纪》,《梁书》同,隋《经籍志》:"《孝经义疏》十八卷,梁武帝撰。"

《孝经丧服义》十五卷

1．此文采自《二十五史补编·补南北史艺文志》。

明山宾撰，见《本传》，《梁书·山宾传》"《孝经丧礼服义》十五卷"，隋《经籍志》未收。

《孝经注》

江避撰，见《何逊传》，《梁书》同，避误作逊，隋《经籍志》："注《孝经》一卷，江逊注。"逊亦避字之误。

《孝经集注》

陶弘景撰，见《本传》，《梁书·弘景传》未载，隋《经籍志》："注陶弘景《集注孝经》一卷。"亡。

陈

《孝经义疏》

顾越撰，见《本传》，《陈书·越传》未载，隋《经籍志》未收。

《孝经义疏》

张讥撰，见《本传》，《陈书》同，隋《经籍志》未收。

《孝经义记》

沈文阿撰，见《本传》，《陈书·文阿传》未载，隋《经籍志》未收。

《孝经义记》二卷

王元规撰，见《本传》，《陈书》同，隋《经籍志》未收。

《孝经疏》二卷

周弘正撰，见《本传》，《陈书》同，隋《经籍志》："《孝经私记》二卷，周弘正撰。"

右孝经十三部，已收隋《经籍志》者六部，未收隋《经籍志》者七部。

二、北史

魏

《孝经解诂》

清河王怿撰，见《封轨传》，《魏书》同，隋《经籍志》未收。

《孝经解诂难例》

封伟伯撰，见《封轨传》，《魏书》同，隋《经籍志》未收。按《北史·轨传》："轨长子伟伯、清河王怿辟参军事，怿亲为《孝经解诂》，命伟伯撰《难例》九条，皆发起隐漏。"

《孝经解》

崔浩撰，见《本传》，《魏书》同，隋《经籍志》未收。

《孝经注》

卢景裕撰，见《本传》，《魏书》同，隋《经籍志》未收。

《孝经注》

陈奇撰，见《本传》，《魏书》同，隋《经籍志》未收。

北齐

《孝经义疏》

李铉撰，见《本传》，《齐书》同，隋《经籍志》未收。

北周

《孝经问疑》一卷

樊深撰，见《本传》，《周书》同，隋《经籍志》未收。

《孝经义》一卷

熊安生撰，见《本传》，《周书》同，隋《经籍志》未收。

《孝经义记》

萧岿撰，见《本传》，《周书》同，《隋书》同，隋《经籍志》未收。按《周书》《隋书》均有《岿传》。

隋

《孝经注》

宇文弼撰，见《本传》，《隋书》同，隋《经籍志》未收。

《孝经义疏》二卷

何妥撰，见《本传》，《隋书·妥传》"《孝经义疏》三卷"，隋《经籍志》未收。

《孝经述议》五卷

刘炫撰，见《本传》，《隋书》同，隋《经籍志》："《千文孝经述议》五卷，刘炫撰。"

《孝经义》三卷

张冲撰，见《本传》，《隋书》同，隋《经籍志》未收。

《孝经义疏》

明克让撰，见《本传》，《隋书》同，隋《经籍志》未收。

右《孝经》十四部，已收隋《经籍志》者一部，未收隋《经籍志》者十三部。

附录四：隋书·经籍志考证·孝经类

清·姚振宗

《古文孝经》一卷。

孔安国传，梁末亡逸，今疑非古本。孔安国有《古文尚书》，传见前书类。

《汉书·艺文志》：《孝经》经文唯孔氏壁中古文为异。"父母生之，续莫大焉"，"故亲生之膝下"，诸家说不安处，古文字读皆异。臣瓒曰："《孝经》云'续莫大焉'，而诸家之说各不安处之也。"师古曰："桓谭《新论》云《古孝经》千八百七十二字，今异者四百余字。"

又曰《孝经》古孔氏一篇，二十二章，师古曰：刘向云，古文字也。《庶人章》分为二也，《曾子敢问章》为三，又多一章，凡二十二章。

《释文·序录》曰：《孝经》古文出于孔氏壁中，别有《闺门》一章。分析十八章，总为二十二章。孔安国作传，又曰：孔安国注《孝经》。

本志篇叙曰：又有《古文孝经》，与《古文尚书》同出，而长孙有《闺门》一章，其余经文，大较相似，篇简缺解，又有衍出三章，并前合为二十二章，孔安国为之传。梁代，安国及郑氏二家，并立国学，而安国之本，亡于梁乱，至隋，秘书监王邵于京师访得《孔传》，送至河间刘炫。炫讲于人间，渐闻朝廷，后遂著令，与郑氏并立。儒者喧喧，皆云炫自作之，非孔旧本，而秘府又先无其书。

《唐书·艺文志》：《古文孝经》孔安国传一卷。

《宋史·艺文志》：《古文孝经》一卷，凡二十二章。

《崇文总目》：《古文孝经》一卷，汉侍中孔安国注，班固《艺文志》有"《孝经古文，孔氏》一篇二十二章"，本出屋壁中，前世与郑康成注并行，今孔传不存，而隶古文与章数存焉（按此则隋时所得孔氏《传》又亡）。

陈氏《书录解》题："《古文孝经》一卷，二十二章，比今文多《闺门》一章，余三章分出本亦出孔氏壁中。"又曰，"古文有孔安国《传》，不行于世，刘炫为作《稽疑》一篇，所谓刘炫明安国之本者也。"又曰，"《孔传》

不可复见（按此则南北宋但存古文经本，无孔氏传甚明）。"

《四库提要》："《古文孝经孔氏传》一卷，附《宋本古文孝经》一卷，旧本题汉孔安国撰，日本信阳太宰纯音。"卷末乾隆丙申歙县鲍廷博新刊，跋称："其友汪翼沧附市舶，至日本得于彼国之长琦。"澳核其纪年干支乃康熙十一年所刊。前有太宰纯序称"古书亡于中夏存于我日本者颇多，而孔传《古文孝经》全然尚存"云云。考世传海外之本别有所谓《七经孟子考》，文者亦日本人所刊，称"西条掌书记山井鼎辑，东都讲官物观补遗，中有《古文孝经》一卷"，亦云"古文孔传中华所不传，而其邦独存"。又云"其真伪不可辨，未学微浅不敢辄议"云云，则日本相传原有是书，此本核其文句，与山井鼎等所考大抵相应，惟山井鼎称每章题下有刘炫《直解》，又引及邢昺《正义》者，为后人附录，此本无之，为少异耳！其传文虽证以《论衡》《经典释文》《唐会要》，所引亦颇相合。然浅陋冗漫不类汉儒释经之体，并不类唐宋元以前人语，殆出于宋元以后。观山井鼎亦疑之，则其事可知矣！特以海外秘文人所乐睹，使不实见其书，终不知所谓，《古文孝经孔传》不过如此，转为好古者之所惜，故特录存之，而具列其始末如右。

阮元《孝经注疏校勘记序》曰："《孝经》有古文，有今文，有《郑注》，有《孔注》，今不传。近出于日本国者，诞妄不可据，要之！《孔注》即存，不过如《尚书》之伪传，决非真也。"（按鲍氏《知不足斋丛书》所刊，附宋本《古文孝经》一卷，即《崇文总目》《陈氏书录》《宋艺文志》所载者是也。虽非《汉志》之旧，犹是唐以来相传，较《孔传》为近实。）

《孝经》一卷。郑氏注。

郑氏有《周易注》见前，易类。

《汉书·艺文志》：《孝经》一篇十八章。

《后汉书·郑玄传》："凡玄所注《周易》《尚书》《毛诗》《仪礼》《礼记》《论语》《孝经》。"章怀太子曰："案《谢承书》载玄所注与此略同，不言注《孝经》，唯此书独有也。"

《释文·序录》：世所行郑注，相承以为郑玄。案《郑志》及《中经簿》无，唯中朝穆帝集讲《孝经》云以郑玄为主，检《孝经注》与康成注《五经》不同，未详是非。江左中兴，《孝经》《论语》共立郑氏博士一人，《古文孝经》世即不行，今随俗用《郑注》十八章本。

《本志》篇《叙》曰："又有郑氏注相传，或云郑玄。"其立义与玄所注余书不同，故疑之。

唐日本国见在书目，《孝经》一卷，郑玄注。

《唐书·经籍志》：《孝经》又一卷，郑玄注。

《唐书·艺文志》：《孝经》，郑玄注一卷。

《宋史·艺文志》：郑氏注《孝经》一卷。

《崇文总目》：《孝经》一卷，郑康成注。先儒多疑其书，唯晋孙昶《集解》以此注为优，请与《孔注》并行，奏可（按孙昶即荀昶，见后《集解》即《集议》）。今太学所立陆德明《释文》与此相应，五代兵兴中原，久逸其书。咸平中，日本僧以此书来献，议藏秘府。

陈氏《书录解》题曰：《孝经注》一卷，汉郑康成撰。世传秦火之后，河间人颜芝得《孝经》藏之以献河间王，今十八章是也，相承云，康成作注。而《郑志》目录不载，故先儒并疑之。及唐开元中诏议孔郑二家，刘知几以为宜行孔废郑，诸儒非之，卒行郑学。按《三朝志》，五代以来孔郑注皆亡。周显德中新罗献《别序孝经》，即郑注者。而《崇文总目》以为咸平中日本国僧裔然所献，未详孰是。世少有其本，乾道中熊克子复从袁枢机仲得之刻于京口。

严氏《铁桥漫稿》：《孝经郑氏注叙》曰：郑氏注《孝经》，始见晋《中经簿》，嘉庆初我乡郑氏于海舶得日本所刊征《群书治要》，其中有《孝经》十七章，则郑氏注也。兼得彼国所刊《郑氏注》专行本与《治要》同，《治要》于经注有删节，又无《丧亲章》，非全本。余观陆德明《经典释文》，《孝经》用郑氏注本，明皇御注亦用郑氏注甚多，元行冲等《正义》逐条举出云"此依郑注"。又遍观孔颖达《诗》《礼》记正义，贾公彦《仪礼》《周礼》疏，失名《公羊疏》，裴骃《史记集解》，刘昭《续汉志注补》，沈约《宋书》，萧子显《齐书》，刘肃《大唐新语》，王溥《唐会要》，甄鸾《五经算术》，虞世南原本《北堂书钞》，李善《文选注》，徐坚《初学记》，释慧苑《华严音义》《白孔六贴》，李昉《太平御览》，乐史《太平寰宇记》，王应麟《玉海》都引《孝经郑氏注》，汇而录之以补《治要》之缺。注明出处以备复查，考核异同酌加按语，不敢臆定，尚缺数十百字，无从据补，盖至是而《孝经郑氏注》亡而复存，非刘炫《古文》所可同日而道矣！宜登之秘府、颁学官，刊行以传百世。

或问曰："陆澄与王俭书云：《孝经》题为郑玄注，观其用词不与注书相类，玄自序所注众书亦无《孝经》。陆德明亦云：检《孝经》注与《五经注》

不同。如二陆所说，注或可疑。"答曰："不然！郑氏著书百余万言，非旦夕可就，先后不类，非所致疑。即如《五经注》亦或不类，《坊记》《正义》引《郑志》答炅模云：为记注时就庐，君先师亦然，后乃得《毛公传记》古书义。又且然记注已行，不复改之。《礼器正义》亦引《郑志》云：后得《毛诗传》，故与记不同。若然词不相类，《诗》《礼》亦有之，何至《孝经》？至谓自序所注众书无《孝经》，尤为偏。"

据刘炫《述义》引郑《六艺论》云："孔子以六艺，题目不同，指意殊别，恐道离散，后世莫知根源，故作《孝经》以总会之。"宋均《孝经纬》注引郑《六艺论序》："《孝经》云玄又为之注。"此二事并见《孝经正义》，明是。自序遗漏，郑氏又别为《孝经序》。《礼记·缁衣》《正义》《大唐新语》《寰宇记》《玉海》，各引一事，余既采列本经注篇，端兹故不载。就余所闻《郑志》及谢承、薛莹、司马彪、袁山松等书载郑氏所注无《孝经》，《范书》有《孝经》无《周礼》，皆是遗漏。《正义》云"晋《中经簿》称《郑氏解》"，《经典叙录》云"《中经簿》无"，则所据本异也（按《中经簿》有《郑氏》无郑玄，故后儒疑之，盖不以郑氏为郑玄也）。

或又问曰："近人疑《孝经》郑小同注，何据乎？"答曰："此说始于《太平寰宇记》，谓'今《孝经》序盖康成彻孙所作'，'盖'者疑词，'彻孙'必误，近刻改为'胤孙'近似矣！然而旧无此说，《经典序录》云'世所行郑注相承，以为郑玄'，引晋穆帝《集讲孝经》云以郑玄为主，陆澄所见。《宋》《齐》本题郑玄注，《旧唐志》《新唐志》称郑玄注，未有题郑小同者也。"

又《全后汉文编》曰：《孝经注》或言郑小同作，今据《唐会要》七十七引郑玄《六艺论·叙孝经》云"玄又为之注"，明非郑小同也。

孙祠《书目》：《孝经郑注》一卷，一陈鳣集本，一孔广林集本。又一卷日本国传本，洪颐煊补证，鲍氏《知不足斋》刊本。

张氏《书目答问》：《孝经郑氏解辑》一卷，臧庸辑。《知不足斋》本《孝经郑氏注》一卷，严可均辑自著。《四录堂类集》本。

按郑氏注《孝经》，自《南齐书·陆澄传》，《释文·叙录》《王制疏》《困学纪闻》诸书皆疑郑氏非郑玄。《唐会要》载刘知几奏议设十二验，请废郑立孔，其言甚辨，然皆严铁桥先生所谓，偏据非《会》《通》之谈也。其他诸说纷然，有谓此郑氏非小同者，又有谓是郑偶者，诸所记载虽千万言不能尽要，以严氏之说为定，严氏汇聚群言，悉心考订，最为详审，非他家单文孤证、莫衷一是者所能夺。今故详录其序及文编附记之文如右，余皆从略焉。

又按阮文达《孝经注疏校勘记》序云："近日本国又撰一本，流入中国，此伪中之伪，尤不可据。"侯氏康《补后汉艺文志》亦沿其说云："日本国伪本不足信。"不知其本即魏郑公《群书治要》所载，犹是唐初相传魏晋六朝以来之旧笈，与陆氏释文所用之本同时不相上下，最可凭信，亦唯严氏能别白而表出之，故余以为严氏之说不易之论也。

梁有马融注《孝经》一卷。亡。

马融有《周易注》，见前易类。

《释文·序录》曰：后汉马融亦作《古文孝经传》，而世不传。又曰，孔安国、马融并注《孝经》。

黄震《日抄》曰："《孝经》郑康成诸儒主今文，孔安国、马融主《古文》。"

侯康《补后书·汉艺志》《通鉴》"汉平帝元始四年宗祀孝文，以配上帝"，胡三省注引马融曰："上帝泰一之神，在紫微宫天之最尊者。"康按："《隋志》已列马注于亡书内，胡身之无缘得见。"据书"释文"，则此乃肆类于上帝注，或注《孝经》亦与之同，而胡身之从他书转引耶（按余氏《古经解钩》，沈采此条入《孝经》，故侯氏有此言，谓当从《释文》入《尚书》注也）！

梁有郑众注《孝经》一卷。亡。

郑众有《左氏传》，条例见前《春秋》类。

《释文·序录》：马融、郑众、郑玄并注《孝经》。

《本志》篇"叙"曰："郑众、马融并为之注。"

《孝经》一卷，王肃解。

王肃有《易注》，见前《易》类。

《释文·序录》：孔安国、马融、郑众、郑玄、王并注《孝经》。

《唐会要》：开元七年，左庶子刘知几议曰："王肃《孝经传》首有司马宣王之奏，云奉诏令诸儒注述《孝经》，以肃说为长。"

《唐书·经籍志》：《孝经》一卷，王肃注。

《唐书·艺文志》：《孝经》王肃注，一卷。

马国翰《辑本·序》曰：王肃注《孝经》一卷，今佚。从《注疏》《释文》《史记集解》《通鉴注》辑录二十二节。子雍好攻郑氏学，此解不见有驳难之语，盖唐明皇帝作注时悉汰去之（按侯氏《补后汉艺文志》云："刘知几十二验中谓王肃好发扬郑短，而无言攻击《孝经注》，然考《郊特牲》疏引王肃难郑《孝经注》'社后土也'之文，是肃未尝无言，此一事亦不足疑也。"）。

梁有魏散骑常侍苏林注《孝经》一卷。

《魏志·刘劭传》：劭同时东海缪袭，袭友人山阳仲长统、散骑常侍苏林等亦有才学，多所述叙，颇传于世。

《魏略》曰：林字孝友，博学多通古今字，指凡诸书传文间危疑，林皆释之。建安中为五官将文学，甚见礼待。黄初中为博士给事中，文帝作《典论》所称苏林者是也。以老归第，国家每遣人就问之，数加赐遗，年八十余卒。

又《高堂隆传》：始，景初中，帝以苏林、秦静等并老，恐无能传业者。乃诏科郎吏高才解经义者三十人，从光禄勋隆、散骑常侍林、博士静，分受四经三礼，主者具为设科试之法。数年，隆等皆卒，学者遂废。

颜师古《汉书叙例》曰：苏林字孝友，一去彦友，陈留外黄人，魏给事中领秘书监散骑常侍永安卫尉太中大夫。黄初中迁博士，封安成亭侯。

《释文·序录》：王肃、苏林并注《孝经》。

《唐书·经籍志》：《孝经》又一卷，苏林注。

《唐书·艺文志》：《孝经》，苏林注一卷。

梁有魏吏部尚书何晏注《孝经》一卷，亡。

《魏志·曹爽附传》：南阳何晏有声名，进取于时。明帝以其浮华，抑黜之。及爽秉政，乃复进叙，任为腹心，以晏为尚书典选举。正始十年太傅司马宣王收爽、晏等皆伏诛。晏何进孙也，母尹氏为太祖夫人，晏长于宫省，又尚公主，以才秀知名，好老庄言。

又《曹爽传》注《魏略》曰：太祖为司空时纳晏母并收养晏，而晏尚主又好色，故黄初时无所事任，及明帝立颇为冗官。至正始初，曲合于曹爽，亦以才能，故爽用为散骑侍郎，迁侍中尚书。又前以尚主得赐爵为列侯（按：《论语集解》上奏署"尚书驸马都尉关内侯"，盖终于是官）。

《世说·言语篇》注《魏略》曰：何晏，字平叔，南阳宛人，汉大将军进孙也。或曰何苗孙也，为司马宣王所诛（按：何苗，何进弟也。见《后汉书·何进传》。又《邢疏》曰："何进之孙，咸之子也。"）。

《释文·序录》：苏林、何晏并注《孝经》。

梁有光禄大夫刘劭注《孝经》一卷，亡。

《魏志·本传》：劭，字孔才，广平邯郸人也。建安中，为计吏，诣许拜太子舍人，迁秘书郎。黄初中，为尚书郎、散骑侍郎。明帝即位，出为陈留太守，征拜骑都尉，迁散骑常侍。正始中，执经讲学，赐爵关内侯。凡所撰述，《法论》《人物志》之类百余篇。卒，追赠光禄勋。

唐元宗《御注序》曰：韦昭、王肃先儒之领袖，虞翻、刘邵抑又次焉。

《释文·序录》：刘劭字孔才，广平人，魏光禄勋。注《孝经》，一云刘熙。

《唐书·经籍志》：《古文孝经》一卷，刘劭注。

《唐书·艺文志》：《古文孝经》刘劭注，一卷（按：刘劭所注为《古文》，唯两唐《志》别出之）。

梁有孙氏注《孝经》一卷，亡。

《释文·序录》：孙氏，不详何人，注《孝经》。

《唐书·经籍志》：《孝经》一卷，孙熙注。

《唐书·艺文志》：《孝经》孙熙注，一卷。

《经义考》曰：按《七录》有孙氏注《孝经》一卷，《释文·叙录》云"不详何人"，当即熙也。

侯康《补三国艺文志》曰：孙氏，朝代不可考。《隋志》列于苏林、何晏、刘劭之后。《唐志》又列于韦昭之后，苏林之前，当为三国时人（按《吴志》宗室《静传》：静，坚季弟也。次子瑜好乐坟典，虽在戎旅，诵声不绝。次子熙附见《孙贲传》后云：历列位而不著何官，盖孙坚之孙，孙权之从子，不知即此孙熙否也）。

《孝经解赞》一卷，韦昭解。

韦昭有《毛诗答杂问》，见前《诗》类。

《释文·序录》：刘劭、韦昭并注《孝经》。

《唐书·经籍志》：《孝经》一卷，韦昭注。

《唐书·艺文志》：《孝经》韦昭注一卷。

马国翰《辑本·序》曰：韦氏《解赞》隋、唐《志》著录，今佚。从《正义》所引得十节。又《仪礼经传通解》引一节，《正义》脱文也，并据辑录其说。"衣美不安""食旨不甘"训义切实，与郑康成笺诗相似。至"郊祀后稷以配天"，全用郑义。然则书名《解赞》，或赞郑解也欤！

《孝经默注》一卷，徐整注。

徐整有《诗谱》，见前《诗》类。

《释文·序录》：韦昭、徐整并注《孝经》。

《唐书·经籍志》：《孝经默注》二卷，徐整撰。

《唐书·艺文志》：《孝经》，徐整《默注》二卷。

《集解孝经》一卷，谢万集。

谢万有《周易系辞注》，见前《易》类。

唐日本国《见在书目》：《孝经》一卷，谢万集解。

《唐书·经籍志》：《孝经》一卷，谢万注。

《唐书·艺文志》：《孝经》，谢万注一卷。

马国翰《辑本·序》曰：万为安之弟，其书久佚。今从邢昺《正义》辑录四节。又得谢安说"五刑之属"一节，亦并附录。

《集议孝经》一卷，晋中书郎荀勖撰，亡（晋当为宋，勖当为昶。亡字衍）。

《宋书·荀伯子传》：伯子，颍川颍阴人也。族弟昶，字茂祖，与伯子绝服五世。元嘉初，以文义至中书郎。昶子万秋，亦用才学自显。

《释文·序录》：荀昶字茂祖，颍川人，宋中书郎，注《孝经》。

《唐会要》：左庶子刘知几议曰："晋穆帝永和十一年。及孝武帝太元元年。再聚群臣。共论经义。有荀茂祖者。撰集《孝经》诸说。始以郑氏为宗。"又国子祭酒司马贞议曰："荀昶集解《孝经》具载郑注。而其序以郑为主。"又曰："荀昶《集解》具载郑注，而其序以郑为主。又曰荀昶集解之时，尚有《孔传》。"

唐日本国见在书目：《孝经集议》二卷，荀茂祖撰。

《唐书·经籍志》：《讲孝经集解》一卷，荀勖注。

《唐书·艺文志》：荀勖《讲孝经集解》一卷（两志皆误为荀勖）。

按：荀茂祖是书前一卷为《集议》，及自序后一卷为《集解》。《集议》者，集晋永和、太元两朝之议，此所著录一卷是也。刘知几、司马贞所言即本诸此《集解》，则集《孔传》以下诸家之解，以郑氏为宗，隋时亡矣！而《七录》及日本国书目皆有之。《本志》下文注云"梁有荀勖注《孝经》二卷"，即其全书。日本书目云"《集议》二卷"，则据前一卷之名以统之也。

《集议孝经》一卷，东阳太守袁敬仲集（袁敬仲当为袁彦伯，此殆因汉卫宏字敬仲而误）。

《晋书·文苑传》：袁宏，字彦伯，陈留阳夏人。谢尚为豫州刺史，引宏参军事，累迁大司马，桓温府记事，与伏滔同在温府府中，呼为袁伏，后自吏部郎出为东阳郡，太元初卒于东阳，时年四十九。

《释文·序录》：袁宏字彦伯，陈郡人，东晋东阳太守，注《孝经》（按《经义考》：袁敬仲、袁宏两出其目，盖失之不考）。

梁有《孝经皇义》一卷，宋均撰，亡。

《本志·谶纬篇》注曰：魏博士宋均。

《唐会要》：左庶子刘知几议曰："宋均于《诗纬序》云'我先师北海郑司农'，则均是玄之传业弟子也。"

《册府元龟·学校部·注释门》：宋均撰《孝经皇义》一卷，后为河内太守（按后汉明帝时南阳宋均为河内太守，《范书》有传，非此宋均，《册府》误也）。

按此《孝经皇义》旧在《孝经纬》中，《经义考》亦互见于谶纬类。

梁又存晋给事中杨泓注《孝经》一卷，亡（"存"当为"有"字之误，别本皆作"有"）。

《释文·序录》：杨泓，天水人，东晋给事中，注《孝经》。

严可均《全晋文编》曰：杨泓，爵里未详，《宋书·乐志》一有泓拂舞序。

梁又有处士虞盘佐注《孝经》一卷，亡。

《释文·序录》：虞盘佑字弘猷，高平人，东晋处士，注《孝经》。

《唐书·经籍志》：《孝经》又一卷，虞盘佐注。

《唐书·艺文志》：《孝经》虞盘佐注，一卷（按：陆氏《序录》作"盘佑"，未详孰是）。

梁又有孙氏注《孝经》一卷，亡。

侯康《补三国艺文志》曰：《隋志》又别有晋孙氏《孝经注》一卷，未知是重出，抑别为一人。《邢疏序》述注《孝经》诸人，以孙氏列于东晋时，盖据《隋志》后一人而言。

（按《释文·序录》列于谢万、杨泓之间，亦似指后一人。）

梁又有东阳太守殷仲文注《孝经》一卷，亡。

《晋书·叛逆传》：殷仲文，南蛮校尉觊之弟也。少有才藻，从兄仲堪荐之于会稽王道子，桓玄之姊，仲文之妻，及玄篡位以佐命亲贵，玄为刘裕所败，随玄西走，至巴陵，因奉二后投义军，为镇军长史，转尚书。帝初反正，为东阳太守。义熙三年以谋反伏诛。

《释文·序录》：殷仲文，陈郡人，东晋东阳太守，注《孝经》。

《唐书·经籍志》：《孝经》又一卷，殷仲文注。

《唐书·艺文志》：《孝经》殷仲文注，一卷。

马氏《玉函山房辑本·序》曰：《孝经》殷仲文注，今惟邢昺《正义》引三节，《文选注》引檀道鸾《晋书》云："仲文，字仲文，陈郡人。"

梁又有晋陵太守殷叔道注《孝经》一卷，亡。

《晋书·安帝本纪》：义熙三年春二月己酉，车骑将军刘裕来朝。诛东阳太守殷仲文、南蛮校尉殷叔文、晋陵太守殷道叔、永嘉太守骆球（按此段作殷道叔，未详孰是）。

《宋书·武帝本纪》：义熙三年二月，高祖还京师。初，桓玄之败，以桓冲忠贞，署其孙胤。至是府将骆冰谋以胤为主，与东阳太守殷仲文潜相连结。乃诛仲文及仲文二弟。冰父永嘉太守球，凡桓玄余党至是皆诛夷。

《唐书·经籍志》：《孝经》又一卷，殷叔道注。

《唐书·艺文志》：《孝经》殷叔道注，一卷。

梁又有丹阳尹车胤注《孝经》一卷，亡。

《晋书·本传》：胤，字武子，南平人也。恭勤不倦，博学多通。桓温在荆州，辟为从事，累迁主簿、别驾、征西长史，遂显于朝廷。宁康初，为中书侍郎、关内侯。孝武帝尝讲《孝经》，仆射谢安侍坐，尚书陆纳侍讲，侍中卞耽执读，黄门侍郎谢石、吏部郎袁宏执经，胤与丹杨尹王混摘句，时论荣之。累迁侍中、国子博士、太常，进爵临湘侯。隆安中，加辅国将军、丹杨尹、吏部尚书，卒。

《释文·序录》：车胤字武子，南平人，东晋丹阳尹，注《孝经》。

梁又有孔光注《孝经》一卷，亡。

《释文·序录》：孔光，字文泰，东莞人，注《孝经》。

《唐书·经籍志》：《孝经》又一卷，孔光注。

《唐书·艺文志》：《孝经》孔光注，一卷。

（按此孔光据《释文》及两《唐志》叙次，盖晋宋间人。《册府元龟》云：孔光注《孝经》一卷，至太傅卒。《阙里文献考》云：十四代孙汉太师博山侯光作《孝经》注一卷，皆以为汉之孔光，误也。）

梁又有荀昶注《孝经》二卷，亡（昹当为昶）。

荀昶有《集议孝经》一卷，见前。

（按此二卷，即荀茂祖原书，前一卷为《集议》，后一卷为《集解》亦详具于前。）

梁又有宋何承天注《孝经》一卷，亡。

何承天有《礼论》，见前《礼类》。

国子博士、皇太子讲《孝经》，承天与中庶子颜延之同为执经。

《释文·序录》：何承天，东海人，宋廷尉卿，注《孝经》。按《宋书·礼志》：文帝元嘉二十二年四月，皇太子讲《孝经》通释，莫国子学，如晋故事。按此皇太子，即元凶劭也。《南史·周弘正传》：梁大通中，稍迁国子博士。学中有宋元凶讲《孝经》碑，历代不改，弘正始到官，即表刊除此一卷，盖何氏自为之注，故得传至唐初犹存，若为元凶《讲义》，亦必早经刊除，与碑文灭迹矣！

梁又有费沈注《孝经》一卷，亡。

费沈有《丧服集议》，见前《礼类》。

梁又有齐光禄大夫王玄载注《孝经》一卷，亡。

《南齐书·本传》：玄载字彦休，下邳人也。仕宋至益州刺史、后军将军，封鄂县子。入齐为左民尚书、光禄大夫，兖州刺史。永明六年，卒，时年七十六。谥"烈子"。

《释文·序录》：王玄载，字彦运，大□人，齐光禄大夫，注《孝经》。

卢文弨《释文考证》曰：王玄载，下邳人。旧"下"字误为"大"，"邳"字空缺，今补正。《隋志》"戴"作"载"，《老子》有王玄载注，《释文》亦作载，此"戴"字误也。

梁又有国子博士明僧绍注《孝经》一卷。

《南齐书·高逸传》：明僧绍字承烈，平原鬲人也，明经有儒术。永明元年，世祖敕召，称疾不肯见。诏征国子博士，不就，卒。

《梁书·明山宾传》：山宾父僧绍隐居不仕，宋末征国子博士，不就（《南史》列传云：僧绍子元琳、仲璋、山宾，并传家业，山宾最知名）。

《释文·序录》：明僧绍，字承烈，平原人，国子博士征不起，注《系辞》，注《孝经》。

梁又有五经博士严植之注《孝经》一卷，亡。

《梁书·儒林传》：严植之字孝源，建平秭归人也。少善《庄》《老》，能玄言，精解《丧服》《孝经》《论语》。及长，遍习郑氏《礼》《周易》《毛诗》《左氏春秋》。仕齐为广汉王国右常侍。梁天监四年，初置五经博士，各开馆教授，以植之为五经博士，植之馆在潮沟，生徒常百数。讲说有区段、次第，析理分明，每年登讲，五馆生毕至，听者千余人，迁中抚记室参军，犹兼博士，卒于馆。

马氏《玉函山房辑本·序》曰：严植之《孝经注》，《唐志》不著录，佚已久。邢昺《正义》引三节，又引"先儒"之说二条，则严亦在内，合辑录之。史称："植之习郑氏礼，则注《孝经》"，亦必以康成为宗。

梁又有尚书功论郎曹思文注《孝经》一卷，亡。

严可均《全梁文编》曰：曹思文，齐永泰时领国子助教，梁受禅为尚书论功郎，有《孝经注》一卷。

梁又有羽林监江系之注《孝经》一卷，亡。

江系之始末未详。

梁又有江逊注《孝经》一卷，亡。

江逊始末未详。

按《梁书·文学·何逊传》：济阳江避为南平王大司马府记室，避博学有思理，更注《论语》《孝经》。此江逊疑即江避之讹。

梁又有释慧始注《孝经》一卷，亡。

梁释慧皎高僧传伪秦蒲坂释法羽十五出家，为慧始弟子，始立行精苦，修头陀之业，羽深达其道云。

梁又有陶弘景《集注孝经》一卷，亡。

陶弘景有《毛诗序注》，见前《诗类》。

《南史·隐逸传》：弘景所著有《孝经》《论语》集注。

陶翊撰《华阳隐居本起录》曰：《孝经》《论语》集注，并自立意，共一帙十二卷（按十二卷当是《论语》十卷，《孝经》二卷也）。

梁又有诸葛循《孝经序》一卷，亡。

诸葛循始末未详。

《孝经》一卷，释慧琳注。

《宋书·天竺迦毗黎国附传》：沙门慧琳者，秦郡秦县人，姓刘氏。少出家，住冶城寺，有才章，兼外内之学，为庐陵王义真所知。尝著《均善论》行于世。旧僧谓其贬黜释氏，欲加摈斥。太祖见论赏之。元嘉中，遂参权要，朝廷大事，皆与议焉。宾客辐辏，门车常有数十两，四方赠贻相系，势倾一时。注《孝经》及《庄子·逍遥篇》、文论，传于世。

《南史·颜延之传》：延之为太常时，沙门释慧琳以才学为文帝所赏，朝廷政事，多与之谋，遂士庶归仰。上每引见，常升独榻，延之甚疾焉。因醉，白上曰："昔同子参乘，袁丝正色，此三台之坐，岂可使刑余居之。"上变色。

《释文·序录》：释慧琳，秦郡人，宋世沙门注《孝经》。

以上为传注之属。

梁有晋穆帝时晋《孝经》一卷，孝武帝时送总明馆《孝经讲义》各一卷，亡。

《晋书·本纪·穆帝》：永和十二年二月辛丑，帝讲《孝经》。升平元年三月帝讲《孝经》（按此下当有"通"字或"毕"字），亲释奠于中堂。又孝武帝宁康三年九月帝讲《孝经》，十二月癸巳帝释奠于中堂，祠孔子以颜回配。

又《礼志》：穆帝升平元年三月，帝讲《孝经》通。孝武宁康三年七月，帝讲《孝经》通。并释奠如故事，穆帝、孝武并权以中堂为太学云。

《释文·序录》曰：中朝穆帝《集讲孝经》，以郑玄为主。

《世说·言语篇》：孝武将讲《孝经》，谢公兄弟与诸人私庭讲习。车武子难苦问谢，谓袁羊曰："不问则德音有遗，多问则重劳二谢。"袁曰："必无此嫌。"车曰："何以知尔？"袁曰："何尝见明镜疲于屡照，清流惮于惠风。"注《续晋阳秋》曰：宁康三年九月九日，帝讲《孝经》。仆射谢安侍坐，吏部尚书陆纳兼侍中卞耽读（《晋书》作"卞耽执读"），黄门侍郎谢石、吏部袁宏兼执经，中书郎车胤、丹阳尹王混摘句（按此引《续晋阳秋》与《晋书·车胤传》，详略互见，二谢谓谢安、谢石，袁羊，袁乔小字也）。

按"总明馆"始于宋明帝泰始六年，至齐武帝永明三年，省就王俭宅开学士馆，以总明四部书充之，见《宋书·本纪》《齐书·王俭传》。此条对误殆不可晓，以下文之例推之，当是晋穆帝时讲、晋孝武帝时讲《孝经讲议》各一卷，或宋明帝、齐武帝敕送总明馆者欤！

梁有宋大明中东宫讲《孝经义疏》一卷，亡。

《宋书·前废帝本纪》：帝讳子业，孝武帝长子也。孝武帝践祚，立为皇太子，大明二年，出东宫。四年讲《孝经》于崇正殿。

《唐书·经籍志》：大明中，皇太子讲《孝经义疏》一卷，何约之执经。

《唐书·艺文志》：何约之，大明中皇太子讲《孝经义疏》一卷（何约之始末未详，是书或即所编定者）。

梁有齐永明三年东宫讲《孝经义疏》一卷，亡。

《南齐书·本纪》：武帝永明三年八月戊午以尚书令王俭领太子少傅。冬十月壬戌诏曰："皇太子长懋讲毕，当释奠。王公以下悉往观礼。"（《南史·豫章文献王嶷传》："永明元年领太子太傅。三年，文惠太子讲《孝经》毕，嶷求解太傅，不许。"豫章王高帝第二子，武帝弟文惠太子叔父也，讲《孝经》时嶷为太傅，王俭为少傅云。）

又《礼志》：永明三年冬，皇太子讲《孝经》，亲临释奠，车驾幸听。

《齐书》《南史》列传：文惠皇太子长懋字云乔，武帝长子也。引接朝士会稽虞炎、济阳范岫、汝南周颙、陈郡袁廓并以学行才能应对左右。永明三年于崇正殿讲《孝经》，少傅王俭以摘句令太子仆周颙撰为《义疏》。

《齐书·周颙传》：颙卒官时，会王俭讲《孝经》未毕，举昙济自代，学者荣之。

按《周颙传》云"举昙济自代"者，代其所撰未毕之《义疏》也，然则是书始作于周颙，成于谢昙济。谢有《毛诗检漏义》，见前《诗》类。

梁有齐永明中诸王讲《孝经义疏》一卷，亡。

马国翰《辑本·序》曰：《隋志》载："齐永明中诸王讲《孝经义疏》一卷，《唐志》不著目，佚已久。"考《南齐书·文惠太子传》："永明五年冬太子临国学，亲临策试诸生。"下载太子问王俭、张绪及竟陵王子良、临川王暎问答，凡十四节。《传》言"永明五年"与《隋志》所称"永明中《诸王讲》"正合，兹据辑补。太子以长年临学，与诸王一堂咨论，皆前代所未有。录列一家，《东宫讲义》大旨亦于此见其略云。

按马氏以《文惠太子传》所载问答，谓即《诸王讲》，不知是否也。又《齐书·本纪》云："永明四年三月辛亥，国子讲《孝经》，车驾幸学赐国子祭酒、博士、助教绢各有差。"此题诸王讲，不云国学讲，亦不知是否即此事。

梁有贺玚《讲议》《孝经义疏》各一卷，亡。

贺玚有《丧服义疏》，见交《礼》类。

梁有齐临沂令李玉之为始兴王讲《孝经义疏》二卷，亡。

李玉之有《周易乾坤义》，见前《易》类。

《南史·齐高帝诸子传》：始兴简王鉴，字宣彻，高帝第十子也。年十四为益州刺史，好学，善属文，不重华饰，器服清素，有高士风。王俭常叹云："始兴王虽尊贵，而行履都是素士。"

《孝经义疏》十八卷，梁武帝撰。

梁武帝有《易》《书》《诗》《礼》大义，并见前。

《梁书·朱异传》：武帝召见，使说《孝经》《周易》义，甚悦之。其年，帝自讲《孝经》，使异执读（《南史》同）。

又《武帝本纪》：中大通四年三月庚午，侍中、领国子博士萧子显上表置《制旨孝经》助教一人，生十人，专通高祖所释《孝经》义（《陈书·文学·岑之敬传》：之敬年十六，策《春秋左氏》、制旨《孝经》义，擢为高第）。

《唐书·经籍志》：《孝经疏》十八卷，梁武帝撰。

《唐书·艺文志》：梁武帝《孝经疏》，十八卷。

马氏《玉函山房辑本·序》曰：隋、唐《志》并载梁武帝《义疏》十八卷，今佚。邢昺《正义》引三节，又从武帝集得"说明堂"一节，合辑为帙。其训"仲尼"云："邱为聚，尼为和"说太迂曲，宜为邢氏所不取。其说《天子》《士》二章之义，辨化辨情，固自入理也。

按《魏书·儒林·李业兴传》：天平四年，与李谐、卢元明使萧衍。衍散骑常侍朱异曰："明堂圆方之说，经典无文。"业兴曰："圆方之言，出处甚明，卿自不见。见卿所录梁主《孝经义》亦云上圆下方。"则是书为朱异所录。异有《集注周易》，见《易》类。

梁有皇太子讲《孝经义》三卷，天监八年皇太子讲《孝经义》一卷，亡。

《梁书》《南史》武帝诸子传：昭明太子统，字德施，小字维摩，武帝长子也。天监元年十一月，立为皇太子。时年幼，依旧于内，拜东宫官属，文武皆入直永福省。五年五月出居东宫。太子生而聪睿，三岁受《孝经》《论语》，五岁遍读五经，悉通讽诵。八年九月，于寿安殿讲《孝经》，尽通大义。讲毕，亲临释奠于国学。

又《徐勉传》：天监六年领太子中庶子，侍东宫。昭明太子尚幼，敕知宫事。太子尝于殿讲《孝经》，临川静惠王、尚书令沈约备二傅，勉与国子祭酒张充为执经，王莹、张稷、柳憕、王暕为侍讲。时选极亲贤，妙尽时誉。

按前三卷是三岁时保傅所进之讲章，其后一卷则是天监八年寿安殿所讲之大义也。

梁有梁简文帝《孝经义疏》五卷，亡。

梁简文帝有《毛诗十五国风义》，见前《诗》类。

《陈书·儒林·张讥传》：讥迁士林馆学士。简文在东宫，出士林馆发《孝经》题，讥论议往复，甚见嗟赏，自是每有讲集，必遣使召讥（张讥有《周易讲疏》，见《易》类。疑此为讥所撰录。《陈书》载讥有《孝经义》八卷，此五卷疑在其中）。

按《梁书》《南史》本纪皆不载帝有此书，或亦编入《长春义记》一百卷中。

梁有萧子显《孝经义疏》一卷，亡。《孝经敬爱义》一卷，梁吏部尚书萧子显撰。

《梁书·萧子恪传》：子恪，兰陵人，齐豫章文献王嶷第二子也。子恪兄弟十六人，子显字景阳，子恪第八弟，七岁，封宁都县侯，天监初，降爵为子。大通三年领国子博士，高祖所制经义（按《本纪》当云《孝经义》）未列学官，子显在职，表置助教一人，生十人。其年迁国子祭酒，加侍中，于学递述高祖五经义。五年，选吏部尚书。子显性凝简，颇负其才气。及掌选，见九流宾客，不与交言，但举扇一挥而已，衣冠窃恨之。大同三年，出为仁威将军、吴兴太守，至郡未几，卒，时年四十九。及葬请谥，手诏："恃才傲物，宜谥曰骄。"

按《七录》所有《义疏》一卷，当作于为博士祭酒之时。《敬爱义》邢昺云："爱之与敬解者众多，此乃专为一书，以明其义。"《金楼子·兴王篇》云："武帝于钟山起大爱敬寺以奉太祖。"又《立言篇》云："窃寻《孝经》所说，必称先王，盖是先王之行不敢以不行也。伏见台内别造至敬殿，甘旨百品月祭日祀，又为寝室昏定晨省，如平生焉！"此《敬爱义》所由作欤！

《孝经私记》四卷，无名先生撰。

按此无名先生似即撰《周易私记》者，详见《易》类。

《孝经义》一卷。

不著撰人。

《孝经义疏》一卷，赵景韶撰。

赵景韶始末未详。

《孝经义疏》三卷，皇侃撰。

皇侃有《丧服文句义》，见前《礼》类。

《南史·儒林传》：侃尤明《三礼》《孝经》。又曰：侃性至孝，常日限诵《孝经》二十遍，以拟《观世音经》。

《释文·序录》曰：皇侃撰《孝经义疏》（按《释文》载注：《孝经》者，自孔安国以下凡二十四家，为《义疏》者唯皇氏一家）。

《唐书·经籍志》：《孝经义疏》三卷，皇侃撰。

《唐书·艺文志》：《孝经》，皇侃《义疏》三卷。

马氏《玉函册房辑本·序》曰：皇氏《义疏》隋、唐《志》并三卷，今佚。从邢昺《正义》辑录一十八节，孙奭序讥其《义疏》"辞多纰谬，理昧精研"，然就邢氏所引，固皆撷拾菁华矣！

《孝经私记》二卷，周弘正撰。

周弘正有《周易义疏》，见前《易》类。

《陈书·本传》：太建五年，授尚书右仆射，祭酒、中正如故。寻敕侍东宫讲《论语》《孝经》。太子以弘正朝廷旧臣，德望素重，于是降情屈礼，横经请益，有师资之敬焉。

又曰：所著《论语疏》十一卷，《孝经疏》二卷，行于世。

唐日本国《见在书目》，《孝经私记》二卷，周弘正撰。

《千文孝经述义》五卷，刘炫撰（千文当是"古文"之误）。

刘炫有《尚书述义》，见前《书》类。

《北史·儒林传》：炫著《孝经述义》五卷。

《本志》篇叙曰：至隋，秘书监王劭于京师访得《孔传》，送至河间刘炫。炫因序其得丧，述其议疏，讲于人间，渐闻朝廷，后遂著令，与郑氏并立。

《唐会要》刘知几议曰：隋开皇十四年，秘书学士王孝逸，于京市陈人处买得一本，送与著作郎王劭，劭以示河间刘炫，仍令校定，而更此书无兼本，难可依凭。炫辄以所见，率意刊改，因著《古文孝经稽疑》一篇。

唐日本《书目》：《孝经述议》五卷，刘炫撰，又有《孝经去惑》一卷（按《去惑》似即刘知几所谓《稽疑》一篇也）。

《唐书·经籍志》：《孝经述义》五卷，刘炫撰。

《唐书·艺文志》：刘炫，《孝经述义》五卷。

王谟《汉魏遗书抄》曰：邢昺《孝经疏》中引刘炫义，独有本末，今抄出凡十一条。

马国翰《辑本·序》曰：隋、唐《志》并载《述义》五卷，今佚。邢昺《正义》引之，其《稽疑》一篇附著《孝经序》，《正义》据辑为卷。至《闺门》一章，世儒或疑炫伪作，然汉初长孙氏传今文即有之，岂后人所伪，为孙本固尝辨论之矣！

《孝经讲疏》六卷，徐孝克撰。

《陈书·徐陵传》：陵字孝穆，东海郯人也。孝克，陵之第三弟也。少为《周易》生，有口辩，能谈玄理。既长，遍通五经。梁太清初，起家为太学博士。陈太建中通直散骑常侍，国子祭酒。至德中，皇太子入学释奠，百司陪列，孝克发《孝经》题，后主诏皇太子北面致敬。陈亡，随例入关，开皇十年隋文帝授国子博士，侍东宫讲《礼传》。十九年，以疾卒，时年七十三。

又《后主本纪》：至德三年十二月，皇太子出太学，讲《孝经》，讲毕释奠于先师，礼毕设金石之乐，会宴王公卿士。

又《后主十一子传》：吴兴王胤字承业，后主长子也。后主即位，立为皇太子。胤性聪敏，好学，执经肄业，终日不倦，博通大义，兼善属文。至德二年，躬出太学讲《孝经》，讲毕，又释奠于先圣先师。其日设金石之乐于太学，王公卿士及太乐生并预宴。祯明二年，废为吴兴王。仍加侍中、中卫将军。三年，入关，卒于长安。

《册府元龟·学校部·注释门》：徐孝克为散骑常侍，入隋为国子博士，撰《孝经讲疏》六卷。

《孝经义》一卷，梁扬州文学从事太史叔明撰。

《梁书》《南史》儒林《沈峻传》：峻好学。与舅太史叔明师事宗人沈麟士。叔明，吴兴乌程人，吴太史慈后也。少善《庄》《老》，兼通《孝经》《论语》《礼记》，尤精三玄，为国子助教。邵陵王纶好其学，及出为江州，携叔明之镇。王迁郢州，又随府，所至辄讲授，故江州人士皆传其学。大同十三年卒，年七十三（按《梁书》："邵陵携王纶，高祖第六子也，普通元年为江州刺史，中大通四年为扬州刺史。"此题"扬州文学从事"，或其书作于是时）。

《唐书·经籍志》：《孝经发题》四卷，太史叔明撰。

《唐书·艺文志》：太史叔明，《孝经发题》四卷。

梁有《孝经玄》一卷，亡。

不著撰人。

唐日本国《见在书目》：《孝经玄》一卷。

按此殆以玄义解释《孝经》者。

梁有《孝经图》一卷，亡。

不著撰人（按唐张彦远《历代名画记》引《贞观公私画史》曰：谢稚，陈郡阳夏人，初为晋司徒主簿，入宋为宁朔将军西阳太守，有《孝经图》一卷，似即此书。又两《唐志》有《孝经应瑞图》一卷，亦似此书）。

梁有《孝经孔子图》二卷，亡。

不著撰人（按《本志·谶纬类》云：梁有《孝经内事星宿讲堂七十二弟子图》一卷，又《口授图》一卷，似即此书）。

《国语孝经》一卷。

《本志·叙》曰：魏氏迁洛，未达华语，孝文帝命侯伏侯可悉陵，以夷言译《孝经》之旨，教于国人，谓之《国语孝经》。今取以附此篇之末。

按《本志·小学家》有《国语物名》四卷、《国语杂名》三卷，亦云后魏侯伏侯可悉陵撰，似与此书同时作，其人始末不可考。《周书》武帝建德元年纪及《宇文护传》有柱国侯伏侯龙恩，疑"侯伏侯"为封爵名，又似北魏三字姓。然《魏书·官氏志》及《氏姓》诸书皆不载此爵，亦无此氏。魏太武帝时有可悉陵，见《魏书·常山王遵传》，遵之孙官都幢将，封暨阳子，不云侯伏侯，亦远在孝文之前，盖别是一人。邓名世《古今姓氏书辨证》据以为"可悉氏"，若是则侯伏侯其官爵，可悉其氏，陵其名。孝文帝太和时人，然亦不知是否也。

自晋穆帝至此《讲疏》《义疏》之属，附以图及《国语孝经》别为一类。

右十八部合六十三卷，通计亡书合五十九部一百一十四卷（实著录二十部，附亡书四十部，通计六十部）。

附录五：补五代史·艺文志·孝经类

清·顾櫰三[1]

《孝经雌图》一卷，《皇灵孝经》一卷，《别序孝经》一卷，《孝经新义》一卷（以上并显德中日本国僧奝然所进）。

案《文昌杂录》：《别序》者记孔子所生及弟子从学之事；《新义》者以越王为问，目释疏文之义；《皇录》者只说延年避畜之事，及《符文》乃道书也；《雌图》者止说日之环晕星之慧孛，亦非奇书。

又案：相传日本系徐福之后，福为始皇求安期羡门，挟童男女入海，并载中国书籍，闻《子夏易传》贡本尚在。近鲍氏廷博由海舶购得孔安国《孝经注》，前有太宰纯序，收入《知不斋》从书内，又山井鼎《七经孟考》校雠精审。阮芸台所著《十三经校勘记》亦时采用其说。

1．顾櫰三：字秋碧，清代江苏江宁（今江苏南京）人。少时孤贫，读书刻苦。成年后以才思敏捷著称，名满大江南北。有《补后汉书艺文志》三十一卷、《补五代史艺文志》一卷（已佚）及《然松阁赋抄诗抄》等。

本卷简明索引

文献统筹：骆　明　　译文注释：骆　明
文献校对：高情情　　附录整理：高情情

1．三国魏晋卷

类别	文献名称	作者	年代	条目	页码
儒家类	中论	徐　干	东汉末	5	3
	典论	曹　丕	三国·魏	1	5
	仁孝论	曹　植	三国·魏	1	5
	祭议	王　肃	三国·魏	1	6
	郑志	郑小同	三国·魏	2	6
	论语集解义疏	何晏·集解	三国·魏	6	7
		皇侃·疏	南朝·萧梁		
	博蛮论	韦　昭	三国·吴	1	11
	对尚书祠部问同母异父昆弟服	高堂隆	三国·魏	1	12
	家诫	王　昶	三国·魏	1	13
	丧服释疑论	刘　智	三国·魏	1	14
	春秋释例	杜　预	三国·魏	3	15
	傅子	傅　玄	三国·魏	5	16
	上书陈要务			1	17
	嵇中散集	嵇　康	三国·魏	4	18
	孝经诗	傅　咸	三国·魏	1	26
	袁子正论	袁　淮	西晋	1	27
	父卒继母还前亲子家继子为服议	孙　绰	西晋	1	27
	喻道论			2	28
	藉田赋	潘　岳	西晋	1	29
	灶屋铭	挚　虞	西晋	1	30

类别	文献名称	作者	年代	条目	页码
	居重丧遭轻丧议	谢 奉	东晋	1	30
	靖节先生集	陶 潜	东晋	4	31
	墓毁论	孔 仰	东晋	1	32
史家类	人物志	刘 邵	三国·魏	1	33
	三国志	陈 寿	西晋	3	33
	臧荣绪《晋书》	臧荣绪	南朝·萧齐	1	35
	晋书	房玄龄等	唐	21	36
	历代名臣奏议	杨士奇	明	1	51
道家类	老子道德经	王 弼	三国·魏	1	54
	庄子注	郭 象	三国·魏	1	54
	抱朴子	葛 洪	西晋	2	55
	太上洞玄灵宝智慧本愿大戒上品经	佚 名	东晋	1	56
释家类	佛说无量寿经（大阿弥陀经）	康僧铠·译	三国·魏	1	57
	佛说孛经钞	支越·译	三国·魏	6	57
	佛说盂兰盆经	竺法护·译	西晋	1	59
	佛说观无量寿佛经	疆良耶舍·译	南朝·刘宋	2	61
	佛说胜幡璎珞陀罗尼经	施 护	北宋	1	62

2．南北朝卷

类别	文献名称	作者	年代	条目	页码
儒家类	子夏易传	佚 名	南朝	6	65
	国讳不宜废学表	曹思文	南朝·萧齐	1	67
	昭明太子集	萧 统	南朝·萧梁	1	67
	忠臣传	萧 绎	南朝·萧梁	1	67
	孝德天性			1	68
	金楼子			2	68
	江文通集	江 淹	南朝	2	69
	徐孝穆集	徐 陵	南朝·萧梁	2	70
	辩命论	刘 峻	南朝·萧梁	1	70
	赐王洛儿爵诏	拓拔嗣	北朝·魏	1	71
	行孝论	刁 冲	北朝·魏	1	71

	上言宜禁绝户为沙门	李 琄	北朝·魏	1	72
	刘子	刘 昼	北朝·魏	3	73
	劳生论	卢思道	北朝·北齐	1	75
	颜氏家训	颜之推	北朝·北齐	7	75
	复亲故书	魏长贤	北朝·北齐	1	78
	战亡者入墓域诏	杨 坚	隋	1	79
	中说	王 通	隋	2	79
史家类	魏书	魏 收	北朝·北齐	10	80
	十六国春秋	崔 鸿	北朝·北魏	1	87
	宋书	沈 约	南朝·萧齐	10	88
	南齐书	萧子显	南朝·萧梁	4	95
	梁书	姚察、姚思廉	隋	2	98
	陈书	姚察、姚思廉	隋	2	100
	周书	令狐德棻	唐	4	100
	南史	李延寿	唐	4	104
	北史			1	106
	隋书	魏徵等	唐	8	108
	南北朝杂记	刘 敞	宋	1	117
	历代名臣奏议	杨士奇	明	2	118
释家类	佛说进学经	沮渠京声译	南朝	1	120
	佛说父母恩重难报经	鸠摩罗什译	北朝	1	120
	弘明集	释僧祐	南朝·刘宋	2	134
	小止观	释智𫖮	隋	1	137
道家类	正一法文天师教戒科经	佚 名	南北朝	2	138
	洞玄灵宝五感文	陆静修	南朝·刘宋	1	139
其他各家	荆楚岁时记	梁宗懔	南朝·萧梁	2	140
	通极论	释彦宗	北朝	1	142

3. 唐五代卷

类别	文献名称	作者	年代	条目	页码
儒家类	北堂书钞	虞世南	唐	2	145
	谏山陵厚葬书			1	146
	王子安集	王 勃	唐	2	146

	全唐文	董浩等	清	24	199
史家类	魏郑公谏录	王方庆	唐	1	212
	贞观政要	吴兢	唐	4	213
	通典	杜佑	唐	13	214
	顺宗实录	韩愈	唐	1	224
	旧唐书	刘昫	五代·晋	22	224
	新唐书	欧阳修等	北宋	6	239
	唐大诏令	宋敏求	北宋	9	242
	唐会要	王溥	北宋	14	244
	新五代史	欧阳修	北宋	2	257
	历代名臣奏议	杨士奇	明	4	258
释家类	广弘明集	释道宣	唐	12	262
	法苑珠林	释道世	唐	4	269
	禅月集	释贯休	唐	1	271
	全唐文	董浩等	清	2	271
道家类	大道通玄要	佚名	唐或唐前	3	274
	太清五十八愿文	佚名	隋唐之际	3	275
	太上真一报父母恩重经	佚名	隋唐之际	1	276
	太平两同书	吴筠(或罗隐)	唐	1	278
	亢仓子注	何璨	唐	1	278
	无能子	无能子	唐	3	279
	道德经论兵要述	王真	唐	2	280
	道典论	佚名	唐	1	280
	洞玄灵宝玄一真人说生死轮转因缘经	佚名	唐	1	281
	化书	谭峭	五代	1	281
	全唐文	董浩等	清	1	282
	太上老君说报父母恩重经	佚名	唐	1	283
其他各家	太白阴经	李筌	唐	1	291
	长短经	赵蕤	唐	4	291
	封氏闻见记	封演	唐	1	293
	意林	马总	唐	4	294

4. 附录

	文献名	作者	年代	字数	页码
附一	补三国·艺文志·孝经类	侯　康	清	1544	299
附二	补晋书·艺文志·孝经类	丁国钧	清	1050	302
	补晋书·艺文志·附录·孝经类	丁国钧	清	520	304
附三	补南齐书·艺文志·孝经类	陈　述	现代	1368	305
	补南北史·艺文志·孝经类	徐　崇	清	1268	308
附四	隋书·经籍志考证·孝经类	姚振宗	清	15562	312
附五	补五代史·艺文志·孝经类	顾櫰三	清	282	331

后 记

四年前，我在北京人民大会堂领到"全国孝亲敬老楷模提名奖"后，全国老龄办的同志说，这些年来我在几次国际会议上宣传中华孝道，出过几本孝文化的书，是国内唯一因研究"孝文化"得奖的人。其实早在2006年下半年，我和次子骆明及学生周海生、王淑臣就开始从古籍资料中收集有关孝道的资料。在人们对中华优秀传统文化引起重视，即"国学热"的今天，更坚定了我们继续从古籍中广泛收集有关孝文化资料的信心。七年来，我们从古代经、史、子、集等著作及丛书中搜集到了近千万字的资料，本着"去粗存精"的精神，精选了其中近一百五十万字的资料，并分作《历代〈孝经〉序跋题识》《历代孝亲敬老诏令律例辑释》《历代孝论辑释》《历代孝行辑释》《历代养老文献辑释》《历代童蒙、家训、学规中的孝亲敬老资料》等几部分进行编排。

在我们几年收集资料的工作中，发现有关孝道的内容相当丰富。例如历代有关《孝经》注、疏、序、跋的目录，人们可在"二十五史"中的《艺文志》（《经籍志》）、清代朱彝尊的《经义考》及一些古籍书目中看到，但所收录的序、跋大多十几篇，多者不过几十篇。我们经过爬梳史料，在历代经籍中却找到了较多有关《孝经》序跋的文章，共搜集到349篇。本想以附录的形式附于书后，因其内容丰富，信息量大，文献价值厚重，只好单独成册。近年来，我们父子、师生及朋友发过一些有关孝道的文章，也单列一册。

为使此书方便更多的人阅读，各册所选的资料均予以今译及对作者、书目进行简介。古文献的整理、分类、编排由骆明、周海生集数年之功而成。因为这一项目工作量较大，又吸收了曲阜师范大学历史文化学院、孔子研究所、继续教育学院和中国孔子研究院的胡静、高情情、李静、张馨睿、韩涛、潘波涛等一些青年学者及博士生参加了后期译注、编定，大家群策群力，完成了这项有意义的工作。

此书编选目的是在国内外学习中华传统文化的同时，配合各地倡孝、学孝、行孝活动的开展。工作中承蒙中国孔子文化传播促进会李成俊常务副会长指导、光明日报出版社慧眼决定出版，曲阜师范大学历史文化学院、孔子研究所给予了文献方面的支持，全国敬老爱老助老主题教育活动组委会主任、中国老龄事业发展基金会理事长李宝库指导并撰写"总序"，在此一并致谢。

骆承烈

2013年5月